여성과 가족

이성희 | 한희선

도서출판 피린마음

저자서문

Preface

삶을 살아감에 있어 기본의 중요성은 아무리 강조해도 부족함이 없겠다.

가족이란 사회의 구성에 있어 기초가 되며, 작지만 가장 소중하다 하겠다. 이렇듯 삶에 있어 근본적인 질적 아름다움을 추구하는 가족학이란 학문에 매료되어 대학에서 강의를 하고, 실질적인 현장에서의 학문적 성과를 풀어내기 위한 작업을 한 지가 근 20여 년이 된다.

강의를 통한 학생들과의 만남, 현장에서의 일반인들과의 만남, 그리고 긴 세월 속에서 이뤄진 개인적 체험들은 가족 안에서 일어나는 일들이 개인의 삶과 사회에 내가 인지하고 있는 것보다 훨씬 큰 영향을 주는 것임을 깨닫게 되었다. 이는 가족학자인 나 스스로의 전문성을 향상시켜야 하는 당위성과 때로는 가족학이라는 학문적 자긍심을 확신시켜주는 중요한 자극제이기도 하였다. 개인적으로 볼 때, 학문적으로나 현실적으로 가족을 알기 위한 탐색과 시도들을 통하여 비로소 나는 정신적 성장의 걸림돌을 찾기도 하고 때론 도약을 위한 발판을 마련하기도 하였고, 타인과의 진정한 만남이 무엇인지에 대한 그림을 볼 수도 있었으며, 이를 실천할 수 있는 힘도 가지게 되었다. 그러한 과정 속에서 가족에 대한 애정과 가족학자로서 학문적 사회 환원의 길을 모색하게 되었는데 그 중 하나의 방법이 서면공유라고 할 수 있을 것이다.

이 책은 여러 이론과 지식을 제공함과 동시에 개인의 가족적 삶을 둘러싸고 있는 사회현상에 대한 감수성을 높이기 위해 실제 사례와 이슈가 되는 자료를 첨부하였다. 또한 매 장마다 본인 스스로에 대해 생각해 볼 수 있는 질문과 점검리스트 및 토론거리를 제시하여 이론적 정보 습득이 아닌 실제 삶의 모습에 체화될 수 있도록 하는 과정을 중시하면서 책을 집필하였다. 그러므로 대학에서 관련과목을 공부하는 학생들뿐만 아니라 가족과 인간에 대해 관심을 가지고 있는 일반들에게도 도움이 될 것으로 감히 기대해 본다.

본서 「여성과 가족」은 크게 여성에 대한 이해, 가족에 대한 이해, 그리고 여성과 가족과 관련된 쟁점이라는 세 가지 주제를 가지고 구성하였다.

먼저 1부에서는 성에 대한 이해와 개념 정립을 다루었는데, 여성과 남성이 관계를 맺는 데 있어서 중요한 출발점이 된다. 이를 위해서 성과 젠더의 개념, 성 차이의 형성과정과 특성들, 그리고 사회적 압력으로 발생하는 영향들을 살펴볼 것이다. 이러한 내용들의 검토는 이성희, 한희선이 공동으로 집필하였다. 여성에 대한 이해를 위한 또 하나의 작업으로서 '여성의 몸' 에 대한 탐색을 중요한 주제로 선정하였다. 여성의 몸은 당연히 영혼, 감정, 정신과 연결되어 있는 부분이므로 심신의학적인 관점이 필수적이므로, 이 부분에 대한 전문성을 갖추기 위하여 심신의학과 여성의학에 관심을 가지고 있는 한의사 이승후님께 특별기고를 부탁하였다. 서면을 빌어 원고요청을 흔쾌히 허락해 주신 이승후님께 감사한 마음을 전한다.

2부, 3부에서는 가족이 가지고 있는 두 가지의 영역을 다루고자 하였다. 최상으로 기능하는 가족영역은 우리에게 가장 큰 기쁨과 즐거움을 경험할 수 있는 기회의 장이 되고, 또한 고상하고 성숙한 모습으로 성장하도록 우리를 단련시키고 도와주는 장으로서 이러한 측면들에 대한 훈련을 잘 끝내면 만족감, 성취감, 사랑, 안정, 소속감 등을 통한 마음의 풍요를 경험할 수 있는 것이다. 이를 위해 필요한 훈련들과 기술에 대한 안내와 다양한 삶의 선택들에 대한 조망들을 본서의 2부의 내용들로 구성하였다. 이 부분은 주로 이성희가 맡아서 집필하였다.

가족의 또 다른 영역인 부정적 측면은 가족 안에서 여성과 남성과의 관계 안에서 이루어지는 학대와 폭력에 대한 실상들이다. 친밀감과 깊은 사랑을 허용하는 사생활권에서 이루어지는 성적, 신체적, 감정적 학대들은 인간이 경험할 수 있는 최대의 깊은 좌절, 상처, 비참함, 비열한 착취의 원천으로 작용한다. 여성과 가족이라는 이름 뒤에 숨어 있는 어두운 실상을 찾아내고, 또한 꾸준히 증가하고 있는 이혼이라는 현상에 대한 적절한 시각을 갖기 위한 비판적 검토들을 3부의 내용들로 구성하였다. 이 부분은 주로 한희선이 맡아서 집필하였다.

마지막 4부는 앞의 내용을 정리하고 제언하는 의미에서 여성과 가족의 미래를 전망하고 지원하는 방법들을 제시하였다. 이를 위해 여성운동과 여성정책들에 대한 흐름과 현황들에 대해서 살펴보았으며, 가족의 미래에 대한 전망과 함께 가족을 지원하기 위한 접근방법으로서 가족정책, 가족생활교육, 가족상담 치료들에 대한 간단한 소개를 하였다. 이를 통해 학생들이 혹은 일반인들이 가족에 대한 심화된 전문적인 영역에의 관심이 증폭되어 가족에 대한 연구와 실천적 과제를 발굴하는 작업에 동참할 수 있기를 기대해 본다. 이 부분은 이성희, 한희선이 공동으로 집필하였다.

멀고도 먼 것이 학문의 길이기에 어느 시기에서나 책의 출간은 많은 용기를 필요로 할 것이다. 그러다 보니 출간에 앞서 부족함에 대한 부끄러움이 집필 과정에서의 열정과 즐거움을 앞서고 있다. 이러한 겸허한 마음이 독자 분들에게 전해지기를 조심스레 소망하며, 책을 집필하는 내내 어미로서의 보살핌이 없어도 불평 없이 독립적으로 자신의 생활을 해 준 아들 승호에게 특별히 고마움을 전하고 싶다. 그리고 공동저자인 오랜 나의 학문적 후배로서, 그리고 이제는 실천적 현장의 파트너로서 20년이 넘는 시간을 함께 하고 있는 한희선 선생에게도 새삼 우정의 말을 전하고 싶다. 책 표지의 디자인을 위해 자신의 작품사진을 제공해 준 조각가 김성석님께도 감사함을 전한다. 끝으로 묵묵히 출판을 할 수 있도록 도움을 주신 도서출판 파란마음 황호철 대표님 이하 편집부 여러분에게도 감사함을 전한다.

2009년 2월

대표저자 이성희

차 례

Contents

PART I 여성에 대한 이해

PART II 결혼과 가족의 이해

PART III 여성과 가족에 대한 쟁점

PART I

여성에 대한 이해

오만한 경멸감을 가지고 우릴 대하는 사람들에게 우리는 분명히 보여 주려 합니다.
여성들도 학문을 할 줄 안다고 말이지요.
여성들도 남성들처럼 학술 모임을 열 뿐 아니라
더 나은 규칙에 따라 움직이는 그런 학회를 열 줄 안다고 말입니다.
여성들은 다른 데 흩어져 있는 것들을 학회에서 결합하고,
고상한 말들과 고급 학문을 연결시키며,
수천 번의 실험을 통해 자연을 발견코자 하고,
제시된 모든 문제들에 대해 어떤 분파라도 참여케 하되,
그 어느 것도 맹종하지 않는다고 말입니다.

- 몰리에르, 「유식한 여인들」 중에서 -

여성과 남성과의 관계에 대한 이해는 기본적으로 인간을 탐색하는 데 있어서 출발점이다. 성에 대한 기본적 탐색은 이성관계에서의 소통의 기초이며, 결혼과 가족생활을 준비하고 유지하는 데 있어서도 매우 중요한 의미를 갖게 된다. 성에 대한 기본적인 개념의 탐색과 규범과 역할 습득과정 및 성차에 대한 이해를 통해 올바른 남녀 간의 의미와 방향을 점검해 보도록 한다. 우리 사회에서 여성과 남성에 관한 제반 문제들을 정확하게 파악하기 위해서는 사회화되고 학습된 젠더의 개념에 접근해 볼 필요가 있다. 이 개념은 단순히 생물학적인 차원을 넘어서 사회문화적 양상을 반영하고 있으므로 여성과 남성의 삶에 관련된 복잡하고 다양한 면모들을 조명해 볼 수 있게 해준다. 그러나 인간이 자연으로부터 받은 몸과 성애의 문제를 도외시 하는 것 역시 올바른 파악방식이 아닐 것이다. 이런 점에서 섹스와 젠더의 양자를 균형 있게 파악하는 것은 중요하며, 따라서 여성의 몸에 대한 이해는 필수적이다. 몸을 어떻게 이해하고 어떤 가치를 부여하는가에 대한 관심은 시대에 따라 다르게 진행되어 왔다. 정신-육체 이원론에 따른 관점에 의하면 몸은 정신에 비해 열등한 것으로 간주되어 왔으며, 또한 생물학적 환원론에 의하여 남성과 여성의 속성을 대립적으로 구분하는 남녀 이원론으로 정신은 남성에게 육체는 여성에게 대입시킴으로써 남성은 '정신적 남성', '이성적 남성'으로 비유되며, 반면 여성은 '육체적 여성', '감성적 여성'으로 비유되기도 한다(이혜령 외, 2007). 남성중심적으로 혹은 자의적으로 형성되어온 여성의 몸에 대한 해석들이 수정될 필요가 있으며, 이에 대한 보다 적극적인 탐색이 필요하다.

이를 위해 본 부에서는 성과 젠더의 개념, 성 차이의 형성과정과 그 특성들, 그리고 여성의 몸과 마음에 대해 살펴보기로 한다.

Chapter 01

성과 젠더

제1절 성의 개념

제2절 성의 기능과 성적 자기결정권

성을 어떻게 정의하는가의 문제는 인간을 이해하는 첫걸음이며, 남성과 여성과의 관계 규정에 대한 중요한 출발점이다. 따라서 본 장에서는 기본적인 성의 개념을 알아보고 성의 기능 및 성적 자기결정권 등을 살펴보고자 한다.

제1절 성의 개념

성(Sex)의 어원은 라틴어의 Sexus에서 비롯된다. Sexus란 말은 "Seco"의 변형으로서 영어로 Cut(나누다. 자르다)의 의미이다. 이 말은 모성으로부터 탯줄을 자름으로써 완전한 성이 된다는 뜻으로 이는 완전하게 탄생된 인간을 의미하는 것이다. 즉 성이란 남성과 여성으로 태어난 독립된 인간을 의미한다. 우리말의 성(性)은 마음(心)과 몸(生)이 결합된 것을 의미한다고 하겠는데, 이것은 정신과 육체를 총칭하는 이른바 전인적 인간(全人的 人間)을 말하는 것이다. 요컨대, 어원으로 볼 때 성이란 인간, 이성 또는 전인적 인간을 총칭하는 것이며 단순한 성행동이나 육체적인 성의 결합만을 의미하는 것은 아니다(김상원, 2008).

성의 개념을 좀 더 분석적으로 보면 선천적으로 결정되어진 남성, 여성이라는 생물학적 성(Sex)과 사회, 문화적으로 남성다움과 여성다움의 특성과 역할을 상징하는 사회문화적 성(Gender) 및 위 두 개념을 포괄하면서 전인적이고 전 인격적인 개념으로서의 성(Sexuality)으로 대별하여 볼 수 있다.

1 생물학적 성 (Sex)

우리가 흔히 말하는 남성과 여성이라는 두 개의 성은 성기의 모습이 서로 다른 생물학적 특성을 지니고 있다. 사람의 성별은 염색체, 생식기의 외부형태 및 내부구조(자궁, 전립선 등)와 생식선, 호르몬 등에 의해 결정된다. 유전학적으로 볼 때, 정상적으로 태어난 여아는 한 쌍의 X염색체를 가지고 있으며, 정상적인 남아의 경우 XY 염색체를 지니게 된다. 그러나 수태와 함께 결정되는 초기의 성별 차이는 태아가 수태 후 6주에서 8주에 이를 때까지 염색체 결합상태 이외의 어떠한 차이점도 보이지 않다가 수태 후 6~8주가 지나야 비로소 내적 생식기관의 차이가 남녀별로 나타나기 시작한다. 일단 이 내적 생식기관이 발달하면 그 다음 단계로 호르몬 생식이 시작된다. 즉 태아가 3개월째 접어들면서 남성호르몬의 하나인 테스토스테론(testosterone)의 분비가 진행되면서 남아로서의 외적 생식기관이 발달하게 되고 만일 테스토스테론이 분비되지 않을 경우에는 여성 생식기관이 발달하게 된다. 한편 8주 후에 남녀 태아는 호르몬 분비여하에 따라 성 분화가 본격적으로 진행되지만 일단 출생한 후에는 약 8세까지 호르몬의 분비가 거의 없는 편이어서 이 기간 동안에는 호르몬이 성 차이의 발생에 전혀 기여하지 않다가 사춘기 때 이르러서야 남녀 모두에게서 성 호르몬의 분비가 증가하게 된다. 이 때 여성은 많은 양의 에스트로겐과 프로게스테론의 분비가 일어나며, 남성의 경우 많은 양의 남성호르몬인 테스토스테론의 분비가 진행되어 2차적 성 특징의 발달을 가져오게 되는 것이다.

한편 생물학적 성은 일반적으로 남성과 여성의 성기를 비롯하여 성 관계와 생식에 관한 모든 것을 포괄하는 개념이다. 그러나 이러한 개념을 간과하는 일부사람들은 성(Sex)을 주로 성기적이고 성기결합적인 것으로만 생각하기 때문에 성을 쑥스럽고 어색한 것으로 간주하는 잘못된 관념을 가지고 있다(김상원, 2008). 생물학적으로 성(Sex)은 생식기를 사용한 성관계 및 그 어떤 대상과 성적인 접촉을 하는 것을 의미할 수 있으며 성행위의 생리적이고 정신적 측면을 내포할 수도 있다. 사회적으로 성(Sex)은 문화, 정치, 법적 측면과 연관될 수 있으며 철학적으로는 규범적, 윤리적, 신학적, 영적 또는 종교적 측면과 모두 연결되어질 수 있다.

'여자다움' 이라는 성 역할이 여아의 스트레스 유발

사춘기에 나타나는 신체의 변화는 여아들에게 스트레스 요인이 될 수 있습니다. 골격이 단단해지고 힘이 세지며 수염이 거뭇거뭇하게 나는 남아들의 신체 변화는 대체로 또래들 사이에서 우상화될 수 있는 반면, 여아들의 몸에 나타나는 변화는 숨겨야 하고 가려야 할 거리가 되기 쉽습니다. 여인으로 성장하는 길은 수치심을 익히는 과정과 유사하여, 자연스러운 몸의 성장을 축복받는 기회로 갖는 여아들은 많지 않아 보입니다. 특히 일찍 성장한 여아들은 사회가 기대하는 아름다운 외모나 자태를 가져야 한다는 압박감에 노출되기 마련입니다. 한편으로 성적 대상화되거나 성적인 공격에 대면해야 하는 경우도 많아지고, 때로는 위험한 관계로부터 보호받지 못해 심리적 고통에 노출되기도 합니다.

어떤 학자들은, 여아가 커가면서 갖게 되는 포부나 성취의식이 쉽게 좌절되거나 마땅히 기대를 받지 못한 점에서 그 이유를 찾기도 합니다. 남성과 여성에게 다르게 적용되는 전형적인 성 역할에 대한 사회의 기대가, 여아의 독립심이나 성취를 격려하지 않는 분위기를 만듭니다. 물론 외현적으로 사회는 여성의 교육수준을 향상시키고 직업 성취를 장려하고 있습니다. 하지만 성장과정 중 성별에 대한 인식이 두드러지는 특정 시기에, 여아는 개인적 경험 속에서 성취나 독립을 추구하기가 쉽지 않습니다. 그 시기에 여아가 학습하는 성 역할은 일종의 패배감을 안겨줄 수 있습니다. 부모는 여아보다는 남아에게 자율성이나 독립심을 보장해주는 경향이 크고, 여아 또한 성취를 추구하거나 남아와 경쟁하려고 할 때 또래들, 특히 남아들로부터 '여자답지 못하다' 고 거절당하는 경우가 많기 때문입니다. 성장이 장려되고 격려 받을 시기에 겪게 되는 제한은 상당한 심리적 스트레스를 유발합니다. 물론, 이러한 개별적 요인이 각기 우울로 귀결된다고 할 수는 없습니다. 학자들은 이러한 사회적 분위기가 여아를 우울에 보다 취약하게 만드는 부정적인 요소 중 하나라고 생각합니다.

출처: 여성주의 저널 일다, 2008. 10. 17.

2 사회문화적 성 (Gender)

여성은 태어나는 것이 아니라 만들어지는 것이다 - 시몬 드 보봐르(S. de Beauvoir) -

태어날 때는 두 성 사이에 아무런 차이가 없다 - 케이트 밀렛(K. Millet) -

위 두 언급은 생물학적 성과 젠더라는 의미를 잘 나타내고 있는 주장들이다. 젠더라는 용어는 1970년대 초반 서구 여권론자들에 의해 처음으로 오늘날과 같은 학문적 의미를 가지게 되었다. 젠더는 자연적, 생물학적인 범주로 위치 짓는 섹스(sex)라는 말이 가지는 정치적 효과에 대항하기 위한 용어로 남성과 여성의 사회적 관계를 드러내고 문제시하며 궁극적으로 변화시키기 위한 개념적 도구로 사용되기 시작하였다(이혜령 외, 2006). 1995년 베이징에서 열린 제4차 세계여성대회에서도 성별 구분을 사회문화적 성을 뜻하는 젠더라는 개념으로 사용하는 것이 바람직하다고 합의하여 이 용어의 사용이 더욱 일반화되었다(한국여성연구소, 2005).

인간은 성장과정에서 그가 태어난 사회적, 문화적, 심리적 환경에 따라 자신의 역할을 학습하게 된다. 이렇게 후천적으로 학습하게 되는 성의 특성을 사회문화적 성 즉 젠더라고 부른다. 전형적으로 볼 때, 흔히 "남성답다"(maleness/masculinity)고 하면 적극적이고 강하고 크고 용감하고 이성적(理性的)인 것을 생각하고 "여성답다"(femaleness/feminity)라고 하면 소극적이고 연약하고 아담하고 아름답고 의존적이고 감성적인 것을 생각하는 성향이 있다. 이와 같이 후천적인 사회, 문화, 심리적인 환경에 의해서 그 특성이 결정되는 성을 후천적 성, 즉 젠더라고 한다. 이 개념은 생물학적으로 남녀가 다르다는 것을 부정하려는 것이 아니라 현재의 여성다움 혹은 남성다움의 규정에는 사회문화적인 영향이 있음을 분명히 하려는 것이다. 아울러 사회문화적으로 형성된 젠더 개념 속에 숨어 있는 불평등하고 차별적인 특질을 극복해야 한다는 문제의식을 담고 있다.

다음은 여성과 남성의 젠더에 관한 질문입니다. 먼저 다음 문장이 설득력이 있는지 그렇지 않은지 Yes 혹은 No로 표기해 보세요. 그리고 왜 그렇게 생각하는지 이유를 적어보세요.

문 항	Y	N
호주제가 폐지되면 이혼이 늘어나 위기에 처하는 가족이 증가할 것이다.		
⇨		
결혼 중 얻은 재산에 대한 기여도는 주부인 아내보다 가장인 남자가 더 많다.		
⇨		
여성에 대한 누적된 차별을 개선하기 위한 여성할당제나 군가산점제도는 남성에 대한 역차별이다.		
⇨		

문 항	Y	N
광고에서 여성의 몸을 선정적으로 그리는 것은 상품을 팔기 위한 것일 뿐 여성차별은 아니다.		
➩		
성관계를 원하지 않더라도 부부관계에서는 성관계를 거부할 권리보다 성관계의 의무가 더 중요하다.		
➩		
여자는 직업을 갖더라도 일보다는 자녀 양육을 우선적으로 생각해야 한다.		
➩		
주변에 든든한 남성이 있으면 비교적 안전한 삶을 누릴 수 있다.		
➩		
딸의 경우 여성으로서의 정숙함과 품위를 어렸을 때부터 교육해야 당당한 여성으로 자랄 수 있다.		
➩		
아동 성폭력이 발생하지 않기 위해서는 엄마의 세심한 주의와 보살핌이 가장 필요하다.		
➩		
부모와 자녀로 구성된 가족이 가장 바람직하고 정상적인 가족 형태이다.		
➩		

출처: 한국성폭력상담소 '법조인의 성의식 설문조사'(2003), 한국여성민우회 성폭력상담소, 「당당한 성 · 즐거운 성 · 안전한 성」(2004)

젠더의 문화적 다양성

인류학자 마가렛 미드(M. Mead)가 쓴 뉴기니아 부족의 초기 연구(1935)인 「세 부족사회에서의 성과 기질」이라는 책에서 젠더에 대한 기대는 문화에 따라 다양하게 나타남을 보여주고 있다. 세 부족 중 한 부족인 챔블리인은 남성의 역할이 우리 사회에서 보여지는 여성의 역할과 같으며, 여성이 모든 일을 주도하고 있고 오히려 남성은 여성에게 의존하며 소극적이고 온화한 기질을 가지고 있었다. 아라페쉬족은 우리 사회에서처럼 역할이 분리되어 있는 것이 아니라 모든 역할을 공유한다. 그들의 관계는 협조적이며 남녀의 성차를 거의 볼 수가 없다. 먼더거머족은 모계도 부계도 아닌 친족이 교직되어 있는 사회로서 아버지의 재산권은 딸에게 상속되며 어머니의 상속권은 아들에게 상속된다. 따라서 부부는 서로 자신의 상속권을 확보하기 위해 경쟁하게 된다. 이들의 성품은 남녀가 함께 공격적이고 난폭하며 경쟁적이고 개인주의적이다. 이의 연구는 우리들이 지금까지 가지고 있던 전통적인 고정관념인 성별 역할 분리에 대한 생각을 깨뜨리게 한다. 각 성의 심리적인 특성, 전통적인 역할은 하나의 사회적 구성물이며 자연적인 필연성은 없다는 것이다.

출처: Margaret Mead(1935), 세 부족사회의 성과 기질, 조혜정 역(1988)

3 인격적인 성 (Sexuality)

생물학적 성(Sex)과 후천적인 성(Gender)을 포괄하는 개념으로서 인간의 태도, 가치관, 감성, 문화, 성형태 등을 포함하는 전성적(全性的)이고 전인적(全人的)인 인격적(人格的) 성을 말한다. 이는 성성, 성욕, 성애 등으로 표현되며, 이는 인간의 구체적인 성행위뿐만 아니라 개인이 가지고 있는 성에 대한 관념, 가치관, 태도, 행동, 감정, 기호 및 선호도 등을 포함하는 포괄적인 의미이다. 이러한 전면적인 성의 의미를 나타내는 섹슈얼리티는 섹스와 젠더에 의해서 영향을 받는데 단순히 생물학적 차이에 의한 성에 의해서 영향을 받기보다는 살아가면서 환경으로부터 많은 영향을 받기 때문에 심리성적인 정체감과 더 많이 관련되어 있는 것으로 볼 수 있다. 즉 인격적 성인 섹슈얼리티는 선천적, 생물학적으로 결정된 남녀의 특성과 후천적으로 학습되어진 사회문화적 성역할(Gender role)과 성 정체성(Gender Identity)을 인격체라는 틀 속에 통합시킨 개념이다. 이러한 섹슈얼리티의 개념은 성을 개인적인 측면에서 보다 사회적 구성물로 보고 있다(조영미, 2007). 여기에는 성적 욕망이 생물학적 욕구나 본능에 지배받는 것이 아니라 사회적으로 구성된 것이라는 의미가 포함되면서, 성과 관련된 관행 등이 자발적이기보다는 사회적 압력일 수 있음을 시사하고 있다. 따라서 이 속에 포함되어 있는 성적 위계, 차별적 요소들의 문제와 이에 대한 분석과 평가가 필요함을 인식해 볼 수 있다.

다음은 성(Sexuality)에 대한 생각을 알아보기 위한 것입니다. 먼저 다음 문장이 설득력이 있는지 그렇지 않은지 Yes 혹은 No로 표기해 보세요. 그리고 왜 그렇게 생각하는지 이유를 적어 보세요.

문 항	Y	N
옷을 야하게 입는 여자는 성관계를 자유롭게 할 것이다.		
⇨		
성적 욕구를 적극적으로 표현하는 여자는 여자답지 못하다.		
⇨		
남성의 성욕은 참기가 어렵다.		
⇨		
남자가 성관계를 요구할 때 상대 여자가 가만히 있으면 어느 정도 동의한 것이다.		
⇨		
새벽에 여자가 낯선 남자(들)와 함께 술을 마시는 건 위험을 자초하는 행동이다.		
⇨		
남녀 문제에 있어서 '열 번 찍어 안 넘어가는 나무 없다'는 말은 어느 정도 사실이다.		
⇨		
여관에 같이 간다는 것은 섹스를 허락한다는 의미이다.		
⇨		
여자들이 가끔 오해하도록 행동한다.		
⇨		
키스나 성적 접촉에 대한 동의 여부는 상대방의 눈빛이나 암묵적인 동의 의사표현을 통해 판단할 수 있다.		
⇨		
사회적으로 모범을 보여야 할 여교사나 여성 공직자가 성적으로 자유로운 생활을 하는 것은 좀 문제가 있다.		
⇨		
언론을 통해 'ㅇㅇ양 섹스비디오'로 알려진 사건의 당사자인 여성은 사회적으로 물의를 일으켰다.		
⇨		
먼저 성관계를 요구하는 여자는 헤픈 여자일 것 같다.		
⇨		

문 항	Y	N
자위, 특히 청소년기의 자위는 바람직하지 않다.		
⇨		
"용기 있는 자가 미인을 얻는다."는 말을 믿는다.		
⇨		

출처: 한국성폭력상담소의 '법조인의 성의식 설문조사'(2003), 한국여성민우회 성폭력상담소, 「당당한 성 · 즐거운 성 · 안전한 성」(2004)

4 양성성 (androgyny)

과거에는 남성성과 여성성의 구분이 너무 엄격하여, 남성의 특질을 보이는 여성이라든지, 여성의 특질을 가지고 있는 남성을 비정상적인 것으로 간주하였다.

그러나 최근의 연구들은 정서적으로 건강하고 사회적으로 적응을 잘 하는 남성은 전형적인 남성성 특성을 강하게 지닌 사람이라는 전제에 의문을 품기 시작하였으며 오히려 부드럽고 따뜻함의 인격을 통합한 남성이 더 적응적임을 제안하고 있다. 마찬가지로 여성도 얼마간의 '남성적' 특성을 지닌 여성이 전형적인 여성성을 지닌 여성보다 사회적 · 정서적 적응능력이 높음을 제안하고 있다. 이와 같이 여성성과 남성성을 공유한 사람을 일컫는 용어가 양성성으로 이 유형의 사람이 다른 유형의 사람보다 훨씬 자신감이 높으며, 과업성취 능력도 높고, 사회적으로 적응 능력이 높은 것으로 보고되고 있다. 즉, 양성성은 사회의 성역할 고정관념을 이루는 내용 중 이른바 여성적 특성과 남성적 특성 중 바람직한 것만이 결합하여 공존하는 것으로 성격과 행동이 독립적이면서도(종래의 고정관념상 남성성) 부드러운(종래의 고정관념상 여성성) 기존의 성역할에 매이지 않는 건강하고 적응적인 성격을 의미한다.

현대사회에 있어서는 사회변화에 따라 남녀의 역할이 변하기 때문에 남성, 여성의 특성을 모두 가진 사람이 사회적으로 적응하기 쉽다는 이론과는 다른 시각으로, 모든 인간은 원래 남성, 여성의 두 특징을 모두 가지고 있기 때문에 원만한 인간이 되기 위해서는 이 양자의 특성을 모두 발전시켜야 한다는 이론으로도 양성성이 지지되었다. 일찍이 융(Jung)은 인간은 남성적인 특성과 여성적인 특성 모두를 지니고 있는데, 사회화과정에서 남성적인 것이 강조되면 여성적인 특성은 억압되고, 반대로 여성적인 특성이 강조되면 남성적인 측면이 억압된다고 하였다. 융은 남성에 있어서 억압된 여성적인 측면을 아니마(anima)라 칭하고, 여성에게 있어 억압된 남성적인 측면은 아니무스(animus)라 칭하고 있는데, 개인의 자아실현을 위해서는 이 아니마와 아니무스를 함께 발전시켜야 한다고 주장하였다.

이러한 양성성의 시각은 모든 인간을 종래의 성역할 고정관념으로부터 해방시켜 자녀 키우는 방식, 남성과 여성의 자아개념, 사회의 성별 권력구조에도 변화를 초래하였다.

28,000명의 남성과 여성의 피험자로 하여금 이상적인 남성, 이상적인 여성의 행동 및 특성을 기술하도록 해 보았다. 남성, 여성이 각각 묘사하고 있는 이상적인 남성, 이상적인 여성의 특질을 1순위에서 10순위까지 열거해 보면 〈표 1-1〉과 같다(Tavris, 1978).

〈표 1-1〉 이상적인 여성과 이상적인 남성에 대한 응답

이상적인 여성		이상적인 남성	
남성의 응답	여성의 응답	남성의 응답	여성의 응답
1. 사랑이 넘치는	1. 사랑이 넘치는	1. 사랑이 넘치는	1. 사랑이 넘치는
2. 따뜻한	2. 신념이 확고한	2. 신념이 확고한	2. 신념이 확고한
3. 신념이 확고한	3. 따뜻한	3. 따뜻한	3. 자신감 있는
4. 온화한	4. 자신감 있는	4. 자신감 있는	4. 가족을 위하는
5. 자신감 있는	5. 온화한	5. 온화한	5. 지적인
6. 가족을 위하는	6. 지적인	6. 지적인	6. 따뜻한
7. 지적인	7. 가족을 위하여	7. 가족을 위하는	7. 온화한
8. 낭만적인	8. 낭만적인	8. 직업에서의 성공	8. 직업에서의 성공
9. 부드러운	9. 정숙한	9. 낭만적인	9. 낭만적인
10. 정숙한	10. 부드러움		

이의 목록에서 볼 수 있듯이 이상적인 남성에 대한 남성, 여성 피험자가 서술한 특성은 서로 비슷할 뿐만 아니라, 놀랍게도 이상적인 남성에 대한 목록이 이상적인 여성에 대한 목록과도 서로 밀접하게 연관되어 있었다. 즉, 남성, 여성 모두에게 같은 범주의 특성을 요구하고 있음을 알 수 있다. 이러한 서술은 남성, 여성을 동일한 시

각으로 보아야 함을 시사하는 것이라 하겠다. 그러나 이 목록에서 주지해야 할 사실은 이상적 여성에는 '정숙한' 이라는 문항, 반면 이상적 남성에는 '직업에서의 성공' 이라는 문항에 대한 응답이다. 이는 남성과 여성의 성역할 규범에 기인하는 것으로 여성을 일차적인 표현적 · 정서적 역할의 담당자로, 남성을 일차적인 수단적 · 도구적 역할의 담당자로 인식하고 있는 현실의 반영이기도 한 것이다. 인간을 남성, 여성으로서가 아니라 동일한 개체로 인식하는 개념정립을 위해서는 이러한 시각의 극복이 필수적이라 하겠다.

다음 질문지는 Bem(1975)의 척도입니다. 여기에는 여러 가지 성격특성이 적혀 있습니다. 아래의 성격특성들이 여러분의 성격을 얼마나 잘 반영하고 있는가를 1에서 5까지의 척도를 써서 응답하시기 바랍니다.

전혀 나의 성격과 같지 않다 ---1 대체로 나의 성격과 같지 않다 -----2
어느 정도 나의 성격과 같다 -----3
대체로 나의 성격과 같다 -----4 거의 나의 성격과 같다 ------5

1	자기 소신을 지킨다.		16	이해심이 있다.	
2	변덕스럽다.		17	터놓지 않고 숨긴다.	
3	독립심이 강하다		18	인정스럽다.	
4	양심적이다.		19	상한 기분을 잘 달래준다.	
5	다정하다.		20	자부심이 강하다.	
6	단호하다.		21	지배적이다.	
7	개성이 강하다		22	따뜻하다.	
8	강경하다.		23	자기 주장을 굽히지 않는다.	
9	믿을 만하다.		24	상냥하다.	
10	동정심이 강하다.		25	공격적이다.	
11	질투심이 많다.		26	적응력이 있다.	
12	지도력이 있다.		27	아이들을 매우 좋아한다.	
13	다른 사람의 필요에 민감하다.		28	재치가 있다.	
14	진실하다.		29	부드럽다.	
15	모험심이 강하다.		30	관습적이다.	

〈채점방법〉

여성성 항목: 2, 5, 9, 11, 16, 19, 22, 24, 27, 29

남성성 항목: 3, 6, 7, 8, 12, 15, 20, 21, 23, 25

(여성성 평균-남성성 평균) × 2.322 = □

□ > 2.025인 경우 여성적이다, □ < -2.025인 경우 남성적이다

□이 1~2.025이면 여성적에 가깝다, □이 -2.025~-1이며 남성적에 가깝다

□이 -1~1이면 양성성이다

● 토론거리 ●

1. 하루 동안 내가 다른 성별로 바뀌었다고 가정해 보시오. 아침에 일어나서 밤에 잠자리에 들 때까지 모든 생활 곳곳에서 나의 바뀐 성별이 어떤 식으로 경험되는지 묘사해 보고 함께 토론해 보시오.
2. 우리 사회에서 볼 수 있는 성 불평등의 사례를 들고 그 원인과 배경을 설명해 보시오.

제2절 성의 기능과 성적 자기결정권

성은 사랑을 표현하고 공유하는 수단과 행동양식으로 인간관계에 있어서 필요한 기초요소이고 친밀한 관계를 유지시키는 중요한 수단이 된다. 이를 위해, 먼저 성의 기능을 살펴보고, 성적 자기결정권으로서의 내용으로 피임과 낙태 그리고 성 선호성을 살펴보도록 한다. 이를 위해 먼저 성에 관한 사회적 통념들을 점검해 봄으로써 성 이해도 수준을 파악하는 작업을 해보도록 한다.

남성의 성, 여성의 성과 관련된 사회적 통념들

1.남성의 성과 관련된 통념

- 성과 사랑, 결혼은 분리될 수 있다.
- 남성의 혼전순결은 중요하지 않으며 외도도 허용되나 결혼은 정숙한 여성과 한다.
- 남성은 여성이 원하면 언제든지 성행위를 할 준비가 되어 있어야 한다.
- 남성은 항상 성행위를 주도해야 하고 성적 능력은 남성성의 기준이다.
- 피임이나 임신은 여성의 몸과 연관되므로 여성이 책임져야 할 문제이다.
- 여성이 원하는 것을 말하지 않아도 다 알고 있어야 한다.
- 남성은 일단 발기가 되면 반드시 사정을 해야 하며 그래야 몸에 해롭지 않다. 또는 사정을 참으면 정력이 강해진다.
- 남성의 성기의 크기가 성적 능력을 좌우한다.
- 남성은 한번 시작하면 멈출 수 없다.
- 술은 성욕을 강화시킨다.

2. 여성의 성과 관련된 통념

- 여성은 사랑하는 사람 외에는 성적 욕구를 느끼지 않는다.
- 여성이 자신의 성적 느낌을 표현하거나 성행위를 주도하는 것은 여성답지 못하다.
- 여성은 삽입에 의한 성교를 통해서만 오르가즘을 느낄 수 있다.
- 여성의 거절은 동의를 의미한다.
- 여성의 가슴 크기는 성적 능력과 직접 관련이 있다.

자료: 최규련(2007), p.71

● 토론을 위한 질문 ●

위의 성에 대한 사회적 통념 중 나는 성에 대하여 어떤 통념을 지니고 있는지 점검해 보고, 상대 성의 통념에 대해 성별 그룹별로 토론해 보시오.

1 성의 기능

성은 인간의 삶에서 유기적이고 정상적이고 육체적이고 감정적인 기능을 담당하고 있다. 그러나 우리 문화는 성욕을 외음부에 국한시켜서 생각한다. 하지만 성욕의 표현 그 이상으로 인간은 성적 욕구와 그 기능이 단지 생식활동에만 국한되어 있지 않은 유일한 영장류이다(Christiance Northrup, 2003).

D. Morris(1991)는 인간의 성행위의 기능을 다음과 같이 분류하고 있다(장선철, 2008 재인용).

첫째, 생식의 기능이다. 이는 성이 가지고 있는 가장 기본적인 기능이다. 둘째, 짝짓기의 기능이다. 인간은 원래 암수가 짝을 짓는 동물이며 배우자가 될 가능성이 있는 한 쌍의 남녀는 성행위를 통해 짝을 짓는다. 짝짓기 기능이 워낙 중요하기 때문에 성행위가 가장 격렬하게, 그리고 규칙적으로 일어나는 시기는 처음 짝을 짓는 시기에 집중되어 있다. 셋째, 유대감 강화의 기능이 있다. 성행위는 짝과의 유대감을 강화하는 기능을 갖고 있기 때문에 짝짓기를 끝냈다고 해서 성행위가 사라지는 것이 아니다. 별거했던 부부들이 재회하면 짝짓기 과정을 다시 거치는 것이나 마찬가지이기 때문에 신혼초야처럼 격렬한 성행위가 되살아나는 경우가 많다. 넷째, 긴장 완화 기능이다. 성행위의 또 다른 기능은 긴장을 감소시키는 것이다. 생리적 욕구가 해소되지 않으면 긴장감이 증가하기 때문에 해소되지 않은 성적 긴장감을 발산하기 위해서 성행위를 하게 된다. 다섯째, 호기심 충족기능이다. 인간이 가지고 있는 가장 훌륭한 자질 중의 하나는 호기심과 탐구심이다. 성행위에 참여하는 남녀는 다양한 동작, 소리, 접촉, 체위, 향수 등을 써서 새로운 자극 방법을 끊임없이 탐구함으로써 타고난 호기심을 서로 충족하고 있다. 여섯째, 마음의 안정 기능으로, 성행위는 자극을 제공해 줄 뿐 아니라 과도한 자극상황에서 마음을 안정시키는 기능도 갖고 있다.

이처럼 성행위는 종족을 번식시키는 기능을 가지고 있을 뿐만 아니라 쾌감과 한 인간으로서의 존재 가치를 제공하기도 하며 이성 간의 사랑을 발전시키고 부부 간의 유대감을 유지하는 중요한 기능을 가지고 있다.

체크리스트: 성지식 문항

1. 남성의 정자는 사정시에만 방출된다.
2. 전립선은 남녀 모두에게 있는 성 기관이다.
3. 처녀막은 첫 번째 성교시에만 파열된다.
4. 모든 여성은 처녀막을 갖고 태어난다.
5. 월경주기의 중간 부분이 임신가능기간이다.
6. 젖가슴이 클수록 임신을 할 가능성이 높다.
7. 아기의 성은 난자와 정자가 수정되는 순간에 결정된다.
8. 피임기구인 콘돔을 사용하면 완전한 피임이 보장된다.
9. 인공유산은 수술을 받지 않고 조제약물로도 가능하다.
10. 정자의 생존기간은 대략 48~72시간이다.
11. 키스를 통해서는 성병이 전염되지 않는다.
12. 임질은 항생제를 먹거나 주사를 맞으면 완치될 수 있다.
13. 흡연은 성 기능 장애의 원인이 된다.
14. 성병에 감염된 산모는 신생아에게 성병을 감염시킬 수 있다.
15. 성병을 완치한 후에는 그 성병에 대한 면역성이 생긴다.
16. 에이즈 감염자와 면도기를 같이 사용할 때 감염될 수 있다.
17. 성관계 후 성기를 깨끗이 씻으면 성병에 걸리지 않는다.
18. 남성은 한 번의 성관계에서 여러 번의 사정이 가능하다.
19. 성관계시 남성의 흥분 속도는 여성보다 빠르다.
20. 자위행위는 일반적으로 건강에 해롭다.
21. 여성이 느끼는 오르가즘은 남성의 성기 크기와 직접 관련 있다.
22. 남성은 완전히 발기해야 사정할 수 있다.
23. 남성은 여성에 비해 성적 욕구가 강하다.
24. 개인의 성적 성향은 치료에 의해 쉽게 바뀔 수 있다.
25. 동성애적 사랑을 한번 경험하면 동성애자가 된다.

〈정 답〉

1. × 2. × 3. × 4. × 5. ○ 6. × 7. ○ 8. × 9. × 10. ○ 11. × 12. ○ 13. ○
14. ○ 15. × 16. ○ 17. × 18. × 19. ○ 20. × 21. × 22. × 23. × 24. × 25. ×

출처: 송관재(2003), p.152

더 읽어보기:
여성의 몸, 여성의 지혜: 진정한 성 정체성을 찾아서(Christiance Northrup, 1998, 1994)

여성의 성욕은 파트너와의 친밀도와 직접적인 관계가 있다. 섹스는 일종의 비언어적 커뮤니케이션이다. 따라서 두 사람 사이의 훌륭한 커뮤니케이션이 만족스러운 성관계로 이어질 수 있다. 남성과 여성 모두에게 배려와 애정은 성행위가 실제로 이루어지든 이루어지지 않든 '사랑을 나누는 과정'의 일부이다. 남성과 여성 모두가 서로를 배려하며 사랑을 나누고 성적인 접촉을 즐겨야 한다.

'처녀'라는 단어는 성관계를 가진 적이 없다는 것을 의미한다. 하지만 나는 어떤 남성에게도 속하지 않고 스스로에게 완전하고 충실한 여성에게 이 단어를 사용하고 싶다. 그런 의미에서 많은 여성들이 전정한 처녀성을 회복하기 위해서 노력해야 할 것이다. 만일 여성이 남편에 대한 의무감으로 원하지 않는 성관계를 가지게 되면 그녀의 삶은 결코 건강할 수 없다. 성관계를 갖는 데 있어서 옳고 그른 것이란 없다.

적극적인 성생활을 하는 사람들이 성병 감염을 피할 수 있는 확실한 방법은 없다. 그렇다고 해서 바이러스에의 노출 자체가 반드시 성병 감염을 일으키는 것은 아니다. 인간의 몸 속에는 복원력과 건강을 유지하려는 엄청난 잠재력이 내재되어 있기에 성병에 대한 가장 좋은 방어책은 자존심과 자긍심을 가지고 살면서 콘돔을 사용하고 잘 분별하여 성관계를 갖는 것과 같은 상식적인 대책들을 말한다. 성 접촉에 의한 질병의 감염에서 벗어날 수 있는 유일한 방법은 우리 몸을 소중히 생각하는 것이다. 자신을 위험에 빠트릴 수 있는 상황을 구별해내고, 남자를 붙잡기 위해 혹은 공허함을 채우기 위한 수단으로서가 아니라 상호존중을 바탕으로 한 의사소통의 한 방법으로서 성의 정체성을 다루는 법을 배워야 한다.

출처: Christiance Northrup 저, 강현주 역(2003), 「여성의 몸, 여성의 지혜」에서 부분 발췌

● 토론거리 ●

1. 섹스/성을 자신의 말로 정의하시오.
2. 어린 시절 처음으로 성을 인식하게 해 준 체험이 있는지 생각해보시오.
3. 그 체험과 관련된 느낌을 묘사해 보시오.
4. 성적으로 매력이 있다는 말이 무엇인지 정의하시오.

2 성적 자기결정권

여러분은 자신의 권리를 어느 정도 인식하고 있나요?
언제, 어디서, 누가 나의 몸을 만질 것인가, 언제, 어디서, 누구와 성적인 행위를 할 것인가를 결정할 권리는 나에게 있습니다. 이것이 '성적 자기결정권' 입니다.
상대방에 대한 미안함이나 배려보다는, '나의 느낌' 을 기준으로 결정해야 합니다.

- 한국여성민우회 -

1) 성적 자기결정권의 의미

성적 자기결정권은 주로 여성학적 시각에서 다루어진다. 이들의 담론 안에서 성적 자기결정권은 몸적 자율성과 통합성으로 드러난다. 이는 대단히 광의적인 의미를 갖는데, 즉 성적 쾌락과 행위성에 대한 권리일 뿐만 아니라 통제할 수 있고, 안전성을 보장받을 수 있는 권리의 측면을 포괄한다. 다시 말해 성적 자기결정권은 두려움 없이 성적 관계에 개입하는 권리이며, 이러한 권리의 이행은 피임과 낙태접근의 권리, 그리고 원치 않는 임신, 성병, 자신의 뜻에 반하는 남성의 요구와 강제, 성희롱, 성폭력, 학대로부터의 자유를 내포한다(Richardson, 허라금, 2000 재인용).

이러한 성적 자기결정권이 통용되는 사회적 맥락을 개괄적으로 살펴보면, 첫째 몸적 권리, 몸에 대한 소유권, 둘째 성적 요구를 거부할 수 있는 권리(거부권) 등으로 정리할 수 있다(허라금, 2000). 첫째, 몸에 대한 소유권, 몸적 권리로서의 성적 자기결정권은 '내 몸의 주인은 나' 라는 주장으로 설명된다. 즉 여성들이 자신들의 몸에 대한 주인의식을 가져야 하며, 이를 위해 여성들이 자신의 몸에 대해서 충분히 알아야 한다는 일종의 여성의 몸에 대한 권리선언이라고 볼 수 있다. 즉 여성들이 피임과 낙태 등 자신의 몸과 관련하여 자기결정권을 가져야 한다는 것을 강조함으로써 여성의 몸에 대한 새로운 인식과 여성의 몸에 대한 권리로서 건강권이 등장하는 계기를 제공하였다.

둘째, 성적 요구에 대한 '거부권' 으로서의 성적 자기결정권은 여성들이 남성의 성적 제안에 대해서 '안 돼' 라고 말할 수 있는 권리를 말한다. 말하자면 여성이 남성의 성적 요구나 강제를 거부할 수 있는 권리로서 정의되고, 이러한 권리의 침해는 성폭력이라는 범죄행위가 된다. 이것은 좁은 의미의 성적 자기결정권으로 간주되기도 한다(변혜정, 2006).

이러한 성적 자기결정권의 의미와 관련하여, 나는 이러한 성적 권리의 주체가 되고 있는가? 피임과 낙태에 대한 자기 통제권을 행사할 수 있는가? 등에 대한 질문을 통하여 스스로 자신의 성적 자기결정권에 대한 의미를 생각해 볼 수 있다.

점검해 보기: 성적 자기결정권 체크리스트

다음 문항에 대해서 5점 척도로 답해보세요.

1점: 매우 그렇지 않다 2점: 다소 그렇지 않다
3점: 중간
4점: 다소 그렇다 5점: 매우 그렇다

1. 좋아하다가도 싫어지는 감정이 생길 수 있다는 걸 인정하고 받아들일 수 있다.
2. 나는 나의 성적 욕망이나 지식에 대해 상대에게 이야기할 수 있다.
3. 상대에게 화났을 때, 고마울 때 나의 감정을 상대에게 표현할 수 있다.
4. 상대가 어떻게 반응할지 걱정되더라도 감정을 감추거나 왜곡하지 않는다.
5. 상대의 일방적인 요구에 대해 '부당함' 을 이야기할 수 있다.
6. 나는 원하지만 상대가 싫다고 하면 강요하지 않고 상대의 의사를 존중한다.
7. 나는 여전히 좋아하는데, 상대는 헤어지려 할 때, 억지로 붙잡지 않는다.
8. 나는 나의 성적인 욕망에 대해 그대로 인정한다.
9. 나는 나에게 맞는 안전한 피임법에 대해 알고 있다.
10. 성적 욕망이 생기면 나름대로 해소할 수 있는 방법을 알고 있다.
11. 성관계 의사 없이도 상대와 여행을 함께 할 수 있다.
12. 내 감정과 느낌이 소중한 만큼 상대의 상태를 충분히 고려할 수 있다.
13. 상대의 감정을 통제하기 위해 내 감정을 과장, 왜곡 표현하지 않는다.
14. 합의된 신체적 접촉(예, 키스)을 하는 중에 내 맘대로 다른 행동을 하지 않는다.
15. 상대의 신체적 접촉에 대한 제안을 내가 원하지 않을 경우엔 거절할 수 있다.
16. 연애하고 싶은 사람이 생길 때, 상대에게 제안해 볼 수 있다.
17. 나는 사람을 사귈 때 '이 사람은 내 것이다' 라는 생각을 우선하지 않는다.
18. 내가 고백했을 때 상대가 관심 없다고 말해도, 자존심 상하지만 받아들일 수 있다.
19. 상대가 취해서 정신 없을 때를 기회로 평소에 원했던 접촉을 시도하지는 않는다.
20. 성적으로 끌리는 대상이 있으면, 상대방의 동의를 구하면서 성관계를 제안할 수 있다.

위 문항의 총점이,
93점 이상 파란불! 비교적 안전합니다. 실전에서도 잘 할 수 있으면 좋겠습니다.
80~92점 노란불! 잘 하고 있지만 좀 더 노력합시다.
80점 이하 빨간불! 위험! 훈련이 필요합니다.
원치 않는 임신, 낙태의 가해자나 피해자가 될 수도 있습니다.

출처: 한국여성민우회 홈페이지

2) 성적 자기결정권의 다양한 선택

성적 자기결정권에 대한 논의가 이슈화되면서 성적인 문제가 나타나게 되면 성적 자기결정능력의 부족으로 여겨지고 있다. 여기서 문제는 성적 자기결정능력의 부재가 여성들을 둘러싼 수많은 성적 문제들이 생기는 원인으로 간주되면서 피해자환원론으로 연결된다는 것이다. 대표적으로 여성의 낙태행위에 대한 해석을 들 수 있다. 낙태의 사유로 강조되는 원치 않은 성관계, 피임실패 등은 여성의 성적 자기결정권의 부족으로 간주된다(양현아, 2005).

성적 자기결정권에 대한 구체적인 내용으로 피임과 낙태 그리고 성 선호성에 대해 살펴본다.

(1) 피임

피임이란 인위적으로 임신을 예방하는 것이지만 최종적으로는 생명과 몸을 귀중히 여기고 그에 대해서 책임을 지는 것이라 하겠다. 어떤 피임법을 사용하느냐는 개인의 선택의 문제로서 다음과 같은 요인들을 고려할 필요가 있다(인구보건복지협회).

첫째, 서로가 의사소통이 충분히 되고 있는가?
둘째, 나에게 맞는 피임법은 무엇인가?
셋째, 피임은 누구의 책임인가?
넷째, 건강한 성/안전한 성을 위하여 필요한 것은 무엇인가?

피임법에는 여러 가지가 있는데, 대표적인 피임법은 다음과 같다.

① 월경주기를 이용한 피임법

보통 배란은 다음 생리 시작일로부터 14일 전에 이루어진다. 즉 여성의 생리주기를 이용하여 임신이 가능한 시기인 배란기에 성관계를 피함으로써 피임을 하는 방법이다. 이 주기법은 생리주기가 정확한 여성에게만 가능하다. 만약 여성의 배란기가 불확실한 경우에는 사용하면 안 되는 방법이며, 실패 확률이 높은 편이다.

② 경구피임법

경구피임약은 여성호르몬을 주원료로 만든 것으로 첫날부터 매일 1정씩 21일간 복용하고 7일간 휴약하는 복용법으로, 불임시술을 제외한 피임법 중 실패율이 가장 낮은 효과적인 방법이다.

③ 자궁 안에 기구를 넣는 피임법

흔히 구리가 감긴 작은 기구로, 이 기구를 여성의 자궁 안에 넣어서 수정란이 착상되는 것을 막는 피임방법이다. 보통 생리가 끝난 직후에 산부인과에서 장치 시술하고 이 장치가 제대로 놓여 있는지 6개월에 한 번 정도는 체크를 받는 것이 바람직하다.

④ 불임시술법

보통 남성의 정관수술과 여성의 난관수술을 일컫는 피임법으로, 아기를 더 이상 원치 않을 때 실시하는 영구적인 불임시술 방법이다. 남성의 정관수술의 경우는 정자의 운반을 담당하는 정관을 잘라내는 방법이고, 여성의 난관수술은 난자의 통로인 나팔관을 묶음으로써 수정을 막는 피임방법이다.

⑤ 콘돔

우리나라에서 많이 사용되고 있는 피임 방법으로 특히 연령이 낮은 층에서 선호하며, 정확하게 사용한다면 간편하고 효율적인 방법이지만, 피임 실패율이 15% 정도나 되는 주의를 요하는 방법이다. 남성의 성기가 발기되어 삽입하기 전부터 착용해야 하는 등 사용법에 특히 유의하여야 피임 효과를 높일 수 있다.

⑥ 사후피임약(응급피임약)

사후피임은 피임을 하지 않고, 성관계를 한 경우나 피임에 실패했을 경우 원치 않는 임신을 예방하기 위해 응급으로 사용하는 피임법이다.

⑦ 이식형 피임제: 임플라논

가장 최근에 도입된 피임법으로 향후 3년 동안 피임효과가 있다. 작은 성냥개비 모양의 임플란트로서 상박부 안쪽, 피부 바로 밑에 이식되는 이식형 피임제로서, 장기간 피임효과를 유지하고, 제거 시에는 바로 가임능력이 회복된다. 바쁜 현대여성의 라이프사이클에 적합한 피임법이며, 직장을 위해 첫 임신을 미루거나, 터울을 조절하는 경우, 더 이상 출산계획이 없는 경우 등 거의 모든 여성에게 적합한 최신의 피임법이다.

이상과 같이 여러 가지 피임법이 있지만 아직 완벽한 100% 피임을 보장하는 방법은 없다. 따라서 여성과 남성 모두가 자신에게 적합한 피임방법을 선택하여야 하며, 보다 '안전한 성, 건강한 성'을 위하여 자신의 결정과 행동에 책임을 질 수 있어야 한다.

계획적인 임신과 피임(Christiance Northrup, 1998, 1994)

많은 여성들은 자신의 파트너에게 피임에 대한 책임을 지우지 말아야 한다고 사회화되어 왔다. 하지만 피임이 단지 여성의 몫이라고 생각하는 남성과는 성관계를 가지지 않는 편이 더 가치 있을 것이다. 당신에게 가장 적합한 피임법을 선택하기 위해서는, 당신이 인생의 어디쯤에 서 있는지, 그리고 당신의 생식력에 대해서 얼마나 책임질 수 있는지부터 솔직하게 결정해야 한다.

어떤 여성들은 심지어 자신의 배란기가 언제인지조차 알려고 하지 않고, 자궁경부의 점액을 체크하거나 피임법을 알고 싶어하지도 않는다. '자연스러운' 피임에 실패하고 세 번, 네 번 반복해서 낙태를 하는 여성들은 주로 자신의 몸에 부자연스러운 것을 주입하기를 거부하는 경향이 있다. 이런 여성들은 파트너에게 피임에 대한 책임을 요구하지 않고 성적으로 자유롭게 행동하는 여성이 이상적인 여성이라는, 자신의 몸에 맞지 않는 생각들 때문에 힘들어하는 경우가 대부분이다.

만일 공허함을 채울 목적으로, 또는 남자를 붙잡아 두기 위한 수단으로서가 아니라면 자기 자신을 위해서 충분히 생각해본 후에 선택해야 한다. 중요한 것은 여성이 자신의 몸을 새로운 영혼을 위한 관문으로 생각하고, 새로운 경험을 받아들일 수 있도록 자신을 완전히 열어둔다는 점이다.

출처: Christiance Northrup 저, 강현주 역(2003), 「여성의 몸, 여성의 지혜」에서 부분 발췌

(2) 낙태

① 낙태 생각해 보기

임신은 어떤 사람들에게는 축복이기도 하지만 준비되지 않았거나 원치 않은 임신의 경우는 커다란 상처와 고통이 되기도 하여, 경우에 따라서는 낙태를 선택하는 경우가 발생한다.

'모자보건법' 제14조에 규정된 낙태허용사유를 보면 임부 또는 그 배우자가 우생학적, 유전학적 정신장애나 신체질환이 있거나 전염성질환이 있는 경우, 강간 또는 준강간 및 근친상간의 경우, 그리고 모체의 건강을 심히 해하는 경우 등으로 되어 있어, 우생학적 적응, 윤리적 적응, 의학적 적응을 인정하고 있으며 그 밖의 합법적 낙태수술의 요건으로 의사에 의한 시술, 부녀 및 배우자의 동의를 요구하고 있다. 그리고 모자보건법시행령 제15조에는 낙태수술을 임신 28주까지 할 수 있도록 되어 있다.

현재 낙태는 '형법' 에 의해 전면 금지되고 있으며, '모자보건법' 에 의해 유전병이나 강간에 의한 임신 등의 일정사유에 의한 경우에만 낙태가 허용되고 있다. 그런데 사회적으로는 일 년에 150만 명의 태아가 낙태로 죽어가고 있다고 하며, 특히 미혼 여성과 10대 소녀들의 낙태는 건강까지 위협하고 있다고 하나 거의 대부분의 낙태가 불법화되어 있기 때문에 국민건강보험의 혜택도 받을 수 없으며, 낙태는 곧 생명경시의 행동으로 받아들여지면서 죄의식에 시달리는 여성들도 많다고 한다(박숙자, 2001).

② 낙태 후유증

낙태 후 일반적으로 겪게 되는 신체적, 정신적인 후유증들은 다음과 같다.

- 자궁 경부 무력증: 임신 시 자궁경부는 태아의 생명을 보호하기 위해 굳게 닫혀 있다. 낙태수술로 이것을 무리하게 개대할 경우, 중간적 자궁 경부 열상 · 출혈이 오고 자궁경부가 무력하여져서 차기 임신 시 유산 · 조산을 유발할 확률이 높다.
- 자궁천공: 낙태시술시 자궁의 크기와 경관의 방향을 알려주는 쇠막대기 같은 자

궁 소식자를 이용한다. 이 때 소식자가 너무 깊게 삽입되거나, 자궁 개대기로 자궁을 개대하여 큐렛(curet)으로 태아의 산물을 긁어 낼 때, 자궁이 뚫어질 우려가 있다.

- 골반 염증성 질환: 낙태로 자궁 나팔관에 염증이 생겨 난관을 막아 불임 혹은 자궁 외 임신을 초래할 수 있다. 낙태를 한 여성 중 10.9%가 골반 염증성 질환이 있고, 골반 염증성 질환이 있는 경우 다시 재발한 경우가 25%이다. 불완전한 유산이 행해질 경우 태아의 일부분이 자궁 내에 남아 부패하여 산모에게 패혈증을 유발할 수도 있다.
- 다음 임신에의 악영향: 낙태시술 후 다시 임신이 되면 우선 자궁내막 손상으로 인한 전반적인 자궁 기능의 저하로 유산, 조산, 저체중아 분만의 가능성이 높다. 자궁경부 손상은 중반기 유산의 경우에 50% 정도 온다고 보며 생명을 잃는 경우도 있다고 한다.
- 자궁 외 임신: 낙태 때문에 자궁 외 임신이 잘 되는데, 그 이유는 수정란이 손상되거나 감염된 자궁내벽에 착상하지 못하고 자궁 이외의 곳에 착상을 하기 때문이다. 자궁 외 임신은 임신을 지속시키지 못할 뿐더러 산모에게 큰 위험을 초래한다.
- 약물주입 부작용: 약물주입(특히 프로스타그란딘)으로 인한 낙태시에 정맥염, 정맥내혈전, 색전증, 설사, 구토 및 호흡 곤란 등을 일으킬 수도 있다. 약물과 수술로 인한 손상뿐만 아니라 마취 사고가 있을 수도 있다.
- 정서적인 후유증: 낙태 후 일부 여성은 일종의 상실감을 느끼며 슬픔, 공허감, 가장된 행복감, 지나치게 바쁜 체 가장함, 성적 장애 혹은 관계 장애, 분노감 등의 정서 장애를 겪는다.

③ 낙태 치유 질문

크리스티안 노스럽(Christiane Northrup, 1998, 1994)은 낙태시술로 인한 기술적인 측면에서의 육체적 영향보다 더 빈번하게 경험하는 어려움은 낙태 후 수십 년 동안 겪게 되는 죄책감과 수치심에 시달리며 낙태에 대한 감정들을 흘려 보내지 못하는 점이라고 하였다. 이렇게 미처 풀지 못한 감정적 상처는 우리 몸에 여러 가지 산부인과적 문제를 일으키게 된다고 하였다. 그는 '낙태 기억으로부터의 치유' 를 위한 질문을 다음과 같이 제시하고 있다.

- 당신은 낙태에 대해서 충분히 상의하고 동의를 얻었는가?
- 하루나 이틀 정도 일상에서 벗어나 낙태에 대해 충분히 생각할 시간을 가졌는가?
- 낙태에 대해서 충분히 슬퍼했는가? 혹은 그럴 필요를 느꼈는가?
- 낙태에 대해서 죄책감을 느꼈는가? 아직도 죄책감을 느끼는가?
- 당신의 종교적인 가정교육은 낙태를 함으로써 자신의 인생을 선택하는 것이 잘못된 일이라고 강조하고 있지는 않는가?
- 당신의 가족이나 믿을 수 있는 친구들과 낙태의 경험을 나눌 수 있었는가? 그리고 그들은 당신을 지지해주었는가?
- 만일 당신이 또다시 낙태를 해야 한다면 어떻게 하겠는가?
- 낙태를 당신의 마음 속에서 용기 있는 행위로 바꾸어 생각할 수 있는가?
- 어떤 여성에게는 낙태를 선택하는 것이 자아를 위한 축복일 수도 있다. 당신도 그런 경우였다면 자축하라. 만일 그런 경우가 아니었다면 당신은 거기에서 무엇을 배웠는가?

토론하기: 한국서도 '여성의 낙태권' 인정될 수 있을까?

복지부 인공임신중절 관련 제도적 정비 나서

복지부는 내년부터 낙태와 관련한 제도적 정비에 나설 것임을 밝혔다. 현재 낙태를 엄격히 금지하고 있는 형법과 낙태를 제한적으로 허용하고 있는 모자보건법이 법제도 간에 충돌하고 있다는 점도 문제지만, 법학자들과 의료전문가들은 낙태와 관련해 "법과 현실의 차이가 크다"고 지적하고 있다.

형법은 낙태를 한 여성에 대해 1년 이하의 징역 또는 200만 원 이하의 벌금에 처하고, 의료인 역시 2년 이하의 징역에 처하도록 하고 있다. 그러나 모자보건법은 본인 또는 배우자가 대통령령이 정하는 우생학적 또는 유전학적 정신장애나 신체질환이 있는 경우나 전염성 질환이 있는 경우, 강간 또는 준강간에 의하여 임신된 경우, 법률상 혼인할 수 없는 혈족 또는 인척 간에 임신된 경우, 임신의 지속이 보건의학적 이유로 모체의 건강을 심히 해하고 있거나 해할 우려가 있는 경우 등에 한해 인공임신중절수술을 허용하고 있다. 즉 법적으로는 여성 혹은 그 배우자가 낙태를 결정할 수 있는 권리를 원칙적으로 인정하지 않고 있다. 현실적으로 개인병원에서 인공임신중절이 빈번하게 이루어지고 있는 점을 감안할 때, 법과 현실의 괴리가 커서 생겨나는 문제들이 많을 수밖에 없다.

복지부는 지난 달 30일 '인공임신중절예방 및 대책마련을 위한 토론회' 를 개최하고, 앞으로 "사회 각계의 의견을 수렴하면서 정책적, 제도적 대안을 마련해나갈 예정"이라고 밝혔다.

낙태허용 서구국가들, 한국에 비해 낙태율 낮아

이번 토론회에서 임신중절시술 실태를 보고한 김해중 고려대학교 산부인과 교수는 2005년 한 해 시행된 낙태 건수가 "34만2천233건으로 추정"된다고 밝혔다. "기혼 19만8천515건, 미혼 14만3천918건으로 추정"됐다. 전체 인공임신중절률로 본다면 "서구 선진국에 비해서 높은 편"이다.

김해중 교수는 영국, 미국, 캐나다, 호주, 일본의 사례를 들어, "인공임신중절이 합법화되었는데도 불구하고 인공임신중절률은 우리나라에 비해 매우 낮은 수준"이라고 비교 설명했다. 낙태를 제도적으로 허용했을 경우 인공임신중절이 확산될 것이라는 일각의 우려에 대해 반박한 것이다. 또한 김 교수는 한국의 낙태 실태를 근거로 "모자보건법은 현실과 많은 괴리를 가지고 있으며, 이에 대한 조치가 필요하다고 생각"된다고 밝혔다.

높은 인공임신중절률을 보이고 있는 한국적 실정에 대해 이임순 순천향대학교병원 산부인과 교수는 "부족한 성 지식과 피임교육 또는 잘못된 정보로 인하여, 여성들이 원하지 않는 임신에 무방비 상태로 노출되어 있다"고 진단했다. 심지어 "인공임신중절이 피임방법의 한 수단으로 잘못 인식이 될" 정도라고 언급하고, "여성의 건강이 크게 위협받고 있다"고 지적했다.

이임순 교수 또한 "외국의 사례를 보면 인공임신중절을 억제한다고 유산이 감소되지 않는다"면서, "선별적으로 합법적인 인공임신중절이 가능하도록 법의 개정이 필요"할 것이라는 의견을 밝혔다.

실제로 영국은, 1967년부터 낙태를 합법화했지만 대신 성교육을 강화해 한국보다 오히려 낙태율이 낮다고 한다. 여성들에게 낙태 선택권을 주는 것을 합법화시킴과 동시에, 미혼모가정에도 사회적으로 안정된 환경을 제공해 준다면, 낙태가 줄어들지 않을까 한다.

출처: 여성주의 저널 일다, 2007. 12. 4.에서 부분 발췌

궁극적으로 낙태를 예방하기 위해서는 낙태를 어떻게 규제하고 있는가 보다 생명의 가치에 대한 사회적 공감대가 얼마나 형성되어 있고, 피임과 성교육이 얼마나 효과적으로 이루어지고 있으며, 낙태를 감행하기 전에 다시 숙고해 볼 수 있는 상담관련 절차들이 마련되어 있는가에 관심을 가져야 할 것이다.

(3) 성 선호: 이성애/동성애

성 선호는 개인의 성적 파트너로서의 선호를 언급하는 것이다. 우리 사회에서 자연스럽고 정상적인 것으로 간주하는 유형은 이성애로 여성은 남성을, 남성은 여성을 성적 파트너로 삼는 것이다. 그럼에도 불구하고 역사를 고찰하여 보면 동성의 파트너를 선호한 예가 있다. 고대 그리스 사회에서는 양성애(兩性愛)의 형태도 있었지만 비교적 동성애(同性愛)의 형태가 일반적이었으며, 이성애는 오히려 자연스러운 것이 아니었다.

이와 같이 양성애적인 그리고 동성애적인 유형이 인간사회에 널리 존재되었다 할지라도 이러한 행위들이 허용되지 않고 있는 것이 일반적이다. 미국정신의학협회에서 발간되는 DSM-1(1952)에서는 동성애를 사회병질적인 성격장애로 분류하였다. 그러나 이후 개정된 DSM-III(1980)에서는 동성애 자체를 정신질환으로 간주하지 않으며 기타의 정신성적인 장애로 분류하여 별도의 병리적 적응문제를 드러내지 않는 장애로 분류하고 있다.

1948년 킨제이(Kinsey) 보고서에 의하면 남성 3명당 1명이 청년기 시절에 동성애 경험이 있었으며 성인시절에는 20명당 1명꼴로 동성애 경험이 있었음이 조사되었다. 또한 1953년의 조사에서는 여성의 6% 정도가 동성애 경험이 있었음이 밝혀졌다. 이러한 숫자는 죄책감과 열등감을 가지고 살아 나가야 할 남성, 여성의 비율이 상당히 높음을 반영한다.

현재 대다수의 연구는 100% 동성애도, 100% 이성애도 없음을 지적하고 있다. 성적 선호성은 시간에 따라 변할 가능성이 있다고 보는 것이 더 타당하다. 사람에게는 인생의 어느 시점에서든지 동성에 대한 흥미가 있다. 동성애 선호를 갖는 사람에 대한 최근의 연구에서 그들 자신을 동성애자로 규정짓는 사람들 중 대부분이 또한 이성애적인 성경험이 있었음을 보고하고 있다. 같은 사람일지라도 시간에 따라 행동이 변할 수 있으며 사춘기 시절 이전에는 동성끼리 잘 놀다가 성인이 되면 이성애 혹은 양성애 행위로 옮겨가기도 한다. 또한 사람마다 선호성의 강도는 매우 다양하다. 예를 들면, 동성에 대하여 매우 매력을 느끼거나 흥미를 가진 사람도 그러한 감정을 실제로 표현해 보지 못할 수 있으며 반대로 동성에 대하여 전혀 매력을 가지고 있지 않았던 사람이 마땅한 이성의 성적 파트너가 없기 때문에 우연히 동성애 행위를 할 수 있다. 성적 선호가 항상 명백하게 두 범주, 동성애 혹은 이성애로 나누어

지지는 않는다.

그러나 대부분의 사람들은 자신들의 독특한 사고, 감정, 행동을 가지고 있으며 일생의 대부분 동안 이성애적인 행동을 나타낸다. '동성애'로 규정된 사람은 사회적 질시와 조소의 대상으로 1981년 미국 상원의원은 동성애 행위가 폭로되어 위원직에서 해임되기도 하였다. 또한 대부분의 종교계에서도 동성애적 행위가 가족단위를 파괴시킨다는 이유로 그러한 행위를 용납하지 않는다. 법정에서도 그런 사람은 '적절한' 가정을 형성할 수 없다고 간주하여 자녀양육권을 대부분 박탈시킨다.

개인의 성적 선호성이 생물학적인 원인에 기인된 것인지 아니면 학습되어지는 것인지에 대한 논란은 계속되고 있다. 대부분의 문헌은 성적 선호성은 학습된 것이라는 설명에 치중되고 있으며, 동성애 선호는 동료와 가족들의 영향을 많이 받는 것으로, 청년기 때 이성으로부터 신체적인 관심을 덜 받았으며, 부모와 동료로부터 성적 상호작용에 관한 정보를 거의 들은 적이 없는 사람들에게 나타나고 있다고 한다.

또한 동성애가 성과 관련된 호르몬의 불균형에 기인하는 것으로 해석하는 학자도 있다. 이들은 동성애 남성의 경우 테스토스테론의 수준이 이성애 남성보다 낮다는 것을 증거로 제시한다. 그러나 성 호르몬과 성적 선호도 간의 인과관계에 대해서는 정확하게 밝혀진 것이 없다는 주장도 있다(송관재, 2003).

토론해 보기: 성적 소수자에 대한 여러분의 생각은?

성적 소수자란 누구인가?

근래 들어 '성적 소수자(性的少數者)'란 용어가 점차 널리 쓰이는 추세이긴 하지만, 누구나 그 의미를 쉽게 알아들을 만한 일상용어는 아니다. 동성애자와 트랜스젠더를 통칭하는 용어로 쓰는 일이 가장 흔한데, 2000년에 연예인 홍석천 씨의 커밍아웃, 2001년에 하리수의 등장으로 인해 사회적 관심이 높아진 것에 기인하는 바가 크다. 그동안 한국 사회가 소외시키고 차별해온 사회적 소수자들에 대한 인권 문제가 제기되면서 이와 함께 동성애자, 양성애자, 트랜스젠더의 인권도 이주노동자나 장애인과 같이 사회적 소수자의 범주로 포함시켜 이해하려는 움직임이 활발해졌다.

성적 소수자는 오로지 이성애만이 정상이고 옳으며 남성과 여성 각각의 성역할에 충실해야만 한다고 믿는 이데올로기 때문에 사회적으로 구별받고 차별받는 존재가 되고 있음을 드러내는 표현이 되는 것이다. 오랫동안 동성애는 금기와 터부, 그리고 비정상적이란 낙인이 찍혀 있었다. 동성애자는 범죄자가 되었다가, 정신병자로 되었다가, 에이즈 확산의 주범이란 오명까지 덮어써야 했다. 심지어 동성애는 성적으로 타락한 서구 사회의 산물이 잘못 수입되어 한국 사람들을 흉측하게 물들인 것이라고 주장하는 이들도 있다.

한국 역사에서 동성애자는 그동안 안개 속에 가려진 존재였다. 그 실체가 사회적으로 드러나기 시작한 것은 이제 10여 년에 불과하며, 언론에서 '호모' 나 '변태' 와 같은 비하어가 아닌 '동성애자' 라는 단어를 쓰기 시작한 것도 최근의 일이다.

한국 최초의 동성애자 인권 모임인 '초동회' 가 1993년 겨울에 만들어졌고, 1994년에 각각 남성동성애자 인권운동모임 '친구사이', 여성동성애자 인권운동모임 '끼리끼리' 로 분리, 발족하였다. 1995년부터 연세대, 서울대 등 대학을 중심으로 동성애자 모임이 결성되기 시작했다.

출처: 오마이뉴스, 2005. 12. 16.에서 부분 발췌

● 토론거리 ●

1. 여성이 주체가 되는 성이란 어떠한 것인지 생각해 보자. 여성의 자율성과 주체성을 확보한 성을 상상할 수 있는가? 아니며 상상하기 어려운가? 그렇다면 어떤 요인들에 의해서 그런지 이야기해 보자.

볼거리

장애여성의 성과 사랑, MBC 스페셜, 2007. 4. 15.

남성의 몸-아담의 본능, 리비도, KBS 1. 2007. 10. 23.

마리아 수녀회, 〈침묵의 절규〉, 〈이성의 소멸〉.

처녀들의 저녁식사, 임상수 감독(한국), 1998.

낙태관련영화: 4개월 3주 그리고 2일(루마니아).

동성애관련영화: 브로큰백 마운틴, 쌍화점, 로드무비.

참고문헌 REFERENCES

김상원(2008), 성교육, 성상담의 이론과 실제, 교육출판사.

변혜정(2006), 여성운동과 그녀-나를 위한 정치학, 한국여성학회 콜로키움 자료집.

송관재(2003), 성차이의 심리, 선학사.

이혜령 외(2006), 성 · 사랑 · 사회, 지식의 날개.

조영미(2007), 섹슈얼리티, 욕망과 위험 사이, 여성학, pp.86-111, 미래인.

장선철(2008), 21세기 현대사회와 정신건강, 동문사.

최규련(2007), 가족관계론, 공동체.

한국여성연구소(2005), 새 여성학 강의, 동녘.

Christiane Northrup, 강현주 역(2003), 여성의 몸, 여성의 지혜, 한문화.

Margaret Mead(1935), 조혜정 역(1988), 세 부족사회에서의 성과 기질, 이화여대.

Tavris(1978), *The longest war: Understanding Sex Differences*, New York: Harcourt Bracl Jovanovich.

참고자료

오마이뉴스, 2005. 12. 16.

인구보건복지협회 홈페이지.

여성주의 저널 일다, 2007. 12. 4.

한국성폭력상담소(2003), 법조인의 성의식 설문조사.

한국여성민우회 홈페이지, 성적 자기결정권.

한국여성민우회 성폭력상담소(2004), 당당한 성 · 즐거운 성 · 안전한 성.

Chapter 02

여성과 남성의 성차이들

제1절 성차이에 대한 이론적 접근

제2절 성차이 형성에 영향을 미치는 환경적 요인

제3절 성차이의 특성들

제4절 성차의 특성을 강조하는 결과의 영향

남성과 여성의 차이를 바라보는 세 가지 시각들

1. 남성은 정상이다. 여성은 남성과 "정반대"이며 불완전하다.
남녀를 우리-그들, 음-양, 좋은 남성성과 나쁜 여성성으로 보는 이러한 관점은 가장 오래된 문명사회의 전통이다. 그것은 남녀가 완전히 정반대라고 간주하고 남성을 문화, 지식, 힘의 보고로 여성을 자연, 직관, 약함의 보고로 간주한다.

2. 남성은 정상이다. 여성은 남성과 정반대이지만 남성보다 우월하다.
이 견해의 지지자는 여성 경험이나 여성의 "본성"-월경, 출산, 공감, 영성, 협동, 평화, 애호, 환경과의 조화-을 강조하고 그것이 남성의 경험이나 자질보다 도덕적으로 우월하다고 찬양한다. 그러나 여성에 대한 평가가 나아졌다고 해도 남성은 여전히 여성의 행동을 평가하는 표준임은 변함없다.

3. 남성은 정상이다. 여성은 남성과 같거나 같아야만 한다.
이 접근은 남녀가 근본적으로 다르다는 사람들의 오류를 상쇄하는 듯이 보이지만, 이를 지지하는 사람도 사실은 필연적인 오류를 범하고 있다. 남녀는 근본적으로 같다는 사람들은 남녀간에 존재하는 차이-인생 경험, 자원, 권력, 생식과정의 차이-를 무시하면서 남성 표준을 모든 여성에게 일반화하는 것이 안전하다고 가정한다.

출처: Carol Tavris(1992), 「여성과 남성이 다르지도 똑같지도 않은 이유」, 히스테리아 역(1999), pp.18-19.

● 점검해 보기 ●

1. 여러분은 이 세 가지의 시각 중 어느 시각에 가깝게 동의를 할 수 있나요?
2. 동의하거나 그렇지 않다면 그 이유는 무엇인가요?

제1절 성차이에 대한 이론적 접근

남성과 여성 간의 관습적인 행동의 차이와 관습적인 위치의 차이는 각 성별에 적합하다고 간주되는 과업들이 포함된 것이며 이것이 모여서 성역할이 된다.

모든 사회에서 성장과정 중의 하나로 자녀들은 현재 행동해야 하는 것과 미래에 행동하도록 기대되어지는 것을 배우게 된다. 이러한 성역할 사회화 과정을 통해서 우리 사회의 합당한 태도 및 가치관을 습득하게 되는 것이다. 현재의 성향을 갖기까지는 다양한 과정을 밟게 되는데 이에 대한 관점으로는 생물학적 관점, 정신분석학적 관점, 사회학습론적 관점, 인지발달론적 관점 등을 들 수 있다.

1 생물학적 관점

이 관점은 남성과 여성 간의 차이가 자연적이고 필연적이라고 보는 것으로, 남녀 간의 기본적인 특징은 태어날 때부터 비롯된 것으로 본다. 생물학적 결정론자들은 '남녀 차이는 유전적이며 그 이유는 호르몬이다' 라고 보고 있다. 남성의 주된 호르몬은 안드로겐과 테스토스테론이며, 여성의 주된 호르몬은 에스트로겐과 프로게스테론이다. 이러한 호르몬의 차이가 성숙기에 접어든 남성과 여성의 이차성징 발달을 가져온다. 이뿐만 아니라 여성의 불안과 우울 등의 정서적인 변화와 남성이 가지고 있는 공격성 등이 호르몬의 분비수준과 관련 있는 것으로 설명하고 있다. 그러나 남녀 간의 성 정형화된 행동이 생물학적인 영향을 받았다고 말하는 것은 대부분 인간을 대상으로 한 연구보다는 동물연구에서 잘 나타나고 있다는 주장들이며, 또한 테스토스테론 수준이 곧 공격성과 연결되지 않는다는 연구(Charies Doering, 1974), 여성의 정서적 변화가 호르몬 때문이 아니라는 연구(Judith Bardwick, 1968) 등을 통해 이러한 관점이 비판되고 있다(송관재, 2003 재인용).

2 정신분석학적 관점

시그먼드 프로이트(Sigmund Freud, 1953)는 '해부학적인 것이 운명이다' 라고 말하였다. 성역할 발달은 여성호르몬과 같은 생물학적 영향에 의해서가 아니라 자신들의 해부학적 신체차이에 대해 반응함으로써 시작된다고 보고 있다.

이에 의하면, 남성과 여성의 근본적인 차이는 심리성적 발달의 단계 중 3단계에 해당하는 남근기에서의 서로 다른 경험에 의해서 형성되는 것으로 설명하고 있다. 즉, 남아는 외디푸스 콤플렉스를 해결하기 위한 수단으로 성역할 동일시가 이루어진다. 말하자면 이성의 부모에 대한 근친상간적 성적 욕망을 갖게 되나 현실적으로 이를 실천할 수 없음을 곧 깨닫게 되고 같은 성의 부모를 두려워하게 된다. 이때 남아는 거세불안이 나타나고 이를 방어하기 위한 수단으로 아버지를 동일시하게 된다. 그러나 여아의 경우는 거세불안을 느낄 필요가 없으므로 엘렉트라 콤플렉스를 해결하고자 하는 동기에 대해 프로이드의 설명이 불충분하나 아마도 어머니의 애정을 잃을까봐 근친상간적 욕망을 억압하고 어머니를 동일시하여 여성성을 강화시키는 것이 아닌가 한다. 그러나 거세불안이 없는 만큼 동일시하고자 하는 동기가 남아보다 약하다고 한다.

반면 여아들은 자신들이 갖기를 바라는 남근을 결코 가질 수 없다는 것으로 남근선망을 가지게 된다고 하였다. 이로써 여성들은 남아보다 약한 초자아의 형성, 열등감, 피학성, 수동성, 공허함, 질투 등을 형성하게 된다고 설명하고 있다. 이 부분이 가장 프로이드의 이론 중 비판을 받고 있는 점이라 하겠다. 정신분석학자 카렌 호니(karen Horny)는 남근선망은 결코 존재하지 않으며 남근보다는 남성의 권력과 지위에 대한 여성의 부러움으로 표현해야 하며, 오히려 많은 남성들이 임신과 출산, 양육에 대한 선망을 가지고 있음을 주장한다. 그러나 정신분석학에서 가정하고 있는 성적 선망, 두려움, 공포, 불신 등 남녀 간의 긴장과 적대감, 서로에 대한 열정의 기원들이 해부학적 차이에 의한 것이라는 해석은 남녀관계에 대한 하나의 시사점(송관재, 2003)이라고 보기도 한다.

3 사회학습론적 관점

이 관점은 주로 행동주의자들의 입장으로 보상과 처벌이 행동을 통제한다고 본다. 어린 시기에 받은 보상과 처벌은 한 개인의 안정된 내적 기질로서 그 개인이 특정상황에서 특정한 방식으로 행동하도록 영향을 미친다고 본다. 즉 아이들은 많은 주변 인물 및 매체들을 통한 모방과 관찰, 강화에 의해 사회적, 문화적으로 인정된 역할을 각기 자신의 성에 적절한 방식으로 학습한다. 이와 같이 아이들이 행동을 모방하고 학습하는 데에 영향을 미치는 몇 가지 요인들은 다음과 같다.

첫째, 보상과 벌로써 아이들의 행동에 가장 영향을 미치는 요인이다. 아이들은 보상(칭찬)이 유발되는 행동은 더 모방할 것이며, 벌(제재)이 유발되는 행동은 회피할 것이다. 부모들은 성별에 적합한 모방인 경우, 칭찬을 해 주고 적합하지 못한 모방일 경우 제재를 가하게 됨으로써 자신의 성에 적합한 행동유형들을 습득하게 된다.

둘째, 성인의 유형에 따른 영향이 있다. 아이들은 어른들이 보상과 벌을 줄 수 있는 힘을 가지고 있다는 것을 아주 잘 인식하고 있으며, 특히 어른 중에서도 더 권력이 있으며, 따뜻하고 지지적인 사람을 더 모방하며, 자신과 유사하다고 느끼는 어른들은 더 모델링한다. 따라서 최대의 모방대상은 벌을 가할 수 있는 위치에 있고 따뜻하며 지지적인 관계를 유지하는 동성의 부모가 된다. 그러나 대부분의 가정에서 아버지가 더 권력이 있는 것으로 보여지므로 남자아이들은 아버지를 모방하게 되며, 여자아이들은 어느 정도 양쪽 부모를 모방한다. 이는 남자아이가 어머니를 모방하는 것보다 여자아이가 아버지를 모방하는 행위는 덜 놀림을 받으며 덜 수치스러우며 덜 제재가 가해지기 때문이기도 하다.

셋째, 부모의 태도 및 반응에 따른 영향이 있다. 실제 자녀가 남성성(혹은 여성성) 특성을 학습하는 데에 밀접하게 관련되어 있는 것은 부모의 실제적인 남성성(혹은 여성성)보다 자녀를 대하는 부모의 태도와 반응이다. 이 관점에서는 개인의 생득적인 성차나 성역할 경향성은 무시하며 성역할 행동을 이해하고 판단하는 제반 인지적 능력도 전적으로 학습된 것으로 생각한다.

4 인지발달론적 관점

이 관점에서는 피아제(Piaget)의 인지성숙 이론과 콜버그(Kohlberg)의 도덕발달 이론에 기초하여 개인의 성차를 설명하고 있는 것으로 성역할의 발달을 인지발달의 부산물이라고 주장한다. 즉 아동은 자신이 여자인지 남자인지를 먼저 인지하고 그런 다음 자신의 행동을 수정시켜 여자 또는 남자로서의 성 정체감을 일관성 있게 유지하는 것으로 본다.

피아제(Piaget, 1932)는 아동의 성역할 개념은 아동이 자기자신의 경험을 능동적으로 구조화한 것이지, 사회적 훈련에 의해서 얻어지는 산물은 아니라고 보았다. 콜버그(Kohlberg, 1965) 역시 아동의 성역할은 여러 발달단계를 거치는 동안 그가 가지고 있는 이 세상에 대한 인지적 조작화를 통해 발달한다고 보고 있다(송정아, 2006 재인용). 콜버그(Kohlberg)에 의하면, 성역할 발달은 2~3세에 시작하여 그 시기에 자신의 성에 대한 명칭을 붙이기 시작하고 5~6세까지는 성이 변화하지 않는 특성이라는 것을 인식하지 못하다가 7세 이상이 되어야 성은 변하지 않으며 영속적이라는 성 영속성의 개념을 인식한다고 주장하였다. 또한 아이들이 타인을 통해 자신의 성별에 적합한 행동을 배우기는 하되 이것은 보상 때문이 아니라 남자 또는 여자로서 자아정체감을 유지하기 위해서이며 인지적인 일관성을 추구하기 위해서라고 본다. 즉, 나는 '남자(혹은 여자)이다' 라는 인식이 먼저이고, 그에 맞는 적합한 행동, 물건 등에 가치를 부여하는 것은 다음 단계가 되는 것이다. 이 입장에서는 성역할 학습이 일종의 지적 성숙의 결과라고 보는 것이다.

제2절 성차이 형성에 영향을 미치는 환경적 요인

남아든 여아든 세상에 태어난 아기는 성장하면서 성별로 고정된 대우, 그리고 성역할을 조장하는 사회적 환경이 의식적으로나 무의식적으로 주어진다. 여기에서는 성차이 형성이 일생동안 이루어진다는 입장에서 그 환경적 요인을 살펴보고자 한다.

대다수의 관련자료(윤근섭 외, 1995, 임정빈 외, 1997, 송정아, 2006)들에서는 이러한 요인을 크게 가족, 학교, 대중매체로 보고 있다.

1 가족적 요인

가족은 아동의 일차적인 사회화가 이루어지는 중요한 장소이다. 부모들은 여아와 남아를 선별적으로 양육하며 성에 따라 고정화된 행동을 하도록 환경을 조성한다. 성에 기초한 차별적 사회화는 부모들이 첫째, 성에 대한 고정관념을 갖고 있으며, 둘째 성에 적합하다고 여겨지는 행동을 가르치기를 원하고, 셋째 성에 적합한 행동이 형성되도록 어린이와 상호작용을 하며, 넷째 성에 적합한 행동을 할 때에는 긍정적으로 보상을 하고 그렇지 않을 때에는 벌을 가하기 때문인 것(장상희, 1992)으로 보고 있다.

부모들은 성에 대한 이러한 기준들로 아이들을 사회화시키게 되는데 그 내용을 몇 가지로 살펴볼 수 있다.

먼저, 부모는 자녀의 성별에 따라 기대와 태도 및 의식적인 보상을 달리한다. 어려서부터 아들은 씩씩하고 용감하며 책임감 있게 양육되는 반면, 딸은 착하고 예쁘게 그리고 온순하게 길러지도록 한다.

두 번째로 부모들이 제공하는 장난감이나 놀이, 과제부여의 체험이 성에 따라 다르게 제공되어진다. 남아들에게는 성취와 경쟁, 교육적인 것과 관련된 장난감이, 여아에게는 주로 소꿉놀이, 인형, 요리 등과 관련된 놀이를 제공한다. 자녀가 성장하면서 자녀에게 할당하는 과제와 종류에서도 남아들은 주로 힘을 필요로 하는 일과 사회망에 관련된 심부름의 과제를 할당받는 반면, 여아들은 다른 사람을 돌보는 과제나 가족과의 상호작용이 많은 과제들을 더 많이 할당받는다.

세 번째로 가치나 의식 면에서도 다르게 반영되어진다. 의식적으로는 아들과 딸을 구별하지 않는다고 하면서도 아들에 비해 딸에게는 일류대학의 진학 희망이나 사회적 성공과 같은 절실하고 적극적인 기대를 하고 있지 않다. 때로는 딸의 학업이 직업적 성취를 위한 기초로 생각되기보다는 결혼을 잘 하기 위한 수단으로 여겨지는 경우가 많았다. 이러한 의식과 가치는 부모가 지닌 성역할 태도에 따라서도 관련이 있었다(송정아, 2006). 부모의 성역할 태도가 근대적일수록 자녀의 성역할에 대한 태도 또한 근대적이며 융통성이 있었으며 어머니의 태도가 아버지보다 더 큰 영향을 주었다. 또한 확대가족 형태에서 자란 아동들이 핵가족형태에서 자란 아동들보다 더욱 고정화된 성역할 태도를 가지고 있었다.

2 학교요인

학교는 가정과 더불어 성차 형성에 영향을 미치는 중요한 기관이다. 교과내용에 나타난 성고정관념이나 성차별적인 요소들은 교과서에 등장한 남녀의 비율, 남녀의 역할이나 성격 혹은 행동특성, 직업묘사 등에서 잘 나타난다.

멕코비와 재클린(Maccoby & Jacklin, 2004)에 의하면 여자 등장인물은 감정적, 의존적, 가정적, 수동적, 복종적이며 능력이 적은 것으로 표현되는 반면에 남자 등장인물은 창조적이고 능동적이며 총명하고 능력 있는 강하고 독립적인 존재로 묘사되고 있다(송정아, 2006 재인용). 이기영(1992)의 연구에서도 남자 주인공의 동화책이 여자 주인공의 동화책보다 3배나 많으며 그림에서도 남자 그림이 훨씬 많음을 보고하고 있다.

중학교 1학년 국어 교과서의 내용분석에 대한 김애희(2004)의 연구는 이러한 내용들이 잘 반영되어 있다. 중학교 1학년 제7차 국어 교과서에 등장하는 인물 180명 중 남성은 122명으로 67.8%를 차지하는 반면, 여성은 58명으로 32.2%이었으며, 특히 중심인물의 경우 남성은 전체 49명 중 38명으로 77.6%를, 여성은 11명으로 22.4%에 불과하였다. 또 전문 직업인으로 분류된 45명 중 남성이 여성(10명)의 3배 이상인 35명으로 집계됐고, 소설 '소나기'의 '소녀'나 설화 '지네장터'의 '순이' 등 대부분의 여성 등장인물은 가족이나 부모, 남편을 위해 희생하는 인물로 묘사됐다고 지적했다. 등장인물의 성격도 남성은 주체적인 삶의 영위자로서의 특성이 부각된 반면, 여성은 정서적인 면이 강조됐으며 국어 교과서에 수록된 글의 저자 중 성별확인이 된 47명 중 남성은 35명(74.5%), 여성은 12명(25.5%)으로 집계됐다. 교과서 구성상의 이같은 성차별은 의도적이라기보다는 잠재적으로 나타나고 있지만 성에 대한 관심과 예민한 반응을 보이며 성역할 의식을 확립해 나가는 사춘기 청소년들에게 여성은 남성에 비해 덜 중요한 직업에 종사하며 남성의 보조적인 역할을 수행한다는 부정적인 인식을 심어줄 가능성을 배제할 수 없게 됨을 강조하고 있다.

한편 이수 교과과목의 내용에서도 이러한 측면을 발견할 수 있다. 여학생에게는 가정과 가사를 남학생에게는 기술과 공업 등을 이수토록 해온 실업교과목의 경우는 오랫동안 성차별적인 교육과정 편성의 대표적인 사례로 지적되어 왔다. 6차 교육과정에 의해 비로소 남녀 학생이 중학교 단계에서는 모두 기술과 가정을 공동으로 이수하게 됨에 따라 이러한 교육적 문제들은 다소 극복하게 되었지만 아직도 고등학교 단계에서는 남녀학생에 따라 여학생은 가정과 가사를, 남학생은 기술과 공업 또는 정보산업을 배우고 있는 경우가 대부분이다. 체육교과목의 공식적인 교육과정에서는 성 구분 없이 동일함에도 불구하고 실제 교육활동에 들어가면 남녀학생이 받는 교육내용이 달라지는 양상을 보이는데 여학생은 개인종목 운동 또는 무용과 같이 여성답고 육체적인 활동이 많지 않은 체육활동을 하게 하는 반면, 남학생에게는 단체경기인 구기 종목을 주로 하게 하는 것으로 조사되었다. 단체경기는 조직의 규칙을 따르고, 필요한 경우에는 조직원들의 합의에 의해 규칙을 만들거나 수정하며, 공동의 이익을 위해 협력하고, 조직 속에서 자신의 역할과 기능을 적절히 수행하는 훈련을 하게 하는 등 중요한 교육적 경험을 갖게 하는 기회인데 이를 여학생에게 차단하고 있는 경우이다.

교사의 차별적 태도 또한 성차에 대한 압력을 가져오는 요인으로 작용하게 될 것이다. 또한 학교의 운영전반에 걸친 교원조직을 보면 남성중심성을 벗어나지 못하고 있다. 학교의 운영과 교육적 결정을 내려야 하는 학교 의사결정조직에 여성이 과소대표되는 현상이 지적될 수 있다. 이는 여학생의 교육경험이나 관심이 충분히 배려되지 않을 수 있고 성차별적 관행이나 태도를 당연시한 결정을 내릴 가능성을 배제할 수 없을 것이다(정해숙 외, 1996). 실제 교사의 성비를 보면, 2007년 전국의 여교사비율이 초등학교 73%, 중학교 68%, 고등학교(일반계고)가 42%(중앙일보, 2008. 5. 14.)인 데 반해, 초중고 교장과 교감의 여성비율은 12.8%(경향닷컴, 2008. 1. 22.)에 불과하다. 이와 같이 일선 학교에서의 교장, 교감 또는 주임교사와 같은 의사결정직의 절대다수가 남자이고 여자는 평교사라는 성별위계구조가 가지는 성역할 모델의 교육적 의미가 간과될 수 없을 것이다.

3 대중매체의 요인

대중매체는 사회의 현실을 정의해 줄 뿐만 아니라 사회 안에서 무엇이 중요하고 문제인가를 알려 줌으로써 사회 구성원들로 하여금 어떻게 생각할 것인가를 결정하게 하는 능력을 갖고 있다. 따라서 대중매체에서 남녀 간의 관계의 정의와 묘사는 우리들의 성에 대한 의식과 행동양식에 지대한 영향을 미치게 된다.

TV 드라마에서 표현되어지는 남성, 여성의 캐릭터, 주인공의 직업들, 남녀 간의 관계에서 묘사되는 사랑과 갈등의 표현들에서 우리는 자연스럽게 각자의 성별과 일치하는 규범과 역할들을 습득하게 된다. 그러나 최근의 대다수 드라마에서 묘사되는 남녀 간의 관계에서 여성의 역할은 낭만적 사랑이나 신데렐라 콤플렉스를 자극하거나 혹은 극적인 갈등을 초래하는 대상으로 묘사되고 있는 경우가 많다. 이는 우리가 매일 접하는 TV라는 매체를 통해 올바른 남녀 간의 관계맺음과 긍정적인 소통에 대한 역할모델을 거의 찾아볼 수 없게 만든다.

또한 거의 무차별적으로 접하는 광고 속에서도 예외가 아니다. 광고에서 나타나고 있는 대부분의 여성 모델의 경우는 가정을 배경으로 하거나 성적 매력이나 미모가 강조되는 반면, 남성 모델은 일터나 성공을 암시하는 배경이 많다. 광고 속의 여성 표현의 특징을 보면, 과다노출, 특정부위를 지나치게 강조, 상품 속성이나 기능과 관계없는 여성의 등장, 여성 역할을 집안일이나 가사 종사자로만 한정하거나 혹은 가정, 집안일을 완벽하게 해내는 슈퍼우먼의 묘사 등으로 왜곡된 여성상을 보여주고 있다.

광고 속에 나타난 성차별

1. 미스터 피자 광고: 여자들만이 먹을 수 있는 피자를 먹기 위해 남자가 여자 목소리를 내며 피자를 먹는다.
2. 박카스 광고: '당신은 이렇게 늦은 밤 누굴 위해 일하나요?' 이 말은 가부장 시대에 아버지가 가족들을 위해서 일하는 모습을 그대로 보여준다고 하겠다.
3. 삼성전자 '또 하나의 가족' : 가족의 이미지를 아빠는 신문 보고 엄마는 빨래하다가 아빠

의 비상금을 찾아내는 너무도 전통적인 생각에서 행복한 가족의 모습을 그리며 또 하나의 가족이라고 표현했다.

4. 롯데 칠성 델몬트 주스: 아침에 바쁘게 아빠와 아이를 챙기고 모두가 나간 후 자신의 주스를 챙겨 마시는 엄마의 모습. 가족이 우선해야 한다는 엄마로서의 여성의 모습만을 보이고 있다.
5. 해찬들 매운 고추장: 아빠와 아이는 맛있게 찌게와 밥을 먹으면서 밥 한 공기를 더 달라고 하고 맛있다면서 장모님이 다녀가셨냐는 말을 나눈다. 부인은 이 모습을 보며 행복해 한다.

출처: 한국여성개발원, 한국청소년개발원, 인문사회협동연구총서 2004-8-2, 성차별개선프로그램

생활 속의 성차별 사례

1) 명절, 제사상의 성차별 – "명절, 여자에겐 중노동 남자에겐 쉬는 날"
2) 학교, 직장, 공공장소에서의 성희롱 – "여자의 NO는 YES"
3) 도로상의 성차별 – "집에서 애나 보지, 여자가 웬 운전?"
4) 수업내용상의 성차별 – "여자가 공부는 뭐 하러 해, 남자만 잘 만나면 되지"
5) 커피, 카피, 심부름 – "미스 김, 커피 한 잔"
6) 모집과 채용상의 성차별 – "이왕이면 날씬하고 어려야"
7) 선정적 광고 – "벗길수록 잘 팔린다"
8) 생활관습상의 금기와 터부 – "여자가 아침부터 재수 없게"
9) 신용상의 성차별 – "남편 보증이 필요해요"
10) 기혼여성의 성차별(산부인과 등에서) – "남편 보호자 동의가 필요해요"

● 토론거리 ●

1. 성규범을 형성하는 데 있어서 영향을 미치는 세 가지 요인에 대한 여러분의 개인적 경험과 동의 정도는 어떠한가요?
2. 위의 제시된 세 가지 요인의 내용 중 현대사회에서 변화된 측면들이 무엇인지 살펴보고 이러한 측면들에 대한 긍정적, 부정적 결과들에 대하여 논해 보시오.

제3절 성차이의 특성들

심리학에서는 남녀차이를 살펴보려는 과학적인 연구들이 시도되어 왔다. 이 중 가장 주목할 만한 것은 1974년에 멕코비와 재클린(Maccoby & Jacklin)이라는 심리학자가 내놓은 연구 자료이다. 이들은 '성차이의 심리학'이라는 책에서 남자와 여자가 서로 다른 측면들에 대해 설명하고 있다. 그들은 특정 능력에 있어서 한 성의 모든 구성원들이 다른 성의 구성원들보다 뛰어나다고 말할 수 있는 것은 아니고, 같은 성끼리도 특정 능력에 있어서 서로 차이가 있을 수 있지만, 남녀를 비교하였을 때 평균적으로 차이가 나는 몇 가지 능력들이 있다고 하였다. 이외에 남성과 여성은 심리적 특성 및 의사소통, 리더십 등에서 차이가 나타나고 있는데, 이에 대한 연구결과들을 관련 자료(임정빈 외, 1997; 송관재, 2003; 조경순 외, 2004; 정명진, 2005; 송정아, 2006)를 통하여 살펴보도록 한다.

1 능력에서의 성차

모든 사람들이 알고 있듯이 여성들은 예술이나 과학, 전문직에서 남성들만큼 성공한 사례가 드물다. 간혹 학교에서 소녀가 소년보다 더 좋은 성적을 받았다 하더라도 사람들은 머리가 우수하였다고 생각하기보다는 노력을 많이 한 것으로 가정한다.

남녀는 신체적 발달에 있어서 분명한 차이를 보이는데, 신체적 발달은 언어획득을 촉발시키며 언어적 능력이 더 일찍 발달하도록 만든다. 또한 초기에 신체적으로 결정된 성차이는 성장과정에서 기술이나 흥미를 갖는 데 영향을 미치게 된다.

남녀 간의 능력 차이를 살펴보기 위해서는 보다 구체적인 능력에서의 성차를 비교해 보아야 한다.

1) 언어적 능력

대개 여성들은 수다쟁이이고 쓸데없는 말이 많다는 고정관념이 있다. 이전의 연구들에서 보면 여자아이가 남자아이보다 말하는 시기가 빠르고 말을 더 유창하게 하는 것으로 간주되어 왔다. 모든 연구에서 다 그런 것은 아니지만 소녀들이 소년들보다 언어과제에서 우수하였다는 결과가 많이 제시되고 있다. 즉 학령기가 시작되기 전까지는 어휘의 차이가 없었으나 10~11세에서는 여아의 언어능력이 남아를 능가하기 시작하여 대학교까지 계속된다고 보고하고 있다.

2) 수학적 능력

우리 문화에서 여성들은 사실이나 수 개념에 대해 큰 관심을 두지 않는 것으로 받아들여지고 있는 반면에 남성들에게는 어울리는 것으로 생각하는 경향이 있다. 아주 어린 시기(2~3세경)에는 수학 능력에 있어서 성차가 나타나지 않는다. 그러나 사춘기에 들어서는 10세경부터 남성들은 수학능력에서 여성들보다 우수하게 나타나는데, 문제 풀기는 여성이 우위에 있거나 큰 차이가 없는 반면 주어진 상황에서 문제를 추론하는 능력은 남성이 월등하다는 것이다. 수학에서는 추론능력이 더 중요해 남성이 여성보다 수학을 잘 한다고 결론을 내릴 수 있다. 그러나 수학능력에서 성차는 남자가 우수하다기보다는 문화적 규범 때문이라고 믿는 경우도 있다. 즉 여자아이들은 일찍부터 수학은 남성들의 일이고, 여성들은 수학공포증을 가지고 있을 뿐만 아니라 수학을 잘 하게 되면 자신이 여성적이지 못하게 된다는 두려움도 갖게 된다.

수학성적 남학생 · 여학생 차이는 선천적인가?

중 · 고교 수학교사 10명 가운데 4명 정도가 수학의 성차(性差)를 유전적 요인으로 받아들이는 것으로 나타났다. 11일 한국여성개발원 정경아 박사의 '중등학생의 수학에서의 성별 격차 및 해소 방안 연구'에 따르면 지난해 중 · 고교 수학교사 403명(남자 202명, 여자 201명)을 대상으로 설문조사 한 결과 '수학에 뛰어난 학생 가운데 남학생이 훨씬 많은 것은 선천적 성차 때문으로 교사의 노력으로 이런 현실을 바꿀 수 없다'에 동의한 교사가 이 문항에 응답한 332명 중 38.8%로 조사됐다.

정 박사는 "이는 수학의 성차에 교육적으로 개입할 여지가 거의 없다는 인식을 갖고 있음을 보여주는 것"이라며 "수학교육의 젠더문제에 대한 교사 인식을 높이기 위한 별도의 노력이 요청됨을 시사했다"고 말했다.

교사들은 수학에 대한 학생들의 자신감, 흥미, 수업태도에서도 성별 차이가 있다고 인식하고 있었다. 전체 교사의 65.5%가 남학생의 수학에 대한 자신감이 여학생보다 높은 것으로 알고 있었고, 수학 수업에 대한 흥미에서도 남학생이 더 높다는 응답이 전체의 51.2%를 차지한 반면 여학생이 더 높다는 응답은 10.2%에 불과했다.
이와 함께 여학생은 수업 때 주의집중, 노트정리, 조별 보고서 작성 등에 더 성실하지만 틀린 대답을 했을 때 남학생보다 더 창피해하는 등 교사와 상호작용에 소극적 태도를 보이는 것으로 평가됐다.

수학교과와 관련된 교내평가에서 남학생이 더 우수한 성취를 했다고 응답한 교사들은 그 이유로 '창의성과 문제해결력이 우수해서' (50%)를, 여학생이 더 우수하다는 교사들은 '수업태도가 좋고 주의집중을 잘해서' (47.6%)를 각각 꼽았다.

정 박사는 "남학생의 높은 성취 원인은 능력 요인에서 찾는 반면 여학생은 노력에 따른 결과로 해석하고 있음을 보여준다"고 분석했다. 또한 "수학 교사들은 여전히 원리를 설명하는 강의식 수업과 문제 풀이와 같은 전통적 교수방법에 거의 의존하고 있다"며 "여성인적자원의 양성, 진로선택 기회 확대 등을 위해 수학의 성별 격차 해소가 시급하다"고 지적했다.

자료: 연합뉴스, 2005. 1. 11.

3) 공간능력

공간능력의 성차에 관한 연구결과는 꽤 일관된 결과를 보이고 있다. 즉 청년기까지는 공간능력에서 남녀 차이가 없고, 청년기 이후가 되면 남성의 공간능력이 여성보다 더 우수하다는 결론이(김정휘 등 1995, Frieze et al., 1978, 임정빈 외 1997 재인용) 나타나는데, 이는 부분적으로 학습된 능력이라는 해석도 있다. 아동기의 놀이를 보면 성차가 두드러지게 나타나 남아는 적목놀이나 적목 플라스틱 모형의 조립, 기계 장남감 등을 사용하는 놀이를 즐기는데, 이는 공간지각 능력을 발달시키는 데 중심역할을 할 수 있다(Fausto- Sterling, 1985). 또한 남아들은 여아들보다 더 많이 자신의 환경을 탐색하고 조작해 보도록 허용되며, 남성들은 공간지각 검사와 비슷한 일상생활 활동에 종사하기(Frieze et al., 1978, 임정빈 외, 1997 재인용) 때문에 우수하다는 해석을 할 수 있을 것이다.

2 성격에서의 성차

1) 사회성과 사랑

심리학자들은 소녀들이 소년들보다 사회적이라고 생각해 왔다. 아주 어린 시절부터 심리적 발달에 있어서 남자아이는 대상이나 조작에 더 큰 흥미를 가지는 반면, 여자아이는 사람이나 대인관계를 형성하는 데 더 큰 관심을 보이기 때문이다. 또한 사춘기가 되면 소년들은 보다 큰 무리를 만들어 노는 것을 선호하는 반면 소녀들은 짝을 짓거나 적은 수의 집단을 이루어 노는 경우가 많다.

성인의 경우 사회성에 있어서 남녀 간의 성차는 나타날까? 심리학자들은 다른 사람에 대한 관심의 정도를 유친 욕구라고 말한다. 그들은 사람들의 환상 즉 꿈이나 야망 혹은 '당신을 행복하게 만드는 것이 무엇입니까?'라는 질문에 대한 답을 분석함으로써 유친 욕구의 강도를 측정한다. 이러한 연구들에 따르면, 여성들은 인생에서 중요한 측면으로 일보다 사랑과 가족을 택하는 비율이 남자보다 높았다. 여성들이 사랑 혹은 유친과 관련된 환상을 더 많이 하는 것으로 나타났다. 즉 여성들은 남성보다 사람에 관심이 많으며, 특히 가족이나 집단에서 좋은 관계를 유지하는 데 우선순위를 두고 있다.

2) 감정이입

감정이입이란 다른 사람이 느끼는 것과 동일한 감정을 느끼는 것을 말한다. 일반적으로 여성들은 남성들보다 사람들의 감정이나 행동에 더 민감하다는 고정관념이 있다. 이러한 가정은 틀린 것으로, 남성과 여성 모두가 정서적 반응을 이해하는 데는 거의 차이가 없다는 것이다. 여성들이 남성들보다 본질적으로 더 감정이입적인 것은 아니라 하더라도 우리 사회에서 감정이입은 여성의 전통적인 성역할과 관련되어 있고 여성들에게 그렇게 행동하도록 요구한다. 즉 어린아이를 키우는 엄마들은 아이의 웅얼거림과 같은 비언어적 말을 다른 사람들보다 더 잘 해석하는데, 이는 여성들이 생존하기 위해 다른 사람의 표현을 정확하게 읽을 줄 알아야 한다는 것이다.

3) 양육성

양육성이 남을 도와주려는 기질이라고 볼 때 여성들이 남성들보다 더 양육적이라고 할 만한 증거는 거의 없다. 그러나 대부분의 문화에서 남자아이보다는 여자아이들에게 자기보다 어린 아이를 돌보는 일을 시키는 경우가 많고, 여성들은 아이를 낳기 때문에 양육성을 가지도록 요구받으며 양육성은 어머니가 되도록 준비시킨다. 이렇게 볼 때 양육성은 타고난 특성이라기보다는 성역할과 밀접한 관련이 있다. 즉 일상생활에서 남녀는 서로에 대해 양육적으로 행동한다. 여성은 아이와 가정을 돌보고, 남성은 이들을 보호하는 역할을 맡기 때문에 남녀 중 어떤 한 성이 더 양육적이라고 말하기는 어렵다.

4) 의존성

의존성은 도움, 인정, 주의를 얻기 위하여 다른 사람에게 기대하는 것을 의미한다. 대부분 여성이 남성보다 더 수동적이고 의존적이며 더 쉽게 영향을 받는다고 여겨져 왔다. 이는 성고정관념적 기대로 인하여 보통의 여성들이 실제보다 더 의존적이라고 평가될 가능성이 높은 것으로 해석된다. 독립적인 사람은 인생의 어떤 크고 작은 좌절 상황에서 능동적으로 그리고 의욕적으로 대처한다. 의존적인 사람은 그대로 서서 운을 믿거나 무사히 지나가기만을 바라는 경향이 있다. 한 예로써 부모와 아이의 신체적 접촉이 많아지면 아이들은 무엇인가를 탐색하려는 욕구가 줄어들고 의존적이게 된다. 3개월 정도 된 여아의 엄마는 남아의 엄마보다 더 많이 바라보며 말을 주고받고, 더 많이 접촉하며 껴안아 준다고 한다. 이를 통해 볼 때 남자아이들은 어려서부터 여자아이들보다 자율적으로 행동하는 것을 배우게 됨으로써, 독립적으로 보여지는 부분도 있을 것이다.

5) 공격성

공격성은 다른 사람에 대한 의도적인 상해 행위를 말한다. 대부분의 사회적 상황에서는 남성들이 여성들보다 더 공격적인 성향을 나타내지만, 차이가 있다. 즉, 유아기와 학동기에서의 공격성은 여아가 남아보다 더 공격적이며 남성은 신체적 공격성이 높고 여성은 언어적 공격성이 더 높으며, 여성은 신체적 공격성의 부족을 언어적 공격성으로 보충한다고 한다. 또한 남성과 여성에 대한 역할기대는 공격적 행동을 결정하는 중요한 요인으로 작용할 수 있다. 즉, 공격적 행동이 사회문화적으로 비여성적인 것으로 정의되고 있음으로써, 여성은 남성보다 공격성에 대한 불안이 높고, 공격적인 충동이 있더라도 공격적인 행동을 덜하게 되고, 개인적이고 수용적인 상황이나 간접적인 방법으로 공격적인 반응을 할 것이다(Archer & LIoyd, 1985, 임정빈 외, 1997 재인용)라고 설명하고 있다.

6) 성취동기

성취동기에 대한 고정관념은 남성이 여성보다 성취동기가 더 강하다는 것이다. 그러나 초등학교부터 대학까지의 학력성취에 대해서는 여성의 성취수준이 남성보다 뒤떨어진다고 단정할 수 있는 증거는 없다(김정휘 등, 1995). 성취를 지향하는 분야는 성역할 규범에 따라 차이를 보이는 경향이 있었다. 이것은 내적 동기 요인이라기보다 사회적인 부정적, 긍정적 결과를 예견하기 때문이라는 견해가 지배적이었다. 호너(Horner)는 여성이 성취행동에서 적극적이지 않은 것은 성취동기가 없어서가 아니라 성공한 여성에 대한 사회의 부정적 견해와 거부 그리고 여성성의 상실을 두려워하기 때문이라는 견해이다. 즉 자신이 성공한다면 여성성을 잃어버릴지도 모른다는 불안감을 갖고 있다고 볼 수 있다. 이러한 불안감이 여성으로 하여금 성공을 회피하게 만들 수 있는 것이다. 성공에 대한 두려움은 여성에게만 해당되는 것은 아니다. 남성들이 여성들과 유사한 일을 하면서 여성이 자신들보다 성공하여 지위가 높을 때 당황해 하는 것은 성역할에 기인하는 것으로 해석할 수 있다.

3 의사소통에서의 성차

의사소통은 인간 행위의 중요한 부분이기 때문에, 남녀별로 서로 다른 정체감을 습득해 나가는 과정을 이해하기 위해서는 의사소통에 대한 이해가 필수적이다.

남성과 여성은 언어적인 의사소통에서 실제적으로 많은 차이를 보인다고 한다. 남성들은 대부분 공적인 자리에서의 대화에 편안함을 느끼고 여성들은 사적인 대화를 좋아한다. 여성들의 대화방식은 다정다감한 것이 특징이며, 대화의 주제도 다른 사람의 사생활에 대한 얘기를 많이 하고, 서로 은밀하게 정보를 공유하는 것이 친밀감을 높이는 데 결정적인 역할을 한다고 생각한다. 반면 남성들의 대화방식은 자신의 독립을 확보하고 사회에서 지위를 놓고 협상하거나 지위를 유지하기 위한 수단으로 인식된다. 따라서 친구들을 만나 개인적인 사생활보다는 정치적인 것, 권력이나 시사문제 등을 주로 얘기한다.

남녀의 비언어적인 의사소통의 차이를 보면 여성들은 상대방과의 관계를 중시하고 자신의 의사를 암시하기 위해 보다 적극적이고 가능한 신체언어를 많이 사용하는 반면, 남성들은 말하는 것 자체에 의미를 두기 때문에 의사소통을 할 때 비언어적 표현을 덜 사용한다고 한다. 예를 들면 남성들은 대화 시 상대방을 직접적으로 바라보면 상대방이 적대감을 가질지도 모른다고 생각하는 반면, 여성들은 상대방의 눈을 바라보는 것을 친밀감을 표시하는 것으로 해석하여 비언어적 의사소통을 많이 사용하게 된다.

헬렌 피셔(정명진, 2005 재인용)의 친교에 대한 남녀의 인식 차이를 살펴보면, 남성들은 감정적 가까움을 누군가와 나란히 서서 무엇인가를 함께하는 것으로 정의하는 경향이 강한 반면, 여성들은 친교를 흔히 얼굴을 마주하고 대화를 나누는 것으로 본다. 아마 남성들이 차를 운전하면서 꽤나 어려운 문제를 놓고 곧잘 토론을 벌이는 것을 목격했을 것이다. 남성들은 상대방 얼굴을 정면으로 보지 않는 상황에서 말이 더 많아지고 편안함을 느낀다. 반면 여성들은 가까이 앉아 서로의 눈을 빤히 바라보면서 자신의 감정을 표현해 가며 대화를 나누는 것을 즐긴다고 한다. 이에 대한 예시가 〈표 2-1〉에 제시되고 있다.

〈표 2-1〉 대화기능과 표현방식에서의 남녀 차이

	대화기능	표현방식(관습적)
여성	• 관계지속 및 감정의 표현수단으로 사용 • 비유적, 친밀감, 간접적 표현사용 • 문제발생 시 대화의 비중이 큼	• 미안합니다: 상대방의 감정 존중 및 체면을 세워주는 배려라고 생각 • 반존칭어: 친밀감, 유대와 지지의 표현이라고 생각 • 질문하기: 대화의 지속이나 하나의 전략을 사용
남성	• 정보전달 및 결론에 도달하고자 사용 • 직접적이고 지위나 힘이 표현되는 공식적 언어 사용 • 문제발생 시 대화보다 다른 방법으로 해결 하려고 함	• 미안합니다: 잘못을 인정하는 것이 되어 자주 사용하지 않음 • 반존칭어: 위계질서를 흐트러뜨린다 하여 공식조직에서 만난 사람에게 사용하지 않음 • 질문하기: 질문을 하면 지식, 이해력, 정보부족으로 해석하여 무능하게 생각할까봐 자주 사용하지 않음

출처: 한국양성평등교육진흥원 홈페이지, '젠더커뮤니케이션의 활용'에서 발췌, 재구성

4 리더십에서의 차이

리더십에서 남녀 차이가 있는가? 먼저 생물학적 성에 따른 리더십의 차이를 살펴보면 일반적으로 여성이 남성보다 리더십이 부족하다는 것을 지지하는 증거는 없다. 그러나 젠더에 따른 남녀의 차이를 주장하는 연구들은 남녀에 대한 성역할 고정관념적 특성들이 관리적 행동에 반영되어 남녀 간 리더십 스타일에 차이를 나타내게 한다고 설명한다(Engly & Steffen, 1984, 조경순 외, 2004 재인용). 남녀의 리더십 행동 차이에 관한 연구들은 남성은 과업주도적 행동을, 여성은 인간관계 중심적 행동을 보이는 경향이 강하다는 연구 결과들이 많다. 즉 성차에 따라 리더십이 다르다고 보는 연구들에 따르면 종합적으로 여성들은 사회적, 민주적 혹은 배려적 리더십 스타일(행위)을 많이 보이는 반면, 남성들은 과업지향적, 구조주도적 혹은 독재적 리더십 스타일(행위)을 많이 보이는 것으로 나타나고 있다.

여성들은 오랫동안 남성중심의 문화 속에 살아왔고, 여성들 스스로 인식하는 자신의 젠더는 이러한 환경에 영향을 받기 때문에, 앞으로 리더십의 연구는 남성중심의 제도적, 사회적 환경을 충분히 고려하는 것이 바람직할 것이다.

여성의 리더십: '유리 천장' 여전히 존재

힐러리 클린턴 미국 민주당 상원위원
고(故) 베나지르 부토 전 파키스탄 총리
크리스티나 페르난데스 아르헨티나 대통령
프라티바 파틸 라자스탄 인도 대통령
박근혜 전 한나라당 대표
이경숙 대통령직인수위원장

"여성 리더십의 승리? 소리는 요란하나 유리 천장은 여전히 존재한다."
한국여성정책연구원 김양희 선임연구위원은 "직업세계에서 생존하고자 하는 여성들의 의지가 높고 실제 생존률도 높아졌지만 여전히 대다수 여성들은 유리 천장 아래 몰려 있고 극소

수만이 유리 천장을 깨고 의사결정직에 오르거나 구색 맞추기로 임명된 것"이라며 "이들의 상징성이 크다 보니 언론매체가 대서특필해서 마치 여성들의 리더십 진출이 일반화된 것으로 착각하게 한다"고 분석했다. 실제로 여성 리더가 탄생할 때마다 언론매체가 앞 다투어 '여성'이라는 것을 강조하며 대서특필하는 것 자체가 여전히 양성평등이 이루어지지 않았다는 증거라는 게 여성학자들의 주장이다.

그렇다면 사회에 진출하는 여성 수에 비해 고위직까지 오르는 여성 수가 턱없이 적은 이유는 뭘까. 무엇보다 의사결정자들이 남성이기 때문이라는 게 전문가들의 설명이다. 김양희 위원은 "리더의 자리에 오른 여성이 소수이면 아무리 여성적 가치를 이야기해도 변화를 이끌어내기 어렵다"고 지적했다.

이진아 브랜드 유 리더십센터 소장은 "세상은 여성에게 호의적이지 않다"며 "21세기 지식정보화 사회는 부드러움과 창의성, 감수성, 다양성, 유연성 등 여성적 특성을 가진 리더를 원하지만 사람들의 사고방식이나 시스템은 권위적인 20세기 리더십에 머물러 있기 때문에 기존 권위적인 카리스마에 21세기형 여성 리더십의 이미지를 겸비한 남성을 리더의 자리에 앉힌다"고 말했다.

남녀 성역할을 고정적으로 인식하는 조직문화도 장벽이 되고 있다. 삼성경제연구소가 발표한 '현대 기업을 중심으로 본 한국의 여성 리더십'이라는 보고서에 따르면 우리나라 기업의 구성원들은 여성 리더에 대한 경험 부족으로 여성은 업무 능력이 떨어진다는 편견을 가지고 있고, 리더십을 통제와 명령 차원으로 이해해 리더십에서의 여성적 가치를 부정하고 있는 것으로 나타났다.

또 여성 자신도 여성 리더에 대해 편견이 있는 것으로 드러났다. 전통적으로 여성적 가치가 리더의 자질과 부합하지 않는다고 생각하거나 리더십에 대한 올바른 이해가 없어 남성 리더를 역할모델로 삼음으로써 남성 리더의 구태를 그대로 답습하여 전형적인 전사형 리더로 행동한다는 것이다. 이러한 권위적인 남성적 리더십 스타일을 취하는 게 오히려 거부감을 불러일으키는 부분도 있다.

여성이 일과 출산 및 양육을 병행하는 구조도 여성이 상층부로 진입하는 데 어려움을 준다. 일과 가정이 맞물리면서 갈등이 고조되면 쉽게 업무에 방해를 받을 뿐 아니라 직장을 그만두는 경우도 많기 때문이다.

미래학자들은 공통적으로 "물리적인 힘이 아니라 지식을 기반으로 한 21세기는 여성의 섬세함과 유연성, 커뮤니케이션 능력이 강조되는 시대"라고 오래 전부터 주장해왔다. 이를 바탕으로 엘빈 토플러는 "사회가 여성 지도자를 받아들일 충분한 준비가 돼 있어야 하고, 여성들이 정치에 좀 더 많이 관여하는 것이 바람직하다"라고 서울에서 열린 '2007 세계 여성포럼'에서 밝히기도 했다.

그러나 20세기 사고방식과 시스템이 공존하고 있는 사회에서 리더를 꿈꾸는 여성들이 깨고 넘어서야 할 유리 천장은 여전히 두텁다. 우리 사회에 오랜 세월을 거쳐 고착화된 리더나 여성에 대한 각종 편견을 깨부수려면 더 많은 여성이 리더십을 발휘할 수 있는 고위직에 올라 사회 전반에 걸쳐 변화를 이끌어낼 수 있어야 한다. 이것이 곧 국가경쟁력을 강화하는 길이기도 하다. 리더십 전문가들은 "이를 위해서는 여성 자신은 물론 기업과 국가, 그리고 구성원들이 인식을 전환해야 한다"고 입을 모은다.

자료: 경향닷컴, 뉴스메이커 759호, 2008. 1. 22.

〈표 2-2〉 여성과 남성의 성차이 특성들

영역	특 성
언어적 능력	10살부터 여자가 우수함
수학적 능력	청소년기부터 남자가 우수함
공간 능력	청년기 이후부터 남성이 우수하다고 보는데, 이는 남성이 자신의 환경을 탐색하고 조작해 보도록 허용되며, 공간지각 검사와 비슷한 일상생활 활동에 종사하기 때문으로 보여짐
사회성과 사랑	전반적인 차이가 없음. 남성들은 큰 집단에서 놀기를 좋아함. 여성들은 사랑 혹은 유친과 관련된 환상을 가지고 있음
감정이입	정서적 반응을 이해하는 데 차이가 없으나, 여성들이 전통적인 성역할과 관련되어 행동하도록 요구됨
양육성	여성이 더 양육적이라는 증거는 없음
의존성	여성이 더 의존적이라는 증거는 없지만, 개인이 가지고 있는 독립성 성향에 따라 달라짐
공격성	유치원부터 남성이 더 공격적인 성향을 보이는데, 남성은 신체적 공격 행동, 여성은 언어적 공격 행동으로 나누어짐
성취동기	여성의 성취동기가 떨어진다는 증거는 없지만, 성역할 규범에 따라 차이를 보임
의사소통방식	남성은 공적인 대화, 여성은 사적인 대화를 즐김
리더십	생물학적 차이는 없으나 젠더에 따른 차이는 나타남

이와 같이 남녀의 성차이 특성에 대하여 살펴보았는데, 이들의 차이가 생물학적인 것인가, 사회적인 것인가를 두고는 오랫동안 논란이 되고 있다. 남성은 수만 년 간 가족을 부양하고, 여성은 수만 년 간 자식을 돌보며 살림을 꾸려온 구조로 인한 남녀 간 능력의 차이는 사실상 생물학적 차이라기보다는 사회적 기능에 따른 변화라고 해석하는 것이 일반적 견해이다. 모든 문제는 관심과 필요성 여부로 여성과 남성이라는 차이를 떠나 개개인의 독창성과 특징으로 보는 관점이 더욱 설득력을 지니고

있다. 따라서 성역할 차이는 남성과 여성의 차이점만 가지고 해석하기보다는 개개인의 능력 개발과 성장에 초점을 맞추어 설명해야만 남성과 여성을 제대로 이해할 수 있을 것이다.

제4절 성차의 특성을 강조하는 결과의 영향

사회가 만들어준 규정된 삶을 끊임없이 추구하고 집착함으로써 우리들의 행동은 영향을 받으며 계속 이어지게 되는데 이를 콤플렉스라고 부를 수 있다. 즉 콤플렉스란 전체 성격 속에서 어떤 것에 강하게 집착, 강박하는 것으로 이는 억압으로부터 자유롭지 못하여 행동에 크게 영향을 미치게 된다. 흔히 콤플렉스는 의식하지 못하는 사이에 이루어지기 때문에 자신이 어떤 콤플렉스를 가지고 있는지를 잘 알지 못한다. 사회에서 규정한 여성다운 삶, 남성다운 삶에 매몰되어 나타나는 여성과 남성의 콤플렉스를 관련자료(여성을 위한 모임, 1992, 1994)를 참조하여 살펴보기로 한다.

1 여성 콤플렉스

고정적인 성역할에서 여성에게 강조되는 것은 자신의 욕구를 포기 혹은 양보하고 타인을 위해 사는 것이다. 또한, 온순하고 비공격적인 여성들은 자신들의 감정을 솔직히 표현하는 기회를 갖지 못하게 된다. 여성들에게 주어진 이러한 역할들은 여성들에게 좌절감, 모호함, 자기 비하, 고립감 등의 부정적 감정을 경험하도록 이끈다. 전통적인 여성의 역할에 대한 반응으로 나타나게 되는 여성의 콤플렉스는 다음과 같이 제시되고 있다(여성을 위한 모임, 1992).

첫째, 착한 여성 콤플렉스는 여자가 순종적이고 착하다는 주위의 평판을 듣기 위해 자신의 내면과 갈등하는 심리상태를 말한다. 여성은 착한 여자로 살아야 한다는 고정 관념에 얽매여 항상 다른 사람의 눈에 비치는 자신을 의식하고, 자아실현의 잠재력을 희생하면서 남편, 가정, 주변 사람들로부터 칭찬을 받으려 하기에, 사회에서 요구하는 순종적인 여성상에 자신을 맞추기 위하여 끝없이 노력하면서 갈등을 겪는 경우가 많다.

둘째, 신데렐라 콤플렉스는 자기 자신의 능력과 인격으로 자립할 자신이 없는 여성이 마치 신데렐라처럼 자기의 인생을 상승시켜 줄 왕자가 나타나기를 고대하는, 즉 남성의 보호를 받으며 살아가고 싶어 하는 여성의 의존 심리를 뜻한다. 신데렐라 콤플렉스의 특징은 의존성, 두려움, 열등감, 결혼에 대한 경제적 · 정서적 집착과 무기력증, 취업이나 자신의 일에 대한 회의와 공포심 등이 있다.

셋째, 성 콤플렉스는 정숙하고 교양 있는 여자는 성적 쾌락을 즐겨서는 안 되며, 다만 출산의 수단이어야 한다는 그릇된 성 규범을 무의식적으로 받아들여 성적 욕망과 성적 표현, 성에 대한 흥미를 억제하는 동안 갖게 되는 심리적 갈등을 말한다. 이러한 갈등이 깊어지면 성적 부적응이 생기고, 성적 표현이 어눌해지며, 성적 불만과 긴장, 강박 관념과 자기 분열이라는 병리적 현상을 드러내기도 한다.

넷째, 외모 콤플렉스는 남자의 의미는 사회적 성취에 있고 여자의 의미는 아름다움에 있다는 생각이 남녀 관계를 지배하는 심리상태를 말한다. 외모가 자신의 생애에 중대한 영향을 미친다고 생각하는 여성들은 더 예뻐지고 싶어하는 외모 콤플렉스를 갖게 되며, 사회적 지위 확보를 위한 중요한 기준으로 외모가 강조되는 사회 분위기에서 여성은 생존 전략으로서 자신의 미에 관심을 쏟게 되고 이로 인해 원치 않았던 심리적, 육체적인 폐해들에 시달리게 된다.

다섯째, 지적 콤플렉스는 자신의 지적 능력이 다른 사람과 비교하여 열등하다는 것을 내재화함으로써 나타나는 열등감을 말한다. 어떠한 이유로든 자신이 자라나는 과정에서 지적 능력을 발휘할 기회가 제한됨으로써 자신의 지적 능력을 사회활동에서 적재적소에 발휘하기 어렵게 될 때 심한 열등감을 느낄 수 있다.

여섯째, 맏딸 콤플렉스는 전통적으로 맏딸은 맏이면서 딸이라는 이유로 아들인 장남 만한 대우를 받지 못한 채 부모의 갈등이나 가정 문제에 더 신경을 쓸 뿐만 아니라 가사도 도외시 할 수 없는 등 '살림 밑천' 의 역할을 톡톡히 하였다. 이렇게 맏딸의 모습을 부각시켜 맏딸만이 느끼는 공통적인 갈등을 '맏딸 콤플렉스' 라 한다.

일곱째, 슈퍼우먼 콤플렉스는 여성 자신이 가지고 있는 능력에 관계 없이 직장인, 주부, 어머니, 아내, 며느리라는 많은 역할들을 완벽하게 하려는 사람으로, 많은 여성들이 신체적 · 심리적으로 갈등하며 자신도 모르게 슈퍼우먼 콤플렉스에 빠지게 된다. 그에 따라 모든 것을 완벽하게 하지 못하면 심한 불안감, 초조감, 죄책감 등으로 고통을 받는다.

2 남성 콤플렉스

성고정관념은 여성들에게만 불리한 결과를 가져오는 것은 아니다. 여성과 마찬가지로 남성들도 정형화된 성역할 속에서 어려움을 겪는다. 우리 사회에서 남성은 무엇보다도 능력 있어야 하고 남자다워야 하며, 강해야 한다는 것은 남성들을 부담스럽게 하는 요인이 되고 있다. 전통적인 남성의 성역할이 강조되면서 나타나는 남성의 7가지 콤플렉스는 다음과 같이 제시되고 있다(여성을 위한 모임, 1994).

첫째, 가장 콤플렉스로, 가장이 한 집단의 기둥으로 그 가정의 경제를 책임지고 꾸려가야 한다는 역할을 강요받아 오면서 자연스럽게 습득된 것이 가장 콤플렉스이다. 이들은 가족의 생계를 책임져야 한다는 의무감으로 자신의 꿈과 적성을 뒤로 한 채 안정적인 직장과 현실 순응적인 성향을 가지게 되고, 변화나 위험 부담이 따르는 일은 기피하는 모습을 보여주기도 한다.

둘째, 사내대장부 콤플렉스는 타인보다 우월해야 한다는 강박관념에 성공한 남자, 믿음직한 남자, 대범한 남자라는 인상을 심어주기 위해 자신의 욕망과 개성을 희생하는 데서 오는 열등의식을 말한다.

셋째, 온달 콤플렉스는 자의건 타의건 처가나 아내 덕을 보고자 하는 남성의 의존심리를 말한다. 온달형 남성상은 여성의 능력이나 물질에 의존하여 살아가거나 출세하려 한다는 점에서 기존의 사내대장부 남성상과 모순된다.

넷째, 성 콤플렉스는 남성이 성행위의 주도권을 갖고 이끌어야 한다는 강박관념에서 오는 콤플렉스를 말한다. 성 콤플렉스는 그릇된 성규범과 성문화를 받아들여 성을 통해 남성다움을 과시하고 성적 욕구와 능력에 집착하는 심리, 혹은 자신의 성적 능력이 그러한 기준에 미치지 못하므로 위축되고 갈등하는 심리를 말한다.

다섯째, 지적 콤플렉스는 남성은 여성보다 더 많은 지식을 가져야 하며 여자가 감정적인 데 비해 남자는 지성적이라는 통념이 여전히 절대적이다.

여섯째, 장남 콤플렉스는 장남에 대한 특별한 관심에서 오는 콤플렉스로 한없는 신뢰와 기대가 때로는 무겁고 힘겨운 부담을 안겨 주기도 한다.

일곱째, 만능인 콤플렉스는 남성은 성공과 자신에 대해 높은 자부심이 있어야 하고, 명철하고 이성적인 판단을 할 수 있어야 하고, 직장과 가정의 모든 일을 잘 해내는 만능인이어야 한다는 심리상태를 말한다. 지금까지 진술한 바와 같이 여전히 남성들에게 성공, 지적 능력, 독립심 등과 같은 전통적인 남성적 특성들이 요구되고 있다.

모든 여성이 같을 수 없듯이 또한 모든 남성도 같을 수 없다. 어떤 여성은 남성이 가지고 있는 것보다 더 전형적인 남성적 특성을 나타내며, 남성 또한 마찬가지이다. 우리는 너무나 자주 여성과 남성을 개인으로 보는 통찰력을 상실하고 규정된 틀에 맞추려는 사회적 억압에 시달리고 있다. 이것이 바로 콤플렉스를 형성하는 요인이다. 따라서 규정된 성별 역할이 아니라 개인으로서의 정체감을 형성해 나갈 수 있는 진정한 '개인다움'을 창조해 나가야 할 것이다.

● 토론거리 ●

1. 여성다움, 남성다움에서 벗어나서 '나다움'에 대해 생각해 보고 진정으로 나다울 수 있는 삶을 방해하는 요소에 대해 이야기해 보시오.

참고문헌 REFERENCES

김애희(2004), 국어교과서의 성차별적 내용분석, 부산대학교 교육대학원 석사논문.

김정휘 외 2인(1995), 여성은 남자와 무엇이 어떻게 다른가, 서원.

송관재(2003), 성차이의 심리, 선학사.

송정아(2006), 성역할과 성역할 사회화에 관한 문헌 고찰, 진리논단, vol. 14, 천안대학교.

여성을 위한 모임(1992), 일곱가지 여성콤플렉스, 현암사.

여성을 위한 모임(1994), 일곱가지 남성콤플렉스, 현암사.

이기영(1992), 아동의 성이해 수준과 이야기 유형에 따른 성역할 고정개념의 변화, 계명대학교 석사학위논문.

임정빈 외(1997), 성역할과 여성, 학지사.

윤근섭 외(1995), 여성과 사회, 문음사.

조경순 외(2004), 성 차와 리더십: 문헌적 고찰, 숙명여자대학교.

장상희(1992), 성역할 사회화, 부산대학교 여성연구소.

정명진 역(2005), 제1의 성, 생각의 나무.

정해숙 · 정경아(1996), 남녀공학 고등학교의 운영 개선방안에 관한 연구, 한국여성개발원.

Christiance Northrup(1994, 1998), 강현주 역(2003), 여성의 몸, 여성의 지혜, 한문화.

Carol Tavris(1992), 히스테리아 역(1999), 여성과 남성이 다르지도 똑같지 않은 이유, 또하나의 문화.

Tavris(1978), *The longest war: Understanding Sex Differences*, New York: Harcourt Bracl Jovanovich.

참고자료

경향닷컴, 뉴스메이커 759호, 2008. 1. 22.

연합뉴스, 2005. 1. 11.

중앙일보, 2008. 5. 14.

한국양성평등교육진흥원 홈페이지.

한국여성정책연구소, 한국청소년개발원(2004), 인문사회행동연구총서, 성차별개선프로그램.

Chapter 03

여성의 몸과 마음

– 이승후[주)]

주) 한의사, 심신의학자, 영성의학자, 예술한의학자, 위빠사나 명상, 선무요법, 의료 명상 · 요가, 음악 · 미술치료 연구.

전, 명지대학교 교수, 관동의대 협력 명지한방병원 병원장(종양내과, 여성의학과, 사상의학과) 역임.

전, 일본 나고야 의과대학 암센터 및 뉴질랜드 AgResearch Centre 공동연구.

> 우리가 우리 몸의 가치를 바로 알고, 우리 몸을 제대로 사랑하고 사용하기만 한다면 우리가 성자가 되는 것은 유치원에 입학하는 것처럼 쉬운 일이다.
>
> \- 이승후 -

여성과 가족의 관점에서 어떤 문제를 다루던지 개인에게 나타나는 현상은 몸에서 일어나는 변화이다. 가부장적 차별과 폭력이 일상적인 한국 사회에서 여성들이 겪는 커다란 고통은 바로 마음에 어두운 영향을 주고 몸으로는 심각한 질병을 일으킨다.

융(Jung)은 "신은 질병을 통해 우리를 찾아온다."고 말했다. 몸의 징후는 건강문제만을 경고하는 것이 아니다. 여성의 몸이 들려주는 소리를 무시하고, 여성의 몸이 원하는 필요사항을 등한시하는 사회·문화적 편견과 의학적 편견이 사회 전반에 퍼져 있어서 여성의 몸이 병들어 가고 있는 것이다.

이 장에서는 여성의 몸에서 읽을 수 있는 특별한 메시지를 의학적, 사회적 관점에서 다루되 해부학적 성별로서의 여성이 아닌, 대자연 우주의 일부로서의 여성성을 확인하고 고찰해보기로 한다. 진정한 남녀의 양성평등이란 여성 스스로가 먼저 여성성에 대하여 미래 지향적이고 조화로운 인식을 해야만 가능하게 되는 것이다.

만일 우리가 몸의 메시지에 귀를 기울이게 되면 우리는 감정과 육체와 영혼을 일깨워 치유하게 될 것이다.

제1절 여성의 몸에서 나타나는 내면적 특징

1 월경과 출산

동서양을 막론하고 일상생활에서 여성의 직감력이 남성보다 월등히 발달되어 있다는 사실에 대부분 동의할 것이다. 어찌하여 여성들은 전문적인 지식이나 학습 없이도 그런 직감력이 발달하여 여성행동양식의 판단근거가 될 수 있을까? 이에 대한 가장 간단한 해답을 우리는 여성의 생리구조에서 찾아볼 수 있다. 남성과 여성에게 가장 다른 신체적 특징 중 하나는 매달 빠짐없이 찾아오는 여성들의 월경 즉 생리주기이다.

아주 오래 전 서울에 소재한 어느 백화점에서 여성들이 물건을 훔치는 것을 잡기 위해 화장실에 영상감시 장치를 설치하였다가 여성단체들의 빗발치는 항의를 받은 적이 있다. 흔히들 말하는 '월경전증후군'의 대표적인 심리변화를 잘 말해주는 사례이다. 이 증후군은 월경출혈이 있기 며칠 전부터 물건을 훔치고 싶은 욕구를 느낀다고 한다. 실제로 물건을 훔치다 적발된 대부분의 여성들은 경제 사정이 어려운 사람들이 아닌 '부유하거나 경제능력이 충분한 여성들'이라는 것이다.

왜 그런 감정을 느끼게 되는 것일까? 엄밀히 따지면, 실제로는 훔치고 싶은 욕구가 아니라 '소유욕과 성에 대한 욕망'을 느끼게 되는데, 이를 해결하지 못하게 되면 욕구의 대안으로 접근성이 쉬운 물건을 훔치는 행동으로 옮겨간다는 것이다. 신체의 생리로는 이 시기에 당연히 사랑하는 이성을 만나 자연스럽게 성을 교감하고자 하는 욕구가 생겨나지만, 심리적으로는 '자기애에 대한 발현 현상'이 두드러진다. 그래서 이 시기에는 어느 때보다도 더 자신의 본능에 충실하게 되는 것이다. 이러한 자기애적 본능이 사회적으로는 금지된 행동양식으로 표출될 수도 있다. 육체적으로는 이미 성숙한 성인여성이 몸의 내면에서 일어나는 역동적인 호르몬의 순환과 혈류 변화에 대해 자신의 감정적 충동을 억제하지 못하고 반응하여 일어나는 것이다. 대체로 이 성적 억제력이 더 발달된 여성들은 연인이나 직장 동료 등에게 자신의 감정을 적극적으로 표현하거나 상대방의 행동에 과민하게 반응함으로써 자기애를 표현하게 된다. 당연히, 성숙하고 성품이 고상한 인격의 여성이라면 이러한 충동과 욕구를 자아발달 내지는 이타적인 에너지에 쏟는 것은 말할 나위 없다.

이와 같이 여성은 남성에 비해서 신체적으로 훨씬 더 민감하여 대우주인 자연의 변화에 맞추어 몸이 변화하고 있는 것이다. 월경(月經)이라는 뜻은 '달의 운행경로'라는 뜻을 갖고 있으며 '달거리'라고도 한다. 달이 28일에 맞추어 지구주위를 돌며, 지구의 바닷물의 흐름에 영향을 주듯이 여성의 신체에서는 혈액과 인체 내 수분의 흐름에 영향을 주는 것이다. 그래서 월경을 전후하여 몸이 잘 붓기도 하고, 살이 갑작스럽게 찌기도 하며, 출혈량이 많거나 적기도 하며, 난소와 자궁 및 신장 기능에 영향을 준다.

또한 산모가 출산 후 아기에게 모유를 먹이는 일은 단순히 영양학적으로만 중요한 것이 아니라 엄마와 아기의 정신적, 정서적 유대를 강화하고 신체적 감각의 교류를 수행하며 무언의 사회적 교육이 이루어지는 행위이다. 이 뿐 아니라 출산한 산모인 엄마의 자궁수축을 도와주어 양육하고 사랑을 베풀어 주는 엄마의 모성애에 대한 아기의 보답이기도 한다. 이는 우주가 만들어 낸 자연의 질서이며, 어떤 약물이나 치료법보다도 경제적이고 뛰어난 효과를 발휘하는 산모에 대한 자연의 치료방법인 셈이다.

요즘 우리 사회는 출산 후에 아기에게 오로지 양육과 사랑만을 쏟기도 지치는 신체적 상황에서 여성들에게 너무 많은 것을 요구하고 있다. 출산 시에 여성의 정서는 대개 자기애가 강해지고, 아기에 대한 애착도 강해진다. 이것은 아기를 양육하기 위해 자기 자신의 신체적 건강회복과 정서적 안정을 통한 아기들의 심리적 안정감을 주기 위한 모성애적 본능이다. 이런 당연하고 순리적인 과정을 무시하고 희생하고 억압하게 되면 여성뿐만 아니라 아기까지도 병들고 정서적으로 불안하게 된다.

이와 같이 여성들에게는 여성의 몸에서 일어나는 변화 자체가 단순히 여성 개인에게만 영향을 주는 것이 아니라 가족과 사회에 영향을 끼치는 광범위한 특징을 갖고 있다. 따라서 여성들은 여성 자신의 몸에서 일어나는 변화를 관찰하고 이를 균형 있고 지혜롭게 사용하는 것이 얼마나 위대한 일인지를 알아야 한다.

요즘 사회 문화적 환경과 가족관습, 경제 여건 등에 따라서 정도의 차이는 있지만 현대 여성들은 사회적 성공 기준에 맞추어 많은 판단을 하다 보니 그 기준에 맞지 않는 것은 비정상적인 것으로 판단하는 경우가 대부분이다. 현대 여성의 선택에서 가장 우선하는 것은 대체로 자기 자신의 발전이나 행복이다. 그러면서도 정작 자기 자신의 몸에 대해서는 너무나 등한시하며 돌보지 않고 있다.

즉, 직업적 명예, 돈, 직업적 사교, 술, 사회적 취미, 오락 활동, 음식 등 감각적이고 외부적인 것을 탐하며 살고 있다. 그러다 보니 남성들의 생리작용처럼 여성들도 이제는 월경현상이 없는 '무월경' 여성 또는 이른 나이에 월경이 멈추는 여성이 많아지고 있다. 내면에서 여성성을 거부해서 일어나는 반응인 것이다.

여성의 사회참여 확대로 인해 과거, 기존의 남성성이 갖는 모순과 병리적 현상을 여성에게서도 볼 수 있게 되었다. 이는 모두 여성의 몸에서만 일어나는 세밀하고도 고요한 소리에 귀를 기울이지 못한 결과이다. 이제 여성들은 '남성을 상대한 여성' 또는 '남성의 적으로서의 여성' 이 아닌 대우주 자연의 일부인 여성으로서 깨어나야 한다고 본다.

여성들은 자연의 반응에 더욱 민감하다. 병리학적으로도 날씨가 춥거나 비가 오려고 하면 남성보다 대부분 여성들이 신경통 증상을 보이며 일기예보 현상을 나타내는 것도 여성들의 몸은 그만큼 더 예민하게 자연에 반응을 일으키고 있기 때문이다. 이런 것들은 모두 몸의 내면에서 보내는 소리이다.

그러나 몸이 변하면 그 소리도 달라지게 마련이다. 그 사람이 살아온 과정에 대한 정보는 고스란히 몸에 남는다. 우리가 말로는 거짓말을 할 수 있어도 몸으로는 거짓말을 할 수가 없다. 우리가 일기장에 일상의 비밀을 담아두듯이 우리의 몸은 우리 삶의 매일 매순간의 모든 정보를 담아 두고 있다. 특히 여성의 몸은 그 정보를 즉각적으로 외부로 노출해서 알려준다. 따라서 우리의 몸은 우리가 무엇을 생각하고 어떻게 살았는지 알려주는 잣대이다.

2 완경기(完經期)의 건강

우리는 월경이 시작할 때를 초경(初經)이라고 한다. 사전의 의미대로 처음 시작한다는 뜻이다. 그러나 월경이 끝마칠 때를 우리는 무엇이라 부르는가?

우리에게 가장 익숙한 단어는 폐경(閉經)이란 용어이다. 생리학적으로는 정확히 맞는 말이다. 문이 닫히어 경도가 끊어진다는 뜻이다. 하지만 이 단어는 심신적인, 영적인 건강개념이 없을 때의 용어이다. 일반적으로 마라톤에서 42.195km를 모두 뛰었을 때, 우리는 뭐라고 하는가? 가장 익숙한 용어는 완주(完走)이다. 폐주(閉走)가 아니다. 뛰는 것을 마지막으로 멈추는 게 아니라 뛰는 것을 완수했다는 것이다. 그동안의 달거리(즉, 월경)를 아름답게 완수하였기에 완경이라고 부르는 것이 아름답고 긍정적인 말이다. 폐경은 남성중심의 사회구조, 육체적 관점에서의 여성성을 관찰한 용어이다. 따라서 출산을 하든 하지 않든, 결혼을 하든 하지 않든, 월경을 하든 하지 않든 모두 여성인 것이다. 우리가 완경이라고 생각하는 순간 우리 여성들은 마음이 뿌듯해질 것이다.

40대, 혹은 50대에 완경의 연령에 이른 여성들 자신이 완경을 멋지게 한 여성주자라는 생각을 한다면 그들 자신이 얼마나 길고 긴 여정을 잘 살아 왔는지 자부심을 갖게 될 것이다. 단순히 신체적인 관점만이 아니라 영혼을 살찌우고, 심신이 조화를 이루어, 사회에 유익을 끼치고, 사랑을 뿌린 그 대가로 받는 완경기의 수확을 생각해보자. 얼마나 자랑스러운가? '이제 더 이상 월경도 멈추고 아이도 갖지 못하는 볼품없는 여성의 기능이 멈춘' 시기가 아니라 그 훌륭하고 긴 여정을 지치지 않고 인내하고 완수하고 달려온 그들이 맞게 된 완경기를 생각해 보자. 그리고 남은 축복을 헤아리는 시기가 도래되었음을 아는 것은 얼마나 가슴 뿌듯한 일인가? 그리고 우주의 머나 먼 한편으로 여정을 준비할 시간이란 것을 깨닫는 순간 우리는 경이로운 영적인 경험을 하게 될 것이다. 여성은 완경 후 몸의 변화에 각별한 관심을 가져야 한다. 완경이 되면 호르몬 변화로 인해 심혈관 질환이 증가하며 골다공증이 빠른 속도로 진행되는 등 여러 가지 신체 변화를 동반하게 된다. 큰 문제는 이런 중요한 질병의 신호들이 완경기 증후군으로 오해될 수도 있다는 점이다. 연령에 따른 일반적인 신체변화와 질병으로 인한 증상을 구분해야 한다.

여성들이 자기 몸이 아파도 돌보지 않아 질병이 악화되면 가족들이 짐을 지게 되고 이것은 진정으로 가족을 위하는 일이 아니다. 여성들이 자기 자신을 사랑하고 가족과 사회를 위해 더 큰 사랑을 베풀기 위해서라도 스스로를 돌보아야 한다.

생각해보기

여러분의 몸에 매주 1회 이상 나타나는 이상 징후가 있는가?
있다면 무엇인가?
왜 그런 현상이 발생한다고 생각하는가?
그것에 대한 자신만의 대처법이 있는가?

제2절 여성의 정신적 특징

많은 사람들이 타인을 향한 자신의 감정이 대개는 자기 자신에 향하는 자기의 감정에 의해 결정된다는 것을 알아채지 못하고 인생을 살아간다는 것은 놀랄만한 일이다. 만일 당신이 자신에 대해서 편안하지 못하다면 당신은 다른 사람과 편히 지낼 수가 없다.

- 시드니 J. 해리스(Sidney J. Harris) -

1 우울증

많은 사람들에게 여성들이 흔히 겪는 정신적 질환이 무엇일 것 같으냐고 질문하면 대부분 '우울증' 이라고 대답한다. 그렇다면 그 흔한 '우울증' 은 과연 무엇인가?

사전에서는 '우울증' 은 '슬픔, 정신운동 저하, 의욕상실 등이 특징인 기분이나 감정상태' 라고 정의하고 있다. 우울증은 소중하다고 여기는 사람과의 관계가 단절되거나 죽음으로 인하여 이별하게 되거나 귀하게 여기는 물건을 잃었을 때 나타나는 슬픔이나 비통과는 다르다. 어떤 사람에게 불행을 초래한 사건이 있을 경우, 그 우울한 기분이 그 사건의 발생 시점이나 정도에 비하여 지나치게 오래 지속되거나 심한 감정의 상태를 우울증으로 간주한다. 실제로, 여성들은 남성들에 비해 우울증에 더 많이 걸리고, 혼자 사는 남성이 결혼한 남성보다 우울증에 걸릴 가능성이 더 크다. 반면에 결혼한 여성은 결혼하지 않은 여성보다 우울증에 더 많이 걸리는 것으로 나타났다. 이러한 차이의 주요원인은 결혼유무, 전통적 가사노동에 대한 과소평가와 관련이 있다. 여성의 세계가 가정으로 국한될 때 여성의 정신 건강은 직장을 가진 여성이나 남성보다 더 위험에 빠질 수 있다. 한 예로 여성의 어머니다움은 정신건강 측면에서 문제가 될 수 있다(Pascall, 1997, 조흥식 외, 2008 재인용).

여성들이 우울증에 잘 걸리는 요소들은 낮은 자존감을 가지고 있고, 폭력에 취약하고, 사회에서 여성이 수행하는 역할들을 제대로 평가해 주지 않고, 여성들의 영역이 제한적이고 상실감이 크기 때문이다. 대개 여성들의 역할은 제대로 인정받지 못하며 보상도 역시 적다.

우울증 자가 진단법

지난 1주일 동안 자신의 감정과 기분을 가장 잘 나타낸다고 생각되는 것에 V표 한다.

번호	질 문 문 항	항상 그렇다 주5회 (3점)	자주 그렇다 주3회 (2점)	가끔 그렇다 주2회 (점1)	거의 그렇지 않다 (0점)	나의 점수
1	자꾸 슬퍼진다.					
2	스스로 실패자라는 생각이 든다.					
3	앞날에 대해 비관적이다.					
4	일상생활에서 만족하지 못한다.					
5	죄책감을 자주 느낀다.					
6	벌을 받고 있다는 생각이 들 때가 많다.					
7	나 자신이 실망스럽다.					
8	다른 사람보다 못 하다는 생각이 들 때가 많다.					
9	자살을 생각한 적이 있다.					
10	평소보다 많이 운다.					
11	평소보다 화를 더 많이 낸다.					
12	다른 사람들에게 관심이 없다.					
13	집중력이 떨어지거나 결정을 잘 내리지 못한다.					
14	내 모습이 추하게 느껴진다.					
15	일할 의욕이 없다.					
16	평소처럼 잠을 자지 못한다.					
17	쉽게 피곤해진다.					
18	식욕이 떨어진다.					
19	몸무게가 줄었다.					
20	건강에 자신감이 없다.					
21	성생활에 대한 관심을 잃었다.					
우울증 점수 : 나에게 V로 해당되는 문항점수 총합						

〈채점방법〉

21개 문항에서 해당하는 각 문항에 자신이 선택했던 0~3의 점수 총합계

0~9점: 정상(계속 행복하게 유지하도록 노력함)

10~16점: 가벼운 우울증 의심(자신의 기분을 전환하는 노력이 필요함)

17~23점: 중한 우울증 의심(이 상태가 2개월 이상 지속될 경우 전문가와 상담을 요함)

24점 이상: 심각한 우울증 의심(정신과 전문의와 함께 정신과적 치료를 요함)

- 참고 : 한국인 우울증 환자 39명의 평균 점수는 23.46점(표준편차 8.43)이고
  일반인 51명의 평균 점수는 8.43점(표준편차 5.39) 정도이다.

출처 : 고려대 안암병원 우울증센터(2008). BDI 검사지

다음에서 여성들에게 우울증이 생기는 사회적 특징에 대해 알아보자(조홍식 외, 2008).

1) 여성 우울증의 사회적 특징

(1) 미 혼

한국에서는 미혼을 선택한 여성이 남성을 찾지 못해 결혼하지 못한 여성으로 낙인 찍힌다. 이는 결혼을 높이 평가하는 한국 사회에서는 일종의 일탈행위로 규정지어 지거나 무능력자 내지는 문제로 인식된다. 그러나 결혼한 여성이 결혼하지 않은 여성보다 우울증에 걸릴 가능성이 높다. 배우자의 부재는 충족되지 못한 심리적, 사회적, 성적 욕구들을 낳는다.

(2) 취 업

여성들이 종사하는 많은 직업들은 사회적 지위가 결여되어 있거나 가사일과 유사한 반복적이며 일상적인 일들이다. 급여수준은 매우 낮고 노동시장에서의 영향력도 적다. 또한, 자신들의 교육적 배경과 상관없는 직업을 갖는 비율이 많고 직장에서 동일한 승진을 위해 남성들보다 더 많은 노력을 필요로 하며 자녀를 집에 두고 나오는 데 대한 죄의식도 가지며 직장에서의 성희롱에 대해서도 심한 스트레스를 받고 있다.

특히 기혼여성의 취업은 자녀양육문제와 상충되어 여성의 취업여건에 따라 우울증에 노출될 가능성도 달라진다. 이는 여성 개인의 인성특성과 자녀보호시설의 가용성, 직장에서 어떠한 일을 하고, 어느 만큼의 일을 하는가에 달려 있다. 예를 들어 공공 화장실에서 남자들이 소변을 보고 있는데도 여성 청소원들을 활동하게 하는 것과 같은 일이 여성성에 대해 사회에서 천대받는다는 느낌과 자존감을 잃게 만든다.

(3) 결혼생활

남성에게는 결혼이 보호막의 역할을 하지만 대체로 여성들은 결혼이 심각한 스트레스가 되고 있다. 이는 부부 간의 관계가 원만한 여성에게도 거의 예외는 없다. 일반적으로 남성은 자신이 원하는 욕구를 여성을 통해 충족하는 반면에, 여성은 가족 중 아무에게도 그들의 욕구가 받아들여지기 힘든 환경에 살고 있다. 더구나 남성은 결혼을 하고 대인관계나 자신의 개인적 성취도가 커지는 반면에 여성은 결혼을 통해 개인의 모든 욕구와 성취감을 희생해가는 경향이 일반적이다. 그래서 여성들은 남편과 자녀의 요구에 반응하다 보니 여성 개인의 정체성은 거의 없어져 버린다. 또한 여성이 화를 내고 분노하는 것은 아름답지 못하다고 배워 왔기에 억눌린 분노의 감정은 결국 우울증으로 표출된다. 특히 가부장적인 남편을 둔 여성, 독립적이고 자아감이 강한 지성적 여성에게 이런 저항감과 스트레스가 더 많이 실린다.

(4) 어머니다움

자녀를 출산하는 일은 여성들뿐만 아니라 모든 가족들에게 중요한 경험이 된다. 그럼에도 불구하고 통계에 의하면 처음 출산을 하는 여성의 15~24% 정도가 '임상적 산후 우울증'을 경험하는 것으로 나타났다(Corob, 1987, 조홍식 외, 2008 재인용).

출산은 여성의 행복이자 그 동안 자신이 가진 정체감에 혼란을 가져다주는 좌절감을 맛보게 한다. 직장을 잃기도 하고, 혼자서 경험해보지 못한 아기 양육에 육체적으로나 정신적으로 지치게 되고 혼자서 이 모든 것을 감당해야 하는 고립감에 빠지기도 한다.

(5) 외상 후 스트레스

여성들만의 외상 사건들인 낙태, 유산, 유방절제술, 자궁적출술 등 여성성을 상징하는 신체적 사건에 대해서 여성들은 심한 상실감과 괴로움을 느낀다.

또한 가정 내에서의 남편에 의한 폭력이나 성폭력 등은 심한 자괴감을 느끼게 하고 자기비난, 죄의식, 무가치함, 무력감과 공포심을 불러일으키고, 더구나 성폭력의 경우에는 경찰이나 병원 등과 같은 기관이 여성을 대하는 태도 때문에 더더욱 사회적 단절감과 소외감을 경험한다.

2) 한국 중년 여성의 우울증 특성

특히 한국사회의 중년 여성에게만 흔하게 발병하는 우울증 유형을 예로 들면 다음과 같다.

(1) 주부 우울증

> 단순히 많은 세월 동안 살아왔다고 늙어 가는 것은 아니다. 사람은 자기의 이상을 버릴 때에만 늙는 것이다. 세월은 얼굴을 주름지게 하지만 정열을 포기하는 것은 영혼을 주름지게 한다. 걱정, 의심, 자기본위, 공포, 낙담 같은 것은 머리를 굽히게 하고 살아 있는 정기를 먼지처럼 흩날리게 하는 길고 긴 세월인 것이다.
>
> -워터슨 로웨-

최근 각종 언론을 통해 늘어나는 '주부 우울증' 에 대해 접하게 되는데, 사실 '주부 우울증' 이라는 진단명은 없다. 다만, 한국문화의 특징상 가사에만 집중하는 중년 여성이 최근 우울증에 걸리는 경우가 늘어나고 이들에게 나타나는 신체증상(불안, 초조, 가슴 답답함, 두통, 불면 등)이 많아지고 있어 이를 '주부 우울증' 으로 부른다.

이는 남성중심의 사회에서 오는 성불평등, 출산과 육아로 인한 육체적 · 심리적 스트레스, 생리와 출산, 완경(흔히 말하는 폐경) 등 급격한 호르몬 변화 등의 요인과 가정과 사회적 환경요소가 겹쳐서 당연히 우울증에 노출될 확률이 더 높다. 대개 '주부 우울증' 이 일반적인 우울증과 다른 점은 건망증이나 판단 부족과 같은 인지기능 장애와 가슴이 답답하고 소화가 안 되며 머리가 아픈 등의 심신장애를 주요 특징으로 한다. 슬프거나 우울한 감정보다는 머리가 아프고 기억력이 떨어지는 등 신체 증상을 주로 호소한다는 것이다. 이런 증상이 2주 이상 지속되고 일상생활에 지장을 준다면 일반적인 우울증으로 의심해봐야 한다.

주부 우울증 자가 진단표

다음의 12개 문항 중에서 자신에게 반복적으로 나타나는 증상에 V 표시를 한다.

번호	질 문 문 항	해당사항
1	사소한 일에 신경 쓰이고 걱정거리가 많다.	
2	하루 종일 피곤하다.	
3	의욕이 떨어지고 만사가 귀찮아진다.	
4	즐거운 일이 없고 세상 일이 재미가 없다.	
5	모든 일이 비관적으로 생각되고 절망스럽다.	
6	내 처지가 초라하고 죄의식에 사로잡힌다.	
7	잠을 설치고 수면 중 1회 이상 깬다.	
8	입맛이 떨어지고 한 달 사이 체중이 3kg 이상 늘거나 줄었다.	
9	답답하고 불안하며 쉽게 짜증이 난다.	
10	집중력이 떨어지고 건망증이 늘어난다.	
11	매일 죽고 싶은 생각이 든다.	
12	두통, 소화기장애, 만성통증 등 신경성 신체증상이 2주 이상 계속된다.	
우울증 점수 : 나에게 V로 해당되는 문항 수의 총합		

〈채점방법〉

V로 해당되는 문항수의 합계가

1) 2개 이하는 정상, 2) 3~5개 이하는 가벼운 우울증, 3) 6개 이상은 심한 우울증으로 이 증상이 2주 이상 지속될 경우 스스로 치유하기는 어렵고 전문의와 상담이 필요하다.

출처: 서울대 병원(2007). 설문지

(2) 명절 우울증

한국에는 특이하게도 '명절 증후군'을 나타내는 '명절 우울증'이라는 증상도 있다. 대체로 90% 이상 여성에게 나타나는 증상으로서 명절을 앞두고 가고 싶지 않은 시댁에 가야 하던지 혹은 명절에 해야 할 일이 감당하기가 어려운 경우에 자주 발생한다.

심지어는 명절을 1~2일 앞두고 갑자기 마비가 오며 쓰러져서 병원에 입원하는 경우도 허다하다. 특히, 이런 경우에는 한방병원으로의 입원이 유난히 많다. 대체로

'주부 우울증' 처럼 중년의 주부에게 자주 나타나는 증상이다. 우리 사회와 가정이 얼마나 여성에게 차별을 하고 있는지 알 수 있는 부분이다. 다행히도 이들이 일반적 우울증과 다른 점은 명절이 지나면 그 증상이 빨리 소실된다는 것이다. 그러나 '주부 우울증' 이나 '명절 우울증' 같이 신체적 증상을 주로 하는 경증의 우울증이 오래 지속되면 약 15% 범위 내에서 중증의 우울증으로 진행된다는 사실이다.

2 불안장애

조용한 물 속에서만 사물은 왜곡되지 않고 있는 그대로 보인다.
조용한 마음만이 세상을 적절하게 지각할 수 있을 뿐이다.

- 한스 마고리우스 -

지금 전 세계는 여성 총리나 여성 국무장관 등이 배출됨으로써 그동안 남성이 독점하던 사회로 진출하고 있다. 아주 바람직한 일이다. 반면에 지구촌이 세계 2차 대전 후 가장 극심한 경제위기를 맞고 있는 것처럼 이제 더이상 남성 · 여성의 구별 없이 끊임없는 개인적 문제와 사회적 문제에 직면하여 정신적인 측면에서 더욱 많은 욕구불만과 갈등 속에서 살아가고 있다. 그래서 혹자는 현 시대를 '불안의 시대' 라고까지 표현하고 있다.

'불안' 을 정의하기란 쉽지 않다. 불안(Anxiety)은 부정적인 결과가 나타날 수도 있는 위협적이고 위험한 상황에서 우리가 경험하게 되는 불쾌하고 고통스러운 정서적 반응이다. 불안을 느끼면 우리는 부정적 결과가 일어나지 않도록 긴장을 하고 경계를 하며 조심스러운 행동을 하게 된다. 그래서 위협적인 상황을 벗어나게 되면 안도감을 느끼고 긴장을 풀며 편안한 기분으로 되돌아가게 된다. 이처럼 위험한 상황에서 적절한 불안을 느끼는 것은 매우 자연스럽고 정상적인 것이다.

병적인 불안은, 다음과 같은 점에서 정상적인 불안과 구별된다.

첫째, 현실적인 위험이 없는 상황이나 대상에 대해서 불안을 느끼는 경우

둘째, 현실적인 위험의 정도에 비해 과도하게 심한 불안을 느끼는 경우

셋째, 불안을 느끼게 한 위험요인이 사라졌음에도 불구하고 불안이 과도하게 지속되는 경우이다.

2009년 1월 군포여대생 사건의 범인이 붙잡히고 또 다른 7명의 여성들을 살인하고 암매장하였다는 기사가 속보로 나왔다. 이런 사건으로 가장 불안에 떠는 사람이 약자인 여성이다. 범인이 잡혀서 다행이지, 사건만 발표되었을 때는 인근의 여학생을 둔 부모들은 정류장에서 자녀를 기다리고, 휴대폰으로 확인을 하는 등 매일 불안과 공포에 떨면서 살게 된다. 이렇듯 '불안'은 우리 생활과 밀접한 관계가 있어 망상이나 몽상과 같이 특이한 것이 아니라 누구나 흔히 경험하는 반응이다. '불안'은 어떤 일에 대해 미리 준비하려는 동기를 일으키게 하고, 위험한 상황을 피하게 해준다든가 혹은 도움을 줄 수가 있으며, 이는 당연히 적응적이며 적절한 반응이라 할 수 있다.

사전적 의미의 '불안장애'는 '병적인 불안으로 인하여 과도한 심리적 고통을 느끼거나 현실적인 적응에 심한 어려움을 겪는 경우'를 말한다. 여성들에게 많이 나타나는 '불안장애' 유형을 보면 다음과 같다(이보연 아동가족센터 홈페이지).

첫째, 특정공포증으로 특정한 대상이나 상황에 대한 비합리적 두려움과 회피행동을 지속적으로 나타내는 장애이다. 이런 경우는 주로 성폭력을 당했거나 가정에서 남편에게 빈번하게 폭력을 당하는 여성들에게 주로 나타나는데, 그 대상과 마주치는 것을 두려워하고 불안과 공포에 떨게 된다. 특히 심리적으로 월경 등으로 인하여 신장의 에너지가 약해지고 임신 등에 대한 공포심이 작용하게 된다. 이런 두려움은 모두 신장의 에너지와 직접 관여한다.

둘째, 사회공포증으로 다른 사람들과 상호작용하는 사회적 상황을 두려워하여 회피하는 공포증의 한 유형이다. 이 경우도 여성들에게만 있는 신체적 차이로 인해 외부의 사람을 만나기를 꺼려하고 두려워하는 경우로서 남성들에게 나타나는 것과 이유가 조금 다르다. 남성의 원인은 주로 개인적 욕망이나 자아실현의 부적응이 많고, 여성은 여성성에 대한 편견과 부정적 경험에서 주로 표출된다.

셋째, 공황장애로 갑자기 엄습하는 강렬한 불안, 즉 공황발작을 반복적으로 경험하는 장애를 말한다. 흔히, 첫 공황발작은 피곤, 흥분, 성행위, 정서적 충격 등을 경험한 후에 나타나는 경향이 있으나 대부분의 경우 예측하기가 어렵고 갑작스럽게 나타난다. 공황발작은 10~20분 간 지속되다가 빠르게 또는 서서히 사라진다. 특히 갱년기 여성에게 자주 나타나는데 심할 땐 자동차 운전을 하면서 도로가 두 층으로 보여 위험한 상황에 직면하기도 한다.

불안장애의 유형을 살펴보면 여기에 자주 등장하는 용어 중 '공포' 라는 말이 있다. 그렇다면 불안과 공포의 차이점은 무엇인가?

불안이라고 하는 것은 어떤 특정한 대상은 없지만 막연하게 두려운 감정이 생기고 그로 인하여 반드시 자율신경계의 과활동을 동반하는 것이다. 심장이 쿵쾅쿵쾅 뛰거나 숨이 가쁘고 손발이 떨리는 듯한 느낌이 나타난다. '공포' 는 산에서 멧돼지를 만났거나 높은 곳에 올라섰을 때, 두렵거나 무서움을 느끼는 즉, 특정의 대상에 대한 두려운 감정을 의미한다. 요약하자면 특정한 대상이 없으면 '불안' 이고, 대상이 있으면 '공포' 인 것이다.

불안과 공포는 인간이 살아가는 데 생존과 안전에 절대적으로 필요한 것이다. 인간에게 만일 불안과 공포의 반응이 없었다면 지금과 같은 문명의 발달도 없었을 것이다. 이와 같이 본질적으로 적응기능을 가진 불안과 공포가 인간의 사회 · 심리적 요인으로 인하여 별로 위협이 되지 않는 대상에 대해서도 나타나게 되었다.

일상생활 중에 적당하게 낮은 불안은 동기를 유지하게 해주고 집중력을 높여주며 학업성취나 작업의 성취를 향상시켜 준다. 그러나 높은 불안은 오히려 집중을 떨어뜨리고 성취도를 떨어뜨린다. 또한 불안이 전혀 없다면 동기유발도 전혀 되지 않는 것이다.

Spielberger의 상태-특성 불안척도

다음 문장들은 사람들이 자신을 표현하는 데 사용하는 것들입니다. 각 문장을 잘 읽으시고 당신이 바로 지금 이 순간에 느끼고 있는 상태를 가장 잘 나타내 주는 번호를 적어주십시오.

1: 전혀 그렇지 않다 2: 조금 그렇다 3: 보통으로 그렇다 4: 대단히 그렇다

1. 나는 마음이 차분하다.
2. 나는 마음이 든든하다.
3. 나는 긴장되어 있다.
4. 나는 후회스럽고 서운하다.
5. 나는 마음이 편하다.

6. 나는 당황해서 어찌할 바를 모르겠다.
7. 나는 앞으로 불행이 있을까 봐 걱정하고 있다.
8. 나는 마음이 놓인다.
9. 나는 불안하다.
10. 나는 편안하게 느낀다.
11. 나는 자신감이 있다.
12. 나는 짜증스럽다.
13. 나는 마음이 조마조마하다.
14. 나는 극도로 긴장되어 있다.
15. 내 마음은 긴장이 풀려 푸근하다.
16. 나는 만족스럽다.
17. 나는 걱정하고 있다.
18. 나는 흥분되어 어쩔 줄 모르겠다.
19. 나는 즐겁다.
20. 나는 기분이 좋다.

〈일반적으로 느끼는 불안을 재는 하위척도〉

21. 나는 기분이 좋다.
22. 나는 쉽게 피로해진다.
23. 나는 울고 싶은 심정이다.
24. 나도 다른 사람들처럼 행복했으면 한다.
25. 나는 마음을 빨리 정하지 못해서 실패를 한다.
26. 나는 마음이 놓인다.
27. 나는 차분하고 침착하다.
28. 나는 너무 많은 어려운 문제가 밀어 닥쳐서 극복할 수 없을 것 같다.
29. 나는 하찮은 일에 너무 걱정을 한다.
30. 나는 행복하다.
31. 나는 무슨 일이건 힘들게 생각한다.
32. 나는 자신감이 부족하다.
33. 나는 마음이 든든하다.
34. 나는 위기나 어려움을 피하려고 애쓴다.
35. 나는 울적하다.

36. 나는 만족스럽다.
37. 사소한 생각이 나를 괴롭힌다.
38. 나는 실망을 지나치게 예민하게 받아들이기 때문에 머릿속에서 지워버릴 수가 없다.
39. 나는 착실한 사람이다.
40. 나는 요즈음의 걱정거리나 관심거리를 생각만 하면 긴장되거나 어찌할 바를 모른다.

〈해석방법〉

개인이 얻을 수 있는 점수의 범위는 상태불안 및 특성불안에서 각각 20~80점까지이며, 점수가 높을수록 불안 수준이 높은 것을 의미한다. 단 1, 2, 5, 8, 10, 11, 15, 16, 19, 20, 21, 26, 27, 30, 33, 36, 39문항은 역코딩으로 계산한다.

출처: 심리척도핸드북, 1999.

● 생각해보기 ●

① 여러분은 혹시 일상생활 중에 불안해하는 일이 있는가?
있다면 무엇인가?
왜 불안하게 느끼고 있다고 생각하는가?

② 여러분의 마음에 공포를 느끼게 하는 사건이나, 대상인물이 있는가?
있다면 무엇인가?
왜 두렵게 느낀다고 생각하는가?

제3절 여성의 내면에서 오는 신체적 특징

우물 물은 늘 같은 온도이지만 여름에는 시원하게, 겨울에는 따뜻하게 느껴진다.
우리의 마음도 우리가 세상을 바라보는 온도에 따라 행복해지기도 하고, 불행해지기도 한다.

\- 이승후 -

1 유방암

크리스티안 노스럽(Christiane Northrup, 1994)은 그녀의 저서 「여성의 몸 여성의 지혜」에서 우리는 문화적으로 여성과 남성 모두가 여성의 누드 사진에 길들여진 환경 속에 살고 있다고 했다. 유방은 물리적으로나 은유적으로나 매우 자극적인 부분이다. 고대에는 유방이 자연의 풍요로움을 상징하고 양육의 상징으로 여겨졌다. 현대의 대부분의 사람들은 어린 시절에 어머니의 유방과 원하는 만큼 접촉하지 못하고 자란다. 요즘의 젊은이들은 특히 모유 대신에 차가운 플라스틱 젖꼭지와 회사가 만들어 놓은 유동식을 먹고 자라기에 오늘날 이 사회가 여성의 유방에 과도한 집착을 보이는 것은 어쩌면 당연한 일인지도 모른다(Christiane Northrup, 강현주 역, 2003).

실제 어머니의 젖으로 6개월 이상 일 년 가까이 수유를 받은 자녀들은 자라서도 부모에 대한 사랑과 친밀함, 부모와의 관계 소통이 원활한 경향을 보인다. 그러나 어릴 때 부모의 젖을 충분히 접하지 못한 아이들 중에는 성인이 되어 과도한 유방집착의 심리적 반응을 보이는 경우가 많다는 것은 서구 정신학계에서 이미 밝혀진 사실이다.

유방(乳房)을 한자적 해석으로 풀이하면 '젖이 담긴 방' 이다. '젖을 분비하는 여성의 수유기관' 인 것이다. 영어로는 우방이 'breast' 이다. 즉 'bread chest = brea+st' 뜻이 있다. 빵을 주는 가슴인 것이다. 내적 양육의 본능이 이곳 에너지에서 발생하는 것이다.

이러한 여성 몸은 참으로 기이하게 설계되어 있다. 아기에게 젖을 먹일 때는 자궁의 수축으로 인한 분만 후의 고통을 덜어주고 어혈덩어리들이 손쉽게 빠져 나가도록 자연스럽게 도와준다. 그야말로 아기에게 헌신적으로 사랑을 베푸는 엄마에 대한 '신의 선물' 인 것이다. 다른 면으로 사랑하는 배우자에게 사랑을 주며 베풀어 주는 유방은 자궁을 수축시키고 당연히 오르가즘에 도달하도록 도와주는 '가장 강력한 에너지원' 이 되는 것이다. 이와 같이 여성의 유방은 아기에게 가장 좋은 영양분을 제공할 뿐만 아니라 성적인 즐거움을 가질 수 있도록 설계되어 있다. 유방은 선(gland) 조직으로서 호르몬의 변화에 아주 민감하게 반응한다. 즉 월경주기에 맞추어 모양과 기능적 변화를 한다. 유방은 월경이 끝나고 난 직후부터 점차 커지기 시작하고 팽팽해진다. 또한 여성의 생식기와 밀접하게 연결되어 있어서 유두를 자극하면 뇌하수체선으로부터 프로락틴(prolactin)의 분비가 증가되며, 유즙배출을 촉진시키고 자궁을 수축시키는 '옥시토신(oxytocin)' 이 같이 분비된다(Christiane Northrup, 강현주 역, 2003). 출산과 성욕에 관련한 반응은 동시에 나타나지 않는다. 똑같은 행위를 하여도 신체는 다르게 반응하는 것이다. 이 얼마나 경이로운 일인가! 그러나 이렇게 소중한 유방이 여성 내면의 생각을 끊임없이 말하고 있다는 사실을 아는가?

예를 들면, 여성이 너무 모성애에 집착하는 경우에는 성욕이 감퇴되고, 성욕에 집착하는 경우에는 유방을 성적으로 사용하게 된다. 이런 경우 성욕에 집착하는 여성들은 자신의 유방을 성적인 도구로 사용하기도 한다. 출산 후에 젖이 없으면 신체적인 문제가 있듯이, 성적으로 유방을 과도하게 사용하는 경우는 신체적 · 정신적 통증을 메시지로 보내게 된다.

또한 너무 깊이 생각하고 자신을 억제한 여성들이 주기적으로 또는 급작스럽게 직면하게 되는 폭발적인 분노가 끓으면 평소에 고민하고 끙끙 앓던 우울한 생각과 분노한 간의 기운이 유관을 자극하여 유방암이 생기기도 한다. 분노의 에너지는 간에서 발현하는 인간의 일곱 가지 감정 중 하나이다.

유방암은 스스로를 억제하거나 스스로를 양육하고자 하는 욕구와도 관련이 있다. 유방에 빈번하게 발생하는 양성종양이나 유방암의 내면에는 양육과 관련된 상처, 슬픔, 풀어 버리지 못한 감정적인 문제들이 자리 잡고 있다. 유방은 심장 부근의 기쁨과 환희의 에너지가 중심에 위치하고 있는데, 반대로 우리가 행복하지 못하면 에너지가 차가워져 후회와 슬픔 같은 감정의 에너지가 주로 이곳에 쌓이게 된다. 따라서 자신이나 타인을 용서할 수 없다는 것에 대한 죄책감이나 환희의 기쁨을 경험하지 못한 슬픔이 유방의 에너지를 차단하게 된다.

여기서 우리가 기억해야 할 것은 감정 그 자체가 문제는 아니라는 점이다. 즉, 문제는 감정을 완전하게 표현하고, 해소하고, 건강하고 적절한 방식으로 상황에 적응하지 못하는 무능력인 것이다. 스트레스에 찌든 힘든 삶 그 자체는 유방암을 유발하는 원인은 아니지만 그에 대응하는 방식에 의해서 위험률이 결정된다는 이야기이다(Christiane Northrup, 강현주 역, 2003).

저자의 암센터에 방문했던 특이한 유방암 환자가 있었다. 그녀는 대기업의 중견 사원인 한 남자의 부인으로 유방암이 걸려 치료를 받았으나 완치되지 못하고 사망하였다. 첫 부인과의 사별 후 그 남자는 재혼을 하였는데 둘째 부인도 유방암에 걸려 별세하였고, 세 번째 부인과 다시 재혼하였으나 그 부인도 역시 유방암에 걸렸다. 이와 같이 우리에게는 과학적으로는 설명하기 어려운 사례도 빈번하게 발생한다.

따라서 여성들은 자신이 받은 분노를 적절히 표현하고 표출하면서도 그들 자신이 인정받고 싶은 그 위치에 여전히 있을 수 있는지를 배워야 한다. 그리고 일상생활에서의 우울하고 억제된 자신의 감정과 생각들을 얼마나 조화롭게 균형을 갖고 사용할 수 있는지에 대해서도 전문적으로 훈련받아야 한다. 진정한 양성평등의 사회에서는 여성의 사회적 권리만 찾을 것이 아니라 여성 내면의 진리와 자유를 찾아 나서야 한다. 그것이 진정 여성주의자(Feminist)의 어깨 위에 놓인 숙제라고 생각된다.

읽어보기: 유방암 치유방법

바바라 조셉(Barbara Joseph) 박사는 유방암 치유를 위해 다음과 같은 방법을 권유한다.
첫째, 자신에게 너그러워야 한다.
둘째, 자신을 사랑하자.
셋째, 자기에게 친절하자.
넷째, 자신을 돌보자.
다섯째, 자기에게 필요한 것을 요구하자.
여섯째, 자신이 원하지 않는 것에 대해서는 "아니오"라고 말한다.

출처: Christiane Northrup(1994), 강현주 역(2003), p.287.

2 자궁암

자궁은 아이를 잉태하기 위해 10개월 간 양육하는 곳이다. 아이가 엄마에 대한 믿음이 없다면 함께 거처하기 힘든 장소이다. 즉 자궁은 '믿음의 장소' 이다. 배우자에 대한 믿음이 결여되면 여성의 자궁은 치명적인 상처를 입는다. 항해자가 바다에서 북극성을 보고 길을 잡듯이 자궁은 인간에게 인생의 길을 밝혀주는 안내소이다.

여성에게만 발병하는 자궁암, 그것은 여성에게는 숙명적으로 다가오는 공포 중의 하나이다. 한때 한국에서도 자궁암이 여성암 발병률 1위를 차지했던 적이 있다. 자궁경부암의 주요 요인 중 하나는 여러 남성과 성관계를 하는 경우이다. 음주 후의 실수나 어쩔 수 없는 상황이거나 성품의 미성숙으로 인해 자신에게 맞는 영원한 반려자를 빨리 찾지 못하고 너무 오랫동안 방황하지 말아야 한다. 이를 예방하기 위해서는 자신이 생각하고 있는 사랑의 가치와 척도가 얼마나 고상한 것인지 살펴보아야 한다. 어떤 경우에서도 여성들은 자신의 성에 대하여 스스로 선택할 권리를 찾아야 한다. 자신이 영원히 사랑할 사람을 찾게 될 때까지 여성들은 늘 신중한 마음으로 자신의 여성성을 선택하고 사려 깊게 결정해야만 한다. 이것이 여성들 스스로가 내면의 참된 행복을 느끼게 되는 비결인 것이다.

반면에 여성이 한 남성과만 성생활을 하더라도 상대인 남성이 여러 여성과 성생활을 하게 되거나 직업적인 여성들과 성생활을 동시에 하게 되면 면역 부적응증이 나타나게 된다. 성에 대해 개방된 오늘날의 풍조가 이런 바이러스에 대한 감염을 아주 빨리 전파시킨다. 이렇게 바이러스에 감염되면 길게는 10여 년씩도 잠복되어 있다가 장기적으로 지속되어 자궁경부암으로 진전되기도 한다.

또한 여성들의 생식기 구조가 가진 취약성 때문에 또는 출산 시에 수반되는 감염성 질환 등과 같은 원인에 의해서 처음에는 가벼운 염증이 지속되면서 점차 암으로 진행하기도 한다. 원하지 않는 임신으로 인하여 잦은 인공유산을 반복하는 여성들이나 성매매 여성들도 자궁경부암에 많이 걸린다.

자궁은 여성들 자신에게 스스로에 대한 믿음을 부여하고, 믿음을 지키고, 믿음을 시험하는 곳이다. 또한 배우자인 남성에 대한 믿음이 실현되는 곳도 바로 자궁이다.

이처럼 자궁은 신뢰라는 심리적인 현상에 가장 영향을 많이 받는 장소이다. 간혹, 어릴 때 성폭행을 경험하거나 비정상적인 성경험을 하게 된 경우에도 그러한 정신적 충격이 오래 지속되어 자궁암으로 진행되기도 한다. 믿음에 대한 배신과 분노가 함께 어울려 나타나는 암이다.

3 난소암

여성에게만 발병하는 자궁암과 난소암에서 자궁과는 달리 난소는 특이한 성향을 보인다. 의학이 발달한 서양에서조차도 난소암으로 인한 사망률은 지난 40년간 줄어들지 않았다. 그만큼 난소암은 다루기 힘든 질병이다. 의사들은 여성들의 난소암을 효과적으로 다루려고 노력했다. 그러나 그럴수록 그 힘은 소진되었다. 난소의 에너지는 의사가 마음대로 다룰 수 있는 것이 아니기 때문이다. 미국에서는 대부분의 산부인과 의사들이 마흔 살 이후의 여성을 대상으로 골반 수술을 하는 경우 난소도 함께 제거해야 한다고 교육받아 이를 시행하고 있다. 하지만 난소를 제거한다고 해서 반드시 암을 예방할 수 있는 것은 아니다. 심지어는 난소가 제거된 후에도 여전히 난소암과 거의 큰 차이가 없을 정도의 악성종양이 골반강의 내벽세포에 자라게 되고, 골다공증과 심장 질환에 걸릴 위험이 높아지고, 피부가 얇아져서 나이가 들어 보이거나 타박상 등 상처를 입기 쉽다. 난소는 표출되지 않은 분노와 후회의 에너지를 난소암으로 드러낸다. 만일 어떤 여성이 배우자로부터 구타를 당하면서도 육체적 · 감정적 · 경제적인 부분들을 포기하지 못하고 그 상태에 머물러 있으면서 억제하게 되면 이는 여성 자신이 그녀의 몸에서 흐르는 분노의 에너지를 제어하지 못하여 난소암으로 표출되게 된다(Christiane Northrup, 강현주 역, 2003).

여성들은 자신들의 감정이 알려지기를 두려워한다. 자신의 솔직한 감정이 알려져 버림받을까 두렵기 때문이다. 그러나 이러한 여성들도 자신이 느끼는 분노를 인정하고 표현하면서 몸의 지혜에 귀 기울인다면 내면의 나침반이 그들 자신의 삶에 절실한 변화를 이끌어 줄 것이다.

알아두기: 자궁과 난소 또는 골반 돌보기

당신의 난소가 상징하는 창조성은 당신의 몸 속에 물리적으로 존재하든 아니든 항상 당신의 몸 속에 있다. 그러므로 당신의 난소를 돌보기 위해서 아래와 같이 해보자.

① 식사를 잊어버릴 정도로 몰두할 수 있는 창조적인 활동이나 모임이 있는가? 있다면 무엇인가? 없다면 만들어보자.

② 매일 시간을 내서 당신에게 의미 있는 창조적인 일을 해보자.

③ 나름대로의 생명력을 가지고 있는 창조물을 만들어낸 적이 있는가? 당신이 그들에게 생명을 주고 있다는 사실을 축복할 수 있는가?

지금 바깥세상은 당신의 창조적인 힘을 필요로 한다. 당신이 이 힘에 가까이 다가가고 통제하거나 강요하려고 하지 않을 때, 이 힘은 당신과 다른 사람들을 도와 줄 것이다. 이제 난소의 힘을 인정하라.

출처: Christiane Northrup(1994), 강현주 역(2008). p. 214.

4 폐암

그동안 폐암은 '흡연자의 암' 또는 '남성의 대표적인 암'으로 인식되어 왔다. 아울러, 폐암은 90년대 중반까지 국내 암 중 간암, 위암에 이어 암 사망률 3위였지만 2001년부터 위암을 제치고 암 사망률 1위로 증가하고 있다. 또한 폐암이 여성에게도 빈발하는 암이 되었고 더구나 남성뿐만 아니라 여성 사망률 1위의 자리를 차지할 만큼 중요한 질병이 되었다(인제대학교 일산백병원 홈페이지, 2009).

미국에서도 여성 사망률 1위는 폐암인 것처럼 이런 실태는 선진국에서 나타나는 현상이다(신공범, 2002).

대한폐암학회의 '2007년 폐암 실태 보고서'에 따르면 선암(폐암의 일종)이 여성과 비흡연자에게 많이 나타나 대표적인 여성암인 유방암, 자궁암으로 인한 사망자보다 폐암 발생률이 더 높았다. 특히 여성 폐암환자 중에서 선암(1388명)이 편평상피세포암(274명)보다 5배 이상 많았다.

이에 대해 폐암전문가들은 선암 발병 요인으로 간접흡연, 순한 담배, 유해환경 등을 꼽았다(헬스조선 홈페이지, 2008). 그러나 여성들의 심인적 불안과 스트레스를 주의하지 않은 점은 안타까운 현실이다. 놀랍게도 과학이 발달하고, 의학적 연구 성과가 날로 발전하고 있음에도 불구하고 오히려 여성암은 과거에 비해 더욱 증가하고 있다. 그 원인에 대해서는 여러 가지 학설이 주장되고 있으나, 무엇보다 가장 큰 원인으로 심리적 요인을 손꼽을 수 있다.

사망률 1위가 폐암(특히, 선암을 포함)이라는 것은 그만큼 이 사회가 날로 여성을 정신적, 육체적, 문화적으로 학대하고 있다는 증거이다. 여성이 갈망하는 욕구와 그것이 이루어지기 힘든 현실의 사이에서 방황하며 차별받고 학대받거나 자기 자신을 학대하는 여성들의 내면은 그렇게 나타난다.

암은 발병하기까지 짧게는 10년, 길게는 20여 년의 세월을 두고 준비된다. 그 긴 10~20년의 세월 동안 우리는 어떤 생각을 하며 어떤 환경에서 살았을까? 환자들은 그 긴 세월의 결과가 한 순간의 수술로 완치되길 기대한다. 욕심이 너무 과한 것이 아닐까? 그러나 마음먹기에 따라서는 불가능한 것이 아니다. 그것이 바로 우리 몸의 특징인 것이다. 어떻게 마음을 먹을 것인가?

실제로 저자의 진료실을 찾는 많은 암환자들이 가장 많이 질문하는 것은 "왜 제가 이런 병이 걸리죠? 무엇을 먹어야 낫죠? 또는 얼마나 살 수 있죠?"이다. 사실 이 모든 질문에 대한 대답은 우리 자신의 내면이 알고 있다. 저자는 늘 환자들에게 '무엇을 먹느냐' 보다는 '무슨 마음을 먹느냐' 에 관심을 가져보자고 제언한다. 그 결과는 환자 개개인마다 차이가 나지만 늘 성공적이고 놀라울 때가 있다.

실제로 지난 2006년 원자력병원에서 암에 대한 중요한 보고가 있었다. 말기암을 극복한 502명의 사람들을 대상으로 한 설문조사에서 "당신은 암에 걸린 원인이 무엇이라고 생각하는가?"라는 질문에 대한 대답이 흡연이나 음주가 6.4%, 불규칙한 생활 습관이 6.2%, 유전적인 요인이 4%에 불과한 데 반해, 53.4%가 스트레스 사건이라고 응답했다. 또 암과 싸워 이겨낼 수 있는 가장 강력한 무기에 관한 물음에 대해서는 '암은 반드시 낫는다, 나는 암을 이겨낼 수 있다' 는 강한 확신이라고 답했다. 즉 병은 마음에서 오고, 마음을 다스릴 때 가장 강력한 치유 효과가 생긴다는 것을 반증해 주는 것이다(원자력병원 홈페이지).

결국 마음이 포기하지 않는 한 우리가 생각한 대로, 희망한 대로 성공하게 될 것이다.

제4절 여성과 치유

결국 나는 뇌와 육체를 분리할 수 없다는 사실을 깨달았다. 의식은 머릿속에 있는 것이 아니었다. 정신이 육체보다 우월한 것도 아니었다. 육체는 정신의 외적인 표현이었다.

-캔디스 퍼트(Candace Pert 박사)-

우리가 '마음을 편하게 해' 라고 자주 듣지만 구체적으로 어떻게 해야 할지는 잘 모른다. 마음이 가져다주는 신의 선물을 발견하다면, 마음의 주인이 되는 쪽이나 마음을 선물로 받은 상대에게나 양측 모두에게 행복과 진정한 기쁨을 나눌 수 있다. 본 절에서는 현대의 심리학과 의학에 알려져 있는 '마음이 지닌 치유의 힘' 에 대하여 설명하기로 한다. 이를 위해서 먼저 몸과 마음이 얼마나 긴밀하게 연결되어 있는지를 살펴보고, 우리들의 마음과 영적 향상의 관계에 대해 알아보자.

1 몸과 마음의 연관성

미국 매사추세츠 대학교 의료원의 스트레스 관리센터에서는 심장병, 암, 당뇨, 만성요통, 장염과 같은 온갖 종류의 신체 질병을 가진 환자들이 눈을 감고 조용히 앉아 아랫배로 호흡하며 호흡이 들어가고 나가고 할 때 느껴지는 감각과 움직임에 초점을 두고 이를 살펴보는 마음챙김 명상(Mindfulness meditation)을 하고 있다. 이런 명상을 매일 규칙적으로 실천하는 대부분의 환자들은 고통이 줄어들 뿐 아니라 심지어는 많은 의학적 증후들을 치유할 수 있었다. 1980년부터 지금까지 이 스트레스 관리센터를 거쳐 간 환자 수는 약 2만 명에 달하고 있는데, 이 치료법은 고대 소승불교의 위빠사나 명상법(Vipassana Meditation)을 현대의학에 도입한 것이다(장현갑 외, 2006).

이와 같은 노력에 힘입어 지난 수십 년 사이에 서양의학에서도 Mind-Body Medicine 즉 심신의학이 널리 사용되고 있으며 이미 이 분야의 국제적인 저널이 생겨나

이를 통해 획기적인 연구 결과들이 발표되고 있다. 이제 전통의학뿐만 아니라, 통합의학에도 심신의학이 없고서는 의학을 논할 수 없을 만큼 제3의 의학으로 자리 잡고 있다.

심신의학의 기본신조는 인간이란 마음과 몸으로 나누어지지 않는 하나의 통합체인 전인적 존재로 간주되어야 한다는 것이다. 또 하나의 신조는 환자들이 자신의 건강 문제에 능동적으로 참여해야 한다는 것과 나아가 자신의 심리상태를 적절하게 관리하면 질병을 예방하고 질병의 기간을 단축할 수 있다는 것이다.

하버드대학교 의과대학의 내과 교수인 허버트 벤슨(Herbert Benson)은 오늘날 병원을 찾는 모든 환자들의 80% 정도가 스트레스나 기타 심리적 이유로 병이 발생한 환자라고 하였다. 스탠포드대학교의 저명한 심리학자이며 신경과학자인 로버트 옴스타인(Robert Omstein)도 각종 면역결핍 증세나 신체적인 질병을 고칠 수 있는 기적 같은 약물은 인위적으로 개발될 수 있는 것이 아니며, 돈을 주고 살 수 있는 것도 아니지만 이미 우리들의 뇌 속에 만들어져 보관되어 있다고 주장한다. 과학자들은 이처럼 마음이 지닌 치유의 힘을 '자연치유력' 또는 '신념 요인'이라 부르기도 한다. 또한 심신건강처방의 효과를 과학적으로 연구한 최근의 결과를 소벨과 옴스타인(Sobel & Omstein, 1997)은 다음과 같이 기술하였다. 첫째, 신체 화학적 물질의 분비를 변화시킨다. 둘째, 면역기능을 높인다. 셋째, 각종 질병을 예방한다. 넷째, 질병 치료를 촉진한다. 다섯째, 수술 후 회복을 촉진시킨다. 여섯째, 수명을 연장한다(장현갑 외, 2006 재인용).

건강하게 살아가는 것과 건강하지 못하게 살아가는 것과의 차이는 우리가 우리의 마음을 어떻게 사용하고, 어떻게 통제하는가 여부에 달려 있다. 우리의 생각, 기분, 태도, 행동이 건강과 삶의 활력에 결정적인 역할을 한다. 마음이 연약해지면 우리 주변에 산재해 있는 바이러스나 박테리아와 같은 나쁜 미생물이나, 암을 일으키는 독성물질이 우리 몸 속으로 침입하여 질병에 걸리게 하고, 결국 죽음에 이르게 된다. 질병을 예방하고 건강을 증진할 수 있도록 건강한 마음을 갖는 지혜가 중요하다고 하겠다(Babara Hoberman Levine, 박윤정 역, 2004).

일상생활 중에 간혹 이렇게 말하는 여성들이 있다. "아~ 너무 피곤해. 어깨가 너무 아파 죽겠어. 도대체 오늘 나한테 왜 그렇게 굴지. 그 사람 때문에 정말 자존심 상하네."

이와 같은 우리의 표현은 놀라운 반응을 우리 몸으로 전달한다. 위의 경우처럼 항상 어깨가 아픈 것에 대해 불평하는 여성들을 관찰해보면, 90% 이상은 모든 일에서 스트레스를 받게 되면 어깨의 통증을 호소한다. 어깨의 통증은 분노심과 긴장의 에너지가 표출되는 곳이다. 자신의 삶이 늘 긴장되어 있고 과거의 분노심을 해결하지 못하고 있다면 어깨는 끊임없이 우리에게 통증의 메시지를 보내는 데 충실할 것이다. 아무리 노력해도 현재의 잠깐 동안의 만족감으로는 돌이키기 어려운 것이다. 치료법은 아주 간단하고 명료하다.

자신이 과거에 왜 분노했는지 그 감정을 세세히 살피는 것이다. 영상을 떠올리고, 그때의 감정으로 돌아가 분노한 자신의 감정을 수용하여야 한다(Chritiane Northrup, 강현주 역, 2003). 그리고 실질적으로 자신이 분노하게 된 원인을 알아내야 한다. 깊이 생각해 보면 아주 자연스럽게 마음에 떠오르게 되고, 그때의 감정을 인정하게 된다. 이때 주의할 점은 다른 사람에게 설명하려고 하지 말아야 한다. 그것이 나쁜 것은 아니지만 대부분은 설명하는 동안에 우리 자신의 다른 무의식이 작용하여 떠오르는 무의식을 순수하게 유지하지 못하고 포장하려고 할 것이기 때문에 우리 자신이 내면과의 소통에서 진실해지는 것을 방해할 수도 있다. 만일 이러한 노력을 더 자주, 특히 마음이 행복하고 편안할 때 하게 된다면 더 효과적이다. 이는 바람이 불지 않을 때 비로 마당을 쓰는 것과 같은 이치이다. 또한 긴장의 에너지를 없애려면 무엇인가를 이루어야 한다는 강박관념에서 벗어나야 한다(Babara Hoberman Levine, 박윤정 역, 2004). 그것은 단순히 일이 많거나 시간이 부족해서가 아니라 자기 자신이 만들어 놓은 자신의 이미지에 대한 틀에 자신을 완전히 맞추지 못한 데 대한 불필요한 에너지가 생산되는 것이다.

또 어떤 여성들은 "항상 가슴이 답답해요. 무거운 쇳덩어리가 가슴을 누르고 있는 것 같아요."라고 하는 경우도 있다. 이는 기쁨을 억누르고 열정을 억눌러 온 에너지가 숨어 있기 때문이다. 열정은 발산하지 못하면 반대로 방 안이나 차 안에 낀 성에처럼 습기를 머금는다. 그 에너지가 클수록 환자가 느끼는 무거움의 무게는 가중된다. 우리가 평소에 전혀 느끼지 못하던 가슴의 무게를 왜 이리도 힘겹게 느낄까? 그것은 너무 오랫동안 사랑해주지 않은 우리의 열정에 대한 메시지이다. 그들은 우리의 사랑을 필요로 한다. 우리가 물에 젖은 옷을 입고 있으면 몸이 무겁게 느껴지듯이 우리의 마음도 젖어 있으면 한없이 무거워지는 것이다. 이런 경우에 열정을 쏟을 수 있는 진정한 연인을 만나거나, 자아감을 느낄 수 있는 일을 만나게 되면 그 고통은 순식간에 사라지기도 한다.

서양에서는 마음이 신체건강에 영향을 미친다는 견해가 오래 전부터 있었다. B.C. 4C경 히포크라테스(Hippocrates)가 마음, 신체, 환경이 조화롭게 균형을 유지하는 것을 '건강'의 정의로 내렸으며, 이 세 가지 요소 간에 부조화를 이루는 것이 '질병'이라고 하였다. 히포크라테스(Hippocrates)는 '자연이 질병의 치유자(Nature is the healer of disease)'라고 하였고, 또한 A.D. 2C경 희랍 의사 갈렌(Galen)은 감정의 부조화가 질병을 야기한다고 하였다. 이미 그 때 '정서적으로 우울한 여성(melancholic women)'이 유방암에 잘 걸린다고 말하였다(장현갑 외, 2006).

우리는 살면서 웬만한 일에는 고통을 느끼지 않도록 설계되어 있다. 우리가 만일 고통을 느끼는 게 있다면 그것은 우리에게 너무 과한 짐이란 것을 명심해야 한다. 여성들은 항상 이 점을 명심해야 한다. 이 고통을 감수하더라도 지금의 선택이 나에게 고통보다 더 소중한가? 만일 '아니오'라고 생각된다면 잠깐 동안 혼란스러운 마음을 쉬고 진정으로 나에게 필요한 것이 무엇인지 고요히 자신의 혼돈스러운 마음을 살펴보아야 한다. 때로는 우리가 고통이라고 생각하던 것도 어느 순간 바뀔 수가 있다. 영원한 고통은 없다. 왜냐하면 우리가 느끼는 고통이란 몸과 함께 있기 때문에 한시적이다.

우리 몸은 평소에 통증이 없는 것이 아니라 생활하면서 통증을 못 느끼는 것이다. 우리가 풀벌레들이 움직이는 소리를 알아듣지 못하듯이 말이다. 뿐만 아니라 우리는 토네이도(tornado) 같은 거대한 폭풍이 몰아칠 때에도 일기예보가 없으면 모르지 않는가?

그러나 사람도 내면의 소리에 귀를 기울이면 모두 들을 수 있다. 왜냐하면 우리들의 소리이기 때문이다. 일상생활 중에 많은 여성들은 고민이 있거나 기분이 좋지 않거나 우울할 때는 친구나 선후배들과 재잘재잘 이야기를 하고 떠들면 기분이 해소되고 마음이 행복해진다. 이것은 자신의 소리를 하면서 실은 자기 자신이 그 소리를 듣고 스스로 치유되는 것이다. 실제 임상에서 자기 목소리를 갖고 치유하는 프로그램을 사용하면 엄청난 치유 에너지를 경험하게 된다. 우리는 흔히 '소리'라고 하면 대부분 '음성으로 듣는 소리'만을 생각하는 경향이 있다. 그런데 소리는 인간이 가진 다섯 가지 본능에 따라 각기 다르게 들린다.

즉 육체본능, 양심본능, 정서본능, 이성본능, 영심본능에 따라 그 소리들이 다르다. 에로스(Eros)의 사랑을 나눌 땐 육체의 소리가 따로 있다. 그리고 스포츠를 할 때도 몸이 하는 소리를 듣는 선수들이 많다. 양심이 필요할 땐 모두들 "양심이 하는 말이 안 들리느냐"고 소리친다. 예술이나 감정에 충실하게 집중하면 자연이 말하는 소리와 자연과 교감하는 소리를 듣는다. 학문을 할 때는 우리 모두 학자의 소리에 귀 기울인다. 신앙적인 묵상으로 종교에 귀의하거나 창조주, 신의 소리에 영혼을 깨우고 있으면 영적인 메시지를 듣게 된다. 그 소리들은 모두 다르다.

이 모든 것이 결합하고, 어우러져 조화를 이루는 소리는 마음에서 선택하는 것이다. 들리기 위해서는 마음의 어느 부분이 열려야 하지만, 그것을 선택하기 위해서는 마음이 '자유의지'라는 자신의 선택권을 활용해야만 하는 것이다.

더 읽어 보기

오래 전 데이비드 린 감독의 '아라비아의 로렌스'라는 영화가 방영되어 장엄한 영상미를 보여 준 바 있다. 이 영화가 방영되고 있을 당시 세계 도처의 영화관에서 기이한 일이 일어났었다. 즉, 이 영화가 상영되고 있는 극장에서 에어컨이 잘 작동되고 있었고, 더구나 서늘한 계절이었는데도 영화 관람 도중에, 또는 관람이 끝나자마자 수많은 관객들이 구내매점으로 몰려들어 청량음료를 사 마셨다고 한다.

이 영화의 내용은 아라비아 사막을 무대로 뜨거운 모래벌판이 끝없이 이어지는 황량한 사막에서 주인공 로렌스 소령이 심한 갈증과 허기를 견디면서 인간의지를 실현하는 인상적인 영화였다.

이 뜨거운 사막장면과 주인공의 극한적인 갈증에 매료된 관객들은 실제로 갈증을 느꼈던 것이다. 이처럼 우리의 몸은 마음과 연결이 끊어진 독립적인 존재가 아니라 우리가 갖는 생각이나 느낌과 연결되어 직접적인 영향을 미친다.

출처: 장현갑 외(2006). pp.13-14.

생각해보기

혹시 여러분들도 로렌스 소령과 같이 환경과는 정반대의 유사한 경험을 해 본 적이 있는가? 있다면 어떤 경험이었나?

지금 눈을 감고 고요히 그때의 생각을 해보자. 여러분의 가슴에 어떤 느낌이 밀려오는가?

우리 인간의 몸은 수십억 개의 세포들로 이루어진 그물망과도 같다. 이들은 그 속에서 각기 소통하지만 우리의 의식이 미치지 못하는 곳에서 이루어진다. 그래서 우리 몸은 대체로 인정받지 못한 자신의 감정을 표현하기 위해 스스로를 병으로 몰고 가는 것이다. 그러나 사람들은 그것을 깨닫지 못한다. 창조적인 자각체인 우리는 이런 몸 안에서 머물고 있다. 몸은 영혼의 집이며 마음의 반영물인 것이다. 다르게 말하면 우리의 몸은 살아 있는 신전이라고 할 수 있다. 수십억 개의 세포와 우주는 서로 교통하고 있으며 영혼에게서 오는 끊임없는 메시지를 마음이 몸으로 소통시키고 있는 것이다.

2 여성의 마음과 영적 향상

행복이란 쫓으면 손에 잡히지 않지만,
고요히 있으면 가만히 내려와 앉는 나비와 같다.

-나다니엘 호손(Nathaniel Hawthone)-

내면의 세계에 관심을 가진 많은 사람들, 특히 종교에서는 영혼에 대하여 이야기하고 가르친다. 그러나 정작 이 영혼이라는 것도 몸이 없다면 이 세상에서는 아무 기능을 못 한다는 사실은 간과하고 있다.

우리가 우리 몸을 함부로 대할 때 그것은 우리 영혼에 대해서도 함부로 대하는 것과 마찬가지이다. 사랑하는 것은 집착하는 것과 다르다. 즉 자신의 몸만을 보살피고 자신의 욕망만을 애지중지하라는 것이 아니다. 자신의 몸이 마음을 매개체로 하여 영혼과 친밀하고 영원한 관점에서 밀착되어 있음을 아는 것은 무엇보다 중요한 일이다. 어느 누구도 몸으로부터 자유로울 수 없다. 또한 어느 누구도 죽음을 피할 수 없다. 그리고 아무리 시대가 변하여도 인간은 동물과 다르며, 그 사실은 변하지 않는다. 인간은 동물이나 단세포에서 진화한 것이 아니라 우주의 영원한 절대자의 품성을 받아 이 세상에서 경험하고 진보해 나가는 전인적 개체임을 알아야 한다. 그러기에 어떤 사람도, 단지 먹기만 하거나 성욕을 채우기 위해 여러 명의 이성들과 교제를 하거나 인간관계, 명예와 돈에 대한 삐뚤어진 욕망만을 채우거나 과도한 술로 인생을 살거나 하며 절대적 행복을 누린 사람이 단 한 사람도 없다는 사실을 기억해야 한다. 혹시라도 그러한 사람이 있다면 그는 참된 행복에 대해 마비되어 있는 자이거나 약물에 자신의 인생을 의존하는 사람들뿐이다. 대개 사람들은 그러한 것들이 자신이 살기 위해 꼭 필요한 것들이라고 합리화하며 살고 있다. 필요하다고 하여 영적인 삶의 조화를 깬다면 없느니만 못한 것이다.

생각해보기 : 자신을 아끼고 격려하는 방법

〈예시〉
30분 동안 쉬거나 자거나 아무것도 하지 않는다. 욕조에 물을 받아 반신욕을 하며 음악을 듣는다. 공원에 산책을 간다. 요가를 한다.

위의 예를 보면서 자신을 아끼고 사랑하는 방법을 생각해보자.	목표일	완성일
1.		
2.		
3.		

출처: Liz Hoggard 저, 이경아 역(2006). pp.86-87.

살면서 우리는 '자유의지'의 선택에 따라 몸의 곳곳은 통증을 느끼고 정신과 감정은 괴로워진다. 그래서 그 고통이 영원히 지속될 것 같은 느낌이 들 때도 있다. 그러나 정말 그럴까?

위빠사나 명상의 프로그램을 수행하는 과정에서 많은 사람들이 하나같이 명상하는 중에 순간의 경험을 세세하게 관찰하고 느끼는 과정 속에서 감각과 감정, 경험 자체가 저절로 사라져 버리는 것 같았다고 한다. 고통스러운 상태를 주시하면 왜 그 상태가 사라져버리는지 분명하게 말하기 어렵다. 한 가지 분명한 것은 관심을 갖고 바라봐주면 고통은 더 이상 그 메시지를 보내지 않는다는 것이다.

물론 그러기까지 우리가 느끼는 시간적인 차이는 분명 존재한다. 바로 우리가 이 몸을 갖고 태어나서 궁극적으로 얻고자 하는 것들은 이 세상에서의 경험을 통해 영적인 영원한 진보를 하기 위한 것이다. 각각의 경험을 통해 우리는 무언가를 배우게 되어 있으며, 무언가를 배울 때 비로소 다음 경험으로 나아갈 수 있다는 의미이다. 그런데 이때 우리가 빠지기 쉬운 오류가 있다. 그것은 바로 내 마음이 이끄는 욕정과 욕구대로 '오늘 마음껏 인생을 누리리라' 는 인생관으로 과거의 잘못된 습관을 버리지 못하고 모든 경험들을 계속 반복하는 일이다. 이런 일은 자기 합리화를 잘 하는 사람이나 '어차피 인생은 어떤 방향으로 흘러갈 것' 이라는 운명론자적 경향을 보이는 사람에게서 흔히 나타나는 하나의 '마음장애' 이다. 감정의 장애에서 오는 '불안장애' 가 비정상적으로 불안을 유발하는 것처럼 '마음장애' 는 비정상적인 마음의 혼란을 일으키고 비정상적인 말과 행동을 유발한다. 즉, 객관적으로 자신을 들여다보면, 삶에서 일어나는 일을 통해 무언가 배울 만한 지혜를 얻을 수 있다. 마음관찰에 대한 핵심적인 요소는 '자신의 인생에서 정말 진정으로 가장 중요한 것이 무엇인가' 라고 자신 스스로에게 질문하는 것이다.

만일 여성들이 자신의 몸이 하는 미세한 소리에 가만히 귀를 기울이고 자신을 사랑하며 자신의 몸을 더 고상하고 고매하게 사용한다면 여성들에게 특히 많이 주어진 특별한 감각을 통하여 영적인 진보에 더 큰 힘을 얻게 될 것이다. 미세한 소리들은 현란한 몸짓이나 요사스러운 말을 하는 중에는 들을 수 없으며 우왕좌왕하는 마음으로는 판단할 수 없기 때문이다. 영적인 향상은 곧 몸을 거룩하고 아름답게 사랑하는 데서 출발한다. 거기에는 세상의 요란한 학식과 지위가 아니라 오직 순수하고 깨끗한 마음이 필수적인 요소이다.

참고문헌 REFERENCES

권석만(2003), 현대이상 심리학, 학지사.

김주영 편(1999), 허준의 동의보감 25권의 비밀, 미래 M&B.

이승후(1996), 말기 폐암의 한의학적 임상 치료법, 대한암한의학회지 창간호, Vol 1, 별책.

장현갑 · 변광호(2006), 몸의 병을 다스리려면 마음을 먼저 고쳐라, 학지사.

조홍식 · 김혜련 · 신혜섭 · 김혜란(2008), 여성복지학, 학지사.

홍혜걸 편(2005), KBS 생로병사의 비밀 제작팀 글, 도서출판 가치창조.

Barbara Hoberman Levine(2000), 박윤정 역(2004), 긍정의 말이 몸을 살린다, 도서출판 산티.

Christiance Northrup(1994), 강현주 역(2003), 여성의 몸 여성의 지혜, 한문화.

Harold H. Bloomfield · Peter McWilliams(1994), 채정호 역(2006), 우울증에서 벗어나는 92가지 방법(원제: How to Heal Depression), 아카데미북.

KBS 특별기획 다큐멘터리 마음(2006), 도서출판 예담.

Liz Hoggard(1996), 이경아 역(2006), 영국 BBC 다큐멘터리 행복, 도서출판 예담.

참고자료

고려대 안암병원 우울증센터(2008), BDI 검사지.

건강보험공단(2007), 지난 5년간 폐암발생 환자 수.

국립 암센타(2009), 인터넷 자료.

브리태니카 백과사전(2009), 인터넷판.

신공범(2002), 미국 암협회의 프로그램, University of Akron, 특별기획. 보건간호소식. 2002년 6월.

서울대병원(2007), 홈페이지.

심리척도 핸드북(1999), 고려대학교 행동과학연구소.

이보연 아동 · 가족센터(2009), 마음백과, 인터넷 자료.

우먼센스(2008), 인터넷 자료.

원자력병원 홈페이지.

윤종률(2008), 어패럴 뉴스.

헬스조선(2008), 인터넷 자료.

KBS, 스폰지 범죄노트, 2009년 1월 31일 방영.

MBC, W 스페셜, 2009년 1월 31일 방영.

KBS, 무엇이든 물어 보세요, '폐암', 2007년 12월 13일 방영.

PART
II

결혼과 가족의 이해

밖에서 존경을 받는 사람이라 할지라도
가족으로부터 존경을 받는 사람은 드물다.
밖에서 인정을 받는 사람이라 할지라도 자기 아내로부터
인정을 받는 남편은 드물다.
서로 모르는 타인끼리 만나 아이를 낳고, 한 점의 거짓도 없이 서로서로의 약속을
신성하게 받아들이고, 서로 사랑하고 아끼면서 살다가
감사하는 생활 속에서 생을 마감할 수 있는
가족이라면, 그들은 이미 가족이 아니라
하나의 성인(聖人)인 것이다.

- 최인호「산중일기」중에서 -

결혼과 가족은 우리의 인생에서 그 어떤 것보다 중요한 부분을 차지하는 삶의 기본적 주제이다. 그러나 대부분의 사람들은 인생의 중대사인 결혼에 어떠한 준비를 해야 하고, 그리고 건강한 가족생활을 위해 어떻게 해야 하며, 무엇이 필요한가에 대한 깊은 사고를 하지 않는 편이다. 이는 결혼과 가족이 가지는 개념의 평이성, 가장 오래된 제도로서의 친숙함, 가족에 비해 사회생활이 가지고 있는 상대적 중요성 등으로 결혼과 가족은 아무런 노력 없이 얻을 수 있는 것처럼 인식되어지고 더 나은 가족생활을 위한 탐구와 노력이 축소되어진다. 그러나 정서적 유대의 근원지로서의 가족의 중요성은 다른 어떤 제도로 대체 될 수 없음은 명백하며, 미래에도 가족이 가지고 있는 정서적 욕구충족이라는 속성은 지속될 것으로 전망된다. 따라서 결혼과 가족에 대한 객관적인 정보와 체계적인 이해는 인간의 행복한 생활에 기여를 하는 중요한 기초로 작용한다.

본 2부에서는 결혼과 가족에 대한 기본적 이해를 위한 개념들의 검토와 사회의 변화에 따른 여러 가지 현상들에 대하여 그리고 건강한 결혼과 가족생활을 위해 필요한 제반 요소들을 살펴보도록 한다.

삶에 있어서의 48가지 선택

생활방식

결혼?

독신?

동거?

결혼

결혼 전 상담?

결혼 전 합의?

전통적 관계 또는 평등적 관계?

돈을 누가 관리할 것인가?

배우자의 외도는?

의사소통과 갈등

얼마나 많이 말을 해야 하는가?
문제점에 대해 상의할 것인가, 피할 것인가?
상담가와 상담할 것인가?
결혼생활을 윤택하게 하는 주말?

성관계

혼전 성관계?
자유결혼?
이성애, 동성애, 양성애?
문제가 있을 때 성문제 상담가와 상의할 것인가?

직업

일반직 혹은 전문직?
시간제 혹은 종일제 근무?
맞벌이 여부?
전직할 것인가?
가사분담을 어떻게 할 것인가?
도우미를 고용할 것인가?

일생활균형(WLB: Work & Life Balance)

직장과 가정의 양립문제는?
여가를 보내는 방법은?
자기개발 및 성장을 위한 투자는?
개별휴가 또는 공동휴가?

출산조절

피임약의 사용 여부?
어떤 종류의 피임을 할 것인가?
불임수술?
임신하면 낳아서 기를 것인가, 유산시킬 것인가?

자녀

자녀를 가질 것인가?
자녀의 수는?
남편에 의한 인공수정?
양자를 입양할 것인가?
시험관 수정?
집에서 출산할 것인가? 병원에서 출산할 것인가?
자녀를 양육기관에 맡길 것인가?
공립학교에 보낼 것인가? 사립학교에 보낼 것인가?

이혼/재혼

결혼상태를 유지할 것인가, 이혼할 것인가?
부부 중 어느 쪽이 아이를 기를 것인가?
양부모가 같이 아이를 기를 것인가?
부모에게 언제 어떻게 말할 것인가?
자녀에게 뭐라고 말할 것인가?
전 배우자와의 관계는?
자녀양육비 금액은?
재혼할 것인가?
자녀가 있는 사람과 재혼할 것인가?
당신 자녀의 반대에도 불구하고 재혼할 것인가?

자료: 김정옥 외(2002), pp.15-16 참조하여 재구성

● 자기점검을 위한 질문 ●

결혼과 가족에 대한 탐색에 앞서, 먼저 여러분은 삶의 질과 관련된 48가지 선택들에 대하여 어떤 그림들을 가지고 있는지를 점검해 보시오.

Chapter 04

결혼이란 무엇인가?

제1절 결혼의 사회적 특성

제2절 결혼 준비

제3절 결혼의 정서적 요건: 사랑과 친밀감

공감(共感)!
함께 산다는 것은 공감에 있습니다. 공감은 똑같이 느끼는 것만이 아닙니다.
상대방의 느낌까지를 알아차리는 것입니다. 상대방의 느낌을 무시하거나 자의로 판단하지 않고
그 느낌 그대로를 인정해 주는 것입니다. 이때 비로소 서로 간의 신뢰가 자라고
그 신뢰 속에 천국도 옵니다.

- 장길섭의 「삶은 풀어야 할 문제가 아니라 경험해야 할 신비입니다」 중에서 -

제1절 결혼의 사회적 특성

"당신이 좋은 결혼을 했다면 당신은 이 세상에서 최상의 것을 얻은 것이다."

이는 결혼이 제공해 주는 정서적 지지와 동료애를 잘 표현한 말이라 하겠다. 결혼과 가족생활이 누구에게나 다 비슷하리라는 막연한 기대에서 벗어나 점차 결혼이 개인에게 중요한 삶의 선택의 문제로 부각되고 있음은 사실이다. 대인관계-특히 결혼과 가족에 관한-에 있어서의 선택은 인생에서 내리게 될 가장 중요한 결정이고 또한 인생의 기쁨과 슬픔에 큰 영향을 미친다. 불확실한 삶의 모습에 당황하면서도 대부분의 사람들은 결혼을 하고 아이를 낳고 살아가며, 그리고 많은 사람들은 결혼의 친밀감을 즐긴다.

그러나 결혼이 개인적 선택의 측면이 강하다고 하더라도 사회적 맥락의 공백 속에서 이루어지는 사건은 아니다. 따라서 결혼이 가지고 있는 사회적 의미와 특성들을 살펴볼 필요가 있다.

1 결혼의 특성

결혼은 사회적 체계 내에서 두 사람이 맺고 있는 여러 사회적 관계 중의 하나이다. 일반적으로 사회적 의의를 지니는 결혼은 다음의 기준이 적용된다.

첫째, 사회적 관계의 기초로서 혹은 상징으로서 성적(性的)인 접촉을 하고 있으며 또한 기대되어지는 사람들의 관계이다. 만약 이러한 일반화된 특성에서 벗어났다면 그것은 사회적 규정이 아니라 개인적인 독특성으로 간주되어진다.

둘째, 경제적 공유를 하는 사람들의 관계이다.

셋째, 상호 간의 정서적 감정 충족에 어떠한 방식으로든지 기여하게 되는 상호의 존적이며 상호지지적인 관계이다.

넷째, 이러한 특성들이 기간이 지속됨에 따라 안정화되는 경향이 있는 관계이다.

이의 기준은 비교 문화적인 관점에서 보면 부족한 개념이지만 보편적으로 우리 사회에서 적용되는 기준이라 할 수 있다.

이러한 결혼관계의 기본적인 사회적 기준과 더불어 우리 사회에서 통용되는 결혼의 개념으로 규정짓게 되는 7가지의 특성이 있다.

첫째, 이성성적인(heterosexual) 특성을 갖는다. 동성(同性)으로 형성된 관계를 대부분의 사람들이 합법적인 결혼체계로 받아들이는 것을 거부한다.

둘째, 일처일부제의 특성을 갖는다. 현재 우리 사회에서는 중복되는 배우자를 인정하고 있지 않다.

셋째, 결혼을 통해서 가족을 형성한다. 이는 특히 자녀를 생산하거나 입양을 통해서 이루어진다. 이의 개념은 현재 우리 사회에서 변화되고 있는 것이지만 여전히 일반적인 양상으로 나타나고 있다.

넷째, 특정한 방법으로 조직화된 과업 분담이 있다. 일반적으로 문화적으로 규정된 역할을 할당받게 된다.

다섯째, 서로 '사랑' 이라는 관계에 있다. 적어도 상대를 배우자로 선택할 때 사랑이 한 요인으로 작용하고 있는 것이 일반적이다.

여섯째, 결혼으로 결합된 사람들은 공동의 거주지를 갖는다. 즉 '가정' 이라는 이름으로 공동의 동거장소를 형성한다.

일곱째, 어떤 특정한 친족관계에 있는 사람들은 결혼의 상대로서 선택될 수 없다. 우리 사회의 법제도는 '근친상간' 금지 규정을 두고 있다.

이러한 특성들은 결혼을 더욱 독특한 상황으로 만들며 동시에 사람들이 점차 사회적으로 '결혼한' 상태가 되는 것을 거부하도록 하는 특성이기도 하다.

2 결혼의 의미

결혼이란 정서적, 신체적 친밀감, 다양한 가치관 그리고 경제적 자원을 서로 공유하는 두 남녀의 정서적, 법적 관계로 정의한다. 한편, 버거와 켈러(Berger & Kellner, 1964)는 결혼의 이념형으로 두 이방인이 함께 만나 자신들을 재정의하는 극적인 행위로서 규정하였다. 그들은 예전에는 이미 현존하는 사회적 세계에 새로운 결혼이 단지 복잡성을 첨가하는 것이었으나, 오늘날 결혼하는 당사자들은 그들이 살아갈 작은 세계를 구성하고 실재를 지탱하는 과정은 원초적으로 가족 내에서 일어나며 그 과정의 중심축은 부모자녀 간이나 형제자매 간이 아니라 남편과 아내 사이의 '결혼의 의사소통'으로서 결혼당사자들이 해석하는 현실에 초점을 맞추고 있다. 그러나 이와 같은 서구의 개념과는 달리 우리나라의 경우, 결혼은 새로운 실재구성을 당사자들에 의해 제기되기보다는 기존의 세계에 엉성하게 연결되어가는 연속적인 과정으로 볼 수 있다. 즉 결혼이라는 것이 두 남녀가 모여서 새롭게 출발하는 출발점이라기보다는 친족집단을 재생산하고 연결시키는 고리로서의 의미가 강했다. 그렇지만 최근 젊은 층에서는 개인을 중시하는 결혼관이 등장함으로써 결혼의 의미가 변화되고 있다.

결혼은 남녀 간의 관계를 기초로 성립되지만 그것은 두 사람만의 관계가 아닌 지위와 역할체계이며 독특한 상호작용의 특성을 지닌 사회집단이다. 결혼을 어떻게 보는가에 관하여는 4가지 접근 모델이 제기된다(Skolnick, 1983).

첫째, 적응모델은 부부관계의 적응적이고 화합적인 측면을 강조하는 시각으로 행복, 조화, 안정을 결혼성공의 징표로 본다. 이 접근모델은 성공적인 부부관계는 화합이 잘 되어서 갈등이 없어야 한다는 가치판단을 전제하는 것으로 성공적으로 적응하면 좋은 관계, 건강한 관계, 그렇지 않으면 불행하고 병적인 관계로 보게 된다.

둘째, 정신분석적 모델에서는 적응의 개념을 피상적이라고 거부하고 오히려 친밀감의 성취와 인격의 성장을 최상의 목표로 강조한다. 이렇게 결혼의 긍정적인 면을 강조하는 모델들과는 달리 부부관계의 경쟁적이고 갈등적인 측면에 초점을 맞추는 시각도 있다.

셋째, 교환이론의 결혼모델에서는 결혼을 각자가 자기 자신의 위치를 극대화하기 위한 합리적 투쟁이라고 본다. 모든 인간관계에서 그러하듯이 부부 간도 각자가 보상을 극대화하고 부담이나 비용을 최소화하려는 교환의 관계로서 설명될 수 있다는 것이다(Waller, 1938, Skolnick, 1978, 김태현 외, 1996 재인용).

넷째, 의사소통 접근모델에서는 갈등의 근원으로서 이중속박과 역설적인 의사소통을 강조하게 된다.

그러나 이들 네 가지 모델들은 결혼이 사회적 공백 속에서 이루어지는 것처럼 보는 경향이 있다. 사회적 맥락 속에서 볼 때, 결혼은 과거의 제도적 결혼에서 20세기에 와서 우애적 결혼으로 변천하고 있는 것으로 볼 수 있다. 결혼은 시대와 사회에 따라 그 의무를 달리하게 되는 것으로서 과거에는 결혼이 경제적 안정, 사회적 지위의 획득, 자녀출산 등 실용적 필요성을 우선시하고 도덕률과 사회규범을 강조하였으나 오늘날에는 배우자 간의 동료감, 애정, 자아성장 등 개인의 정서적 만족을 추구하는 경향이 강해지고 있다. 일찍이 버제스(Burgess, 1963)는 이를 두고 제도적 결혼에서 우애적 결혼으로 변하고 있는 것으로 표현하였다.

반면, 푸코(Foucault, 1978)는 지금의 사회에 있어서의 결혼의 원리는 현대사회에서 추구되었던 이러한 원리에서 더 나아가 '성징이 추구되는 사회(deployment of sexuality)' 로 이전되고 있음을 논하고 있다. 즉, 새로운 사회는 부부 간의 협동과 우애에 바탕을 둔 우애적 결혼의 원리가 아니라 성징이 중요시되는데 여기에서 말하는 성징이란 굳이 성에 직접 관련된 것이기보다는 개인성(individuality)이 강조되는 상태로서 개개인의 삶의 주관적 가치를 존중하는 사회가치관과 맞물려 있는 것으로 보고 있다.

우리 사회에서 부부 간의 성격차이로 인한 이혼, 즉 부부 간에 성격의 차이가 발견되면 조화, 협동을 이루려는 노력 없이 부부 간의 개성 차이로 받아들여 이혼으로 끝내는 경향을 이러한 시각에서 해석해 볼 수 있겠다.

여권론적 입장에서는 남성과 여성이 경험하는 결혼의 의미가 동일한 것이 아님을 제기하기도 한다. 즉, 버나드(Bernard)는 기혼남자가 독신남자보다 더 심리적으로 건강을 누림에 비해 기혼여성은 미혼여성보다 더 낮은 자존감을 보인 것을 근거로 결혼은 남자에게 있어서 좋은 만큼 여자에게 좋지 않는 것으로 '그의 결혼' 과 '그녀의 결혼' 의 두 개의 결혼이 존재하고 있다고 하였다.

한편, 결혼의 의미와 관련하여 결혼을 지탱하는 기반이 낭만적 사랑인가 아니면 일상성인가가 제기되기도 한다. 루쥐몽(Rougemont)은 낭만적 사랑은 서로를 떼어 놓는 장애물들이 있을 때 번창하므로 끊임없는 단조로운 현재에의 근접성을 토대로 한 결혼에서는 시들 수밖에 없다는 것이다. 그에 따르면 어떤 사람도 단지 비실재적인 사람만을 진정으로 사랑한다고 한다. 이와는 달리 현대 도시생활의 익명성은 사적인 애착관계를 더욱 절실하게 만들며 낭만적 사랑이야말로 산업화된 사회에서 좌절감을 주는 경험들에 적응하는 데 도움을 주고 일부일처혼이 해체되는 것을 막는다고 보는 견해도 있다.

사랑의 정의에 있어서 비현실성과 무책임성을 강조하는 이들은 사랑을 결혼의 부정적인 근거로 생각하는 반면에 현실성과 성숙함, 상호성을 강조하는 이들은 사랑을 결혼의 좋은 근거로 보게 된다.

체크리스트: 결혼 전 물어야 할 일반적 질문들

1. 아이를 가질 것인가?
2. 상대방이 가지고 있는 재정상의 의무와 목표에 대해 공감하는가?
3. 가사를 누가 얼마만큼 분담하나?
4. 자신의 육체적 정신적 건강상태를 충분히 밝혔나?
5. 내가 기대하는 만큼 상대방이 내게 애정을 가지고 있나?
6. 솔직하게 성적인 선호, 두려움, 나의 성향을 이야기할 수 있나?
7. 침실에 TV를 둘 것인가?
8. 상대방의 의견과 불만에 귀 기울이나?
9. 상대방의 종교를 이해하고 있나?
10. 서로의 친구를 좋아하고 존경하나?
11. 상대방 부모를 존경하는가? 또한 상대방 부모가 결혼생활을 방해할지 걱정이 되는가?
12. 내 가족이 상대방을 신경 쓰이게 하나?
13. 결혼을 함에도 내가 포기할 수 없는 것은 무엇인가?
14. 직장 때문에 이사를 가야 한다면 이사 갈 수 있는가?
15. 정말 결혼에 헌신할 수 있나, 그리고 어떤 어려움이 있어도 견뎌 낼 자신이 있나?

출처: 뉴욕타임즈 기사, 중앙일보, 2006. 12. 21.

● 자기점검을 위한 질문들 ●

1. 위의 체크리스트의 각각의 문항에 담겨 있는 결혼의 특성 및 의미들은 무엇일까요?
2, 여러분은 위의 체크리스트에 얼마나 동의하나요?
3. 현재 데이트 중이라면, 혹은 데이트 할 상대와 이의 문항에 해당되는 내용을 어떻게 점검해 볼 수 있을까요?

제2절 결혼 준비

1 결혼의 동기

인간은 무엇 때문에 결혼하는가? 대체적으로 보면, 사랑하기 때문에, 경제적 안정을 얻기 위해서, 정서적으로 안정되기 위해서, 동반자를 얻기 위해, 가족과 자녀를 얻기 위해, 성적 만족을 얻고 보호받기 위해서, 그리고 사회적 지위를 얻기 위해 등 그 이유가 여러 가지이다. 대부분의 삶들은 결혼을 통해 이러한 목적을 이룰 수 있다고 믿지만 이런 모든 것들이 일시에 만족스럽게 달성되는 것은 아니다. 결혼에 대한 동기가 건전하고 현실적일 때 결혼생활에의 적응력이 높아진다.

이러한 결혼의 동기를 살펴보면, 개인적 욕구를 충족시키려는 개인적 동기와 전체 사회의 요구를 충족시키는 사회적 동기 등 대별하여 두 가지로 볼 수 있다.

첫째, 결혼에 있어서 개인적 동기는 성적 만족과 정서적, 심리적 안정이 있다. 성적 만족에는 성욕충족과 함께 자녀출산을 통한 자기보존의 욕망이 포함된다. 또한 결혼한 남녀는 애정으로 결합하여 정서적 지지와 보호를 받음으로써 심리적 안정을 찾는다. 이때 비록 개인적 성숙의 차이, 성격의 차이 등으로 갈등이 있다 하더라도 상대방의 인성을 받아들이고 서로 적응, 융합함으로써 인격적 성숙을 이루게 된다.

둘째, 결혼이 일차적으로 개인적 욕구충족을 위해 이루어지는 것으로 생각되지만 결혼 그 자체가 사회적 기능을 수반하고 있다. 결혼제도는 개인적 욕구충족 특히 성적 욕구충족을 가족 내에서만 가능하도록 통제함으로써 사회적 유대감을 증대시키고 종족계승을 가능하게 한다. 이러한 성적 통제, 종족계승, 사회의 유대감 증대 등이 결혼의 사회적 동기이다.

결혼은 두 남녀만의 제한된 계약행위로만 볼 수 없으며 사회적 제도와 관습을 통해 이루어지며 따라서 사회적 의미를 가지게 되는 것이다.

한편, 바람직하지 않은 결혼의 동기나 기대가 있는데 부정적인 동기에 의해 결혼하는 경우에 받게 되는 불이익을 인식할 필요가 있다.

바람직하지 않은 결혼의 동기로써, 첫째 혼전임신을 이유로 또는 불행한 가정환경으로부터의 탈피를 위한 결혼, 둘째 악의 또는 복수심, 동정심, 고독감으로부터의 도피를 위한 결혼, 셋째 낭만적 사랑만이 작용하거나 비현실적 기대에의 결혼, 넷째 사회적 · 경제적 지위의 상승을 위한 결혼, 다섯째 성격문제, 폭력문제 등을 간과한 결혼 등이다.

결혼생활에 대해 비현실적인 기대와 환상 또한 결혼생활의 방해요소가 된다. 결혼의 환상은 결혼의 신화라고도 하는데 다음과 같이 제시되고 있다(최규련, 2007).

첫째, 이상적인 조건과 배경을 갖춘 사람과 결혼하면 사랑하게 된다. 둘째, 자녀는 행복한 결혼생활의 필수요소이다. 셋째, 결혼은 부부 간에 50대 50의 동등한 관계이어야 한다. 넷째, 사랑만 있으면 의견 불일치나 갈등이 없고 행복한 결혼생활이 된다. 다섯째, 결혼초기에 상대방을 길들여야 한다. 여섯째, 배우자가 나에게 관심이 있고 사랑하면 내가 원하는 것을 알아서 해주어야 한다 등이다.

원만한 결혼생활을 위해서는 결혼 전에 자신이 왜 결혼을 하려고 하는지, 자신의 가장 중요한 욕구가 무엇이며 어떤 유형의 상대자가 자신에게 적합한가, 결혼하기에 부적합한 동기가 없는지 결혼에 대한 비현실적인 기대나 환상을 가지고 있지는 않은지 점검하는 것이 중요하다.

결혼에 대한 대학생들의 인식

배우자 선택 시 가장 중요한 기준

1. 성격 49.3% (남성 66.6%, 여성 36.5%)
2. 경제력 32.7% (남성 11.3%, 여성 39.1%)
3. 장래성 14.4% (남성 5.9%, 여성 17.0%)
4. 외모 3.0% (남성 4.9%, 여성 2.4%)
5. 궁합 2.3% (남성 6.4%, 여성 1.0%)
6. 건강 1.0% (남성 2.5%, 여성 0.6%)
7. 집안배경 0.7% (남성 0.5%, 여성 0.7%)

결혼의 동기

1. 정서적, 경제적 안정 53.9% (남성 45.3%, 여성 56.5 %)
2. 사랑하므로 42.6% (남성 49.3%, 여성 40.6%)
3. 자녀를 갖기 위해 1.8% (남성 2.0%, 여성 1.8%)
4. 합법적 성생활 0.9% (남성 3.0%, 여성 0.3%)

자료: 구명숙 · 홍상욱, 2004, 여성연구, 2호, 한국여성정책연구원.

● 간단하게 이야기 나누어 보기 ●

1. 이의 조건에 대한 여러분의 생각은?
2. 이외 실제 결혼의 조건 및 기준으로 중요하게 생각되는 것들에 대해 말해 보시오.
3. 여러분들의 결혼 동기 혹은 결혼하게 될 동기가 무엇이 될지 나누어 보시오.
4. 여러분이 가지고 있는 결혼에 대한 신화를 점검해 보시오.

2 결혼연령과 성숙

1) 결혼연령

대부분의 사회에서는 결혼 적령기란 말을 사용하고 있으며 대체로 20대 정도로 보고 있다. 최근 우리나라에서는 초혼 연령이 늦어지고 있는 추세이다. 남성, 여성의 경우 1990년 27.8세, 24.8세이었으나 2000년 29.3세, 26.5세이었고, 2005년에는 30.9세, 27.7세, 2006년에는 30.9세, 27.8세로 늦춰지고 있다(통계청, 2006).

보통 35세 이상의 결혼을 만혼이라 하고, 20대 이전에 결혼하는 것을 조혼이라고 하는데, 각각의 장단점이 지적된다. 예를 들면 만혼에서는 안정된 기반 위에 결혼생활을 할 수 있는 데 반해 자녀출산과 양육의 어려움을, 조혼에서는 여러 측면에서의 미숙한 상태에서의 결혼이므로 문제발생 비율이 높고 해결가능성이 낮을 것으로 보인다. 이러한 이유들로 인해 결혼적령기의 결혼을 바람직한 것으로 보게 된다. 그러나 실제 연령이라는 것은 생활연령과 생리적 연령, 사회적 연령 및 정신적, 감정적 연령 등이 내포되어 있으므로 결혼적령기라는 것을 절대적인 연령기준으로 보기보다는 좀 더 주관적으로 자신의 결혼동기 및 책임의식, 성숙성 등을 기준으로 보는 것이 타당하다 하겠다. 즉 결혼적령기라는 것은 자신이 결혼에 대하여 얼마나 준비가 되어 있느냐 하는 상태로써 결혼연령을 생각함에 있어, 각 개인의 발달, 성숙의 정도와 이에 합당한 기준을 고려해 볼 필요가 있다.

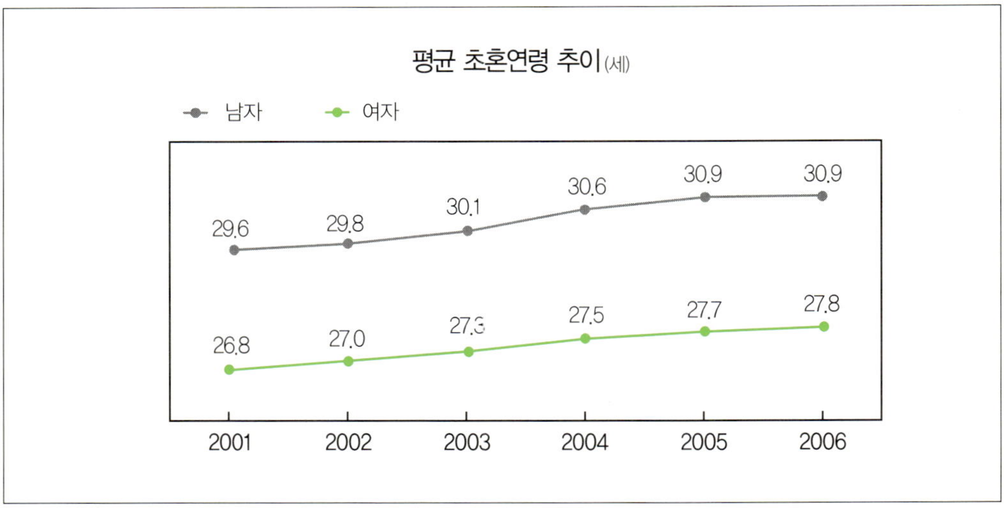

[그림 4-1] 평균초혼연령 추이

출처: 통계청, 2006년 혼인통계결과

토론사례: 결혼은 이런 사람과 해야 한다는 고정관념이 무너져 가고 있다!

결혼은 이런 사람과 해야 한다는 고정관념이 무너져 가고 있다. 연하남-연상녀 커플, 초혼남-재혼녀 커플이 늘어나고, 외국인과의 혼인도 빠른 속도로 늘어나고 있다. 아내 쪽이 연상인 커플은 1994년 전체 혼인 건수의 7.3%이었다. 2006년에는 그 해 결혼한 33만쌍 가운데 3만2809쌍이 그런 커플이다. 9.9%로 열에 하나 꼴이나 된다. 초혼남-재혼녀 커플은 94년 전체 결혼 건수의 3.26%에서 지난해 5.49%로 늘었다. 2005년에는 그런 커플이 2만쌍을 넘기면서 전체 혼인 건수의 6.36%를 차지한 적도 있다. 외국인과의 결혼도 2001년 1만5234건에서 지난해 3만9690건으로 급증세를 이어가고 있다.

자료: 한겨레 21, 한겨레신문사, 2007. 12. 18일자, p.79에서 인용

2) 성 숙

성숙이란 개인의 각 방면의 발달이 성인생활을 영위할 수 있는 정도까지 도달되었음을 의미하는 것으로 성숙된 사람의 행동기준을 살펴보면 다음과 같다(Bowman, 1970).

첫째, 생활인으로서의 사회적 기술을 지니고 있다. 자신의 생활연령에 비해 생활해 나가는 데 지혜로워 사물을 보는 데 있어서 개인의 상상이나 감정에 얽매이지 않고 합리적이고 객관적으로 판단하고 해결한다.

둘째, 자신을 전체의 일부로 받아들일 줄 안다. 사회조직 속의 인간관계와 생의 올바른 이념을 바로 알고 사회의 권위와 전통 및 사회규범을 존중한다.

셋째, 자기 자신을 수용할 줄 안다. 자기 자신의 장단점을 정확하게 알고 자신의 한계를 알고 자신의 행동에 대해서 책임을 질 줄 하는 태도를 가지며 다른 사람들에 의해 자신의 가치가 좌우되지 않는다.

넷째, 현실세계에서 살아갈 능력을 가지고 있다. 현실세계를 직시하고 환경에 적응할 줄 안다. 공연한 망상이나 공상에 사로잡히거나 현실을 도피하거나 지나치게 과장되게 생각하는 신경증적 태도를 갖지 않고 항상 현재로부터 출발하고 미래를 향해 전진하는 건전한 생활태도를 갖고 있다.

다섯째, 독립적이다. 자신의 생계를 유지할 수 있는 능력과 책임의식을 갖추고 부모로부터의 정서적 독립도 이룩해야 한다.

여섯째, 성숙된 사람은 자기의 행동을 억제, 조정할 줄 안다. 장래를 위하여 현재

의 불만이나 고통을 참고 견딜 줄 알며 자기의 행동을 자기의 이념이나 기준에 맞추고 감정에 사로잡히지 않는다.

일곱째, 성, 사랑, 결혼에 대하여 긍정적 태도를 갖는다. 성에 대하여 공포감이나 혐오감을 갖지 않고 성에 대한 올바른 지식과 태도를 가지고 결혼생활에 임할 준비를 갖추고 있다.

인간 개개인이 정서적, 사회적으로 성숙되기까지는 그리 쉬운 일이 아니며 무엇보다도 부모가 올바른 양육태도로 키워야 하며 또한 자신들의 꾸준한 노력을 요한다. 결혼을 위해서는 성숙된 결혼연령에 도달해야 하고 그 연령은 외부에 나타나는 것 못지않게 내재적 사회적, 정서적 성숙이 함께 이루어져야 한다.

결혼하기 전에 다루어야 할 정서적 영역들

1. 분노조절 미숙

분노를 효과적으로 다루지 못할 경우, 수많은 이혼의 원인이 된다. 분노조절 미숙은 매년 4백만에서 6백만 건의 배우자 학대로 나타난다. 만약 당신이 분노를 다루지 못하는 사람과 결혼한다면 당신의 결혼은 어떻게 되겠는가?

2. 자기도취

이것은 지나친 자기 숭배를 말한다. 자기도취자들은 언제나 상대의 말에 귀를 기울이지 않을 뿐만 아니라, 자신의 욕구와 감정에 집중하기 때문에 상대에게 집중할 여력이 없다. 자기도취자는 다른 사람을 돌본다는 것을 믿지 않는다. 그들의 전적인 관심은 오직 자신의 행복에 맞추어져 있다.

3. 정신적 침체와 주기적인 인격장애

그들은 기분이 상승할 때 야심적이며 낙천적이고 또 온화하고 정열적이다. 그러나 기분이 하강하면 염세적이고 부정적이고 비판적이고 접근하기가 어렵고 무기력해진다. 극단적인 기분 변화가 결혼을 무참히 파괴할 수 있다. 당신의 동반자가 정신적 침체에 빠졌다는 의심이 들면 결혼 전에 상담을 받아 보는 것이 현명한 일이다.

4. 중독증세

약물, 도박, 섹스와 같은 문제는 아주 심각하다. 만약 당신이 지뢰가 매설된 결혼에 들어가기를 원한다면 중독에 걸린 배우자를 찾으시오. 상대 파트너가 의존하는 그 치명적인 중독에서 벗어나는 결혼은 거의 드물다고 봐야 한다. '중독' 은 당신이 건강이나 일, 혹 일차적인 관계에 부정적 영향을 주는데도 계속 몰두하는 어떤 행동이라고 정의한다. 그들은 자신이 중독이 아니라고 숨기고, 문제를 은폐하는 데 아주 익숙하다. 반사회성 성격 장애자들마저도 문제를 쉽게 은폐하곤 한다. 당신이 그들의 중독을 고쳐 주려고 생각하지 마시오. 결혼은 동정과는 차이가 있다.

5. 부모와의 문제

정서적으로 독립된 개체로서 부모로부터 자유로워야 한다. 그리고 그들을 기쁘게 해주려고 무엇을 결정하거나 살아야 할 필요가 없다. 특별히 부모와의 관계에 해당되는 것과 배우자와의 관계에 해당되는 것을 명확히 구분해 두는 것이 필요하다. 부모와 계속적으로 친밀성과 연결성을 유지하면서도 부모들이 두 사람의 결혼에 끼어들어 권위적인 태도로 지시하지 않도록 부모와의 관계를 확립해 두어야 한다. 부모가 끼어들 때 결혼은 아주 고통스러운 것이 된다.

이와 같은 문제로 당신이 정서적으로 건강하지 못하다면?

1. 당신이 어릴 때 필요했던 그 무조건적인 사랑을 제공하는 원천을 찾으시오. 물론 이와 같은 종류의 사랑을 얻기란 어렵지만, 친한 친구나 친척에게서 이런 종류의 사랑을 발견할 수 있을 것이다. 어디서 발견하든지 그것은 당신이 가진 모든 것을 주고라도 살 만한 가치가 있다.
2. 당신 자신을 사랑하는 법을 배우도록 노력하시오. 당신을 사랑해주는 사람을 사랑하는 것만 가지고는 충분하지 않다. 당신은 다른 사람을 즐겁게 하기 위해서 혹은 사랑을 얻기 위해 자신을 꾸밀 필요가 없다. 당신은 바로 그때 정직한 자기 자신이 될 수 있다. 당신을 있는 그대로 받아들이시오.
3. 정규적으로 당신을 격려하고 고무하고 경청하고 도전을 주는 사람을 찾으시오. 우리는 이렇게 해 줄 친한 친구가 필요하다. 왜냐하면 자신은 자신의 정서와 내부의 깊은 생각과 느낌들을 정확히 알기가 어렵기 때문이다. 우리는 우리의 생각과 감정들을 잘 분류해서 우리의 문제들에 직면하도록 도와줄 어떤 사람이 필요하다.
4. 당신이 자신의 견해에 대해 정직하고 안정감을 가지고 서 있을 수 있도록 도와주는 사람과의 관계를 함양하시오. 우리 모두는 우리 옆에 같이 있으면서 격려해주고 흔들리는 확신을 지탱해주며 용기를 강화시켜 줄 사람들을 필요로 한다. 지속적인 지원 체계는 우리가 불건전한 나락으로 빠지고 싶을 때에도 균형을 유지하도록 도와준다. 이것이 바로 우리를 건강하도록 붙잡아 주는 것이다. 우리는 진정 건강한 사람으로부터 사랑스럽고 사려 깊은 방법으로 재양육될 필요가 있다. 종종 이런 사람들은 친구나 가족 구성원들이다. 그러나 때때로 잘 훈련된 심리 치료사의 도움과 안내가 필요하기도 한다.

자료: 열린문제부부문제연구소, 결혼에 관한 글 중, 2009. 1. 10. 입력자료 발췌

제3절 결혼의 정서적 요건: 사랑과 친밀감

친밀한 관계를 누리고 살기 위해서는 누구든 치료자를 만나야 된다. 친구도 좋고 배우자도 좋고 정신과 의사도 좋다. 동성이든 이성이든 '내 가치를 인정해 주는 자기 대상'을 만나서 친밀함을 나누는 경험을 해야 한다. 한번만 제대로 이 경험을 하고 나면 친밀함의 세계로 가는 문이 열린다. 친밀함을 위해서는 스스로도 부족한 자신을 용서하고 받아주어야 한다. 인간적인 약점을 인정해 주어야 한다. 인생의 숨는 자(hider)가 아니라 적극적으로 찾아나서는 자(seeker)가 되어야 한다.

- 이무석의 「친밀함」의 본문 중 -

사랑과 친밀감은 인간의 긍정적 정서의 하나로 인간이 체험하는 아름답고 행복한 기억들은 대부분 사랑하는 사람과 함께 한 시간들이다. 사랑과 친밀감은 인간을 내적으로 성숙시켜주고 삶을 풍요롭게 해주는 힘이 되며 결혼과 가족관계의 출발점이자 기초가 된다. 따라서 결혼의 요건으로 중요한 정서적 과정으로 사랑과 친밀감 등에 대하여 살펴보기로 한다.

1 사 랑

사랑이란 나를 비우고 너를 채우려 할 때 샘물처럼 고여 드는 것이다.

- 이외수 -

인간은 잠재적으로 사랑하고 사랑받고자 하는 욕구를 지닌 채 살아간다고 해도 과언이 아닐 것이다. 사랑은 개인 행복감의 근원이 되며 결혼과 가족의 속성을 결정하는 관계의 기초가 되고 있기도 하다. 그러나 많은 사람들이 사랑을 바르게 인식하고 있는지에 대해서는 회의적이다. 과거에 사랑은 과학의 영역이 아닌 신비의 영역으로 간주되어져 왔으나 1970년대부터 사회과학자들은 사랑의 정의와 사랑의 과정에 대해 탐색하기 시작하였다.

1) 사랑의 정의와 구성요소

사랑이란 무엇인가? 사랑이란 개념은 시대와 대상에 따라 다르기 때문에 그 정의를 내리기는 쉽지 않은 개념이다. 일찍이 음악, 미술, 문학 속에서 사랑은 여러 가지 의미로 묘사되어 왔던 매우 다양한 개념이다. 여기에서는 일반적으로 논의되는 남녀를 중심으로 사랑에 관한 각 학자들의 정의들을 살펴보기로 한다.

에릭 프롬(Eric Fromm, 1956)은 사랑이란 자신의 기쁨, 흥미, 지식, 슬픔 등 자신안에 살고 있는 모든 것들의 표현을 주는 것은 물론 자신의 생명까지 줌으로써 상대방의 감정을 감동시키고 상대방의 생활을 풍요롭게 만듦으로써 그 속에서 자신이 살고 있음을 느끼는 것이다라고 하였다.

사랑을 이루는 요소들에 대한 검토는 사랑의 개념을 이해하는 데에 좀 더 도움이 될 것이다.

루빈(Rubin, 1973)은 사람들이 일반적으로 사랑이라고 밝히는 네 가지 감정이 있다고 하였다. 첫째 상대방을 도와주기를 원하면서 돌보는 것, 둘째 나를 생각해 주고 나에게 마음 쓰기를 갈망하는 상대방을 필요로 하는 것, 셋째 서로 속 깊은 이야기를 털어놓을 수 있을 만큼 상대방을 신뢰하는 것, 넷째 결점을 포함해서 상대방을 너그럽게 받아들이는 것으로 제시하고 있다. 이는 퍼(Fehr, 1988)가 밝히고 있는 사랑의 핵심적인 특성으로 12가지 속성들과도 잘 부합되었다. 12가지 특성을 보면, 신뢰감, 돌보는 것, 정직성, 우정, 존중, 상대방이 잘 되도록 마음을 쓰는 것, 상대방에 대한 관심, 충실성, 헌신, 상대방의 방식을 받아들이는 것, 지지해 주는 것, 상대방과 함께 있기를 원하는 것이다.

스텐베르그(Sternberg, 1986)는 '사랑의 삼각형 이론'을 통하여 사랑을 구성하는 세 가지 요소를 제시하였다. 첫째, 열정이라는 동기적 요소로, 이는 주로 낭만적, 신체적이고 성적인 유발과 관련하여 신체적 접촉, 입맞춤, 애정 표현으로 사랑의 초기 단계에 주로 나타난다. 둘째, 친밀감이라는 정서적 요소이다. 친밀감은 서로 좋아한다는 느낌으로 가깝게 연결되어 있으며 결합되어 있다는 느낌으로 감정을 공유하고 정서적 지지 및 성숙한 자기노출을 가능하게 한다. 셋째, 의지(헌신) 로서 인지적 요소이다. 이는 어떤 사람을 사랑하기로 결심하는 의사결정과 그 사랑을 지속시키기 위해 노력하겠다는 약속과 결심으로 사랑을 유지할 수 있게 하는 것으로 사랑의 세 번째 단계에서 주로 나타난다. 이 세 가지가 균형을 이룰 때 비로소 사랑이 완성되는 것으로 보며, 세 요소 중에 어느 한쪽으로 치우친다면 그것은 완전한 사랑이 아닌 것이다. 가령 열정만 가득하고 다른 두 요소가 없는 사랑은 도취적이고 얼빠진 사랑이며, 친밀감만 있고 다른 두 요소가 없으면 사랑이 아니라 호감이고, 의지만 있고 다른 두 요소가 없으면 그런 사랑은 공허한 짝사랑일 뿐이라고 했다.

반면, 시대에 따라 사랑의 정의는 달라져야 함을 강조하고 있는 학자들이 있다.

볼레로와 토마스(Borrello & Thomas, 1989)는 세 가지 측면에서 현대사회의 사랑은 이전 시대의 것과 다르다고 하였다. 즉, 첫째는 오늘날의 사랑의 관계에서는 남녀의 동등성을 강조하고, 둘째로는 사랑을 결혼의 테두리 안에 두고 있으며, 셋째 낭만적인 현혹, 애정, 흥분, 안정감, 성욕, 호르몬 같은 신체적 반응, 몰입성 등의 다차원적인 개념으로 사랑을 이해해야 한다는 것이다. 라만나 등(Lamanna et al., 1991)도 사랑이라는 말은 시대에 따라 그 정의가 달라져야 하며, 현대에 있어서 진정한 사랑은 친밀감과 애정을 발전시키면서 신체적, 경제적 요소들까지 수용하고 통합시킬 수 있는 새로운 목표를 지닌 것이어야 한다고 주장함으로써 사랑의 개념이 낭만적 사랑에서 현실적으로 변화되어져야 한다고 주장하고 있다.

사랑의 힘, Power of LOVE

사랑을 하면 예뻐질 뿐만 아니라 건강해지고 더 오래 산다는 사실을 현대과학의 연구결과가 속속 증명하고 있다. 또한 사랑을 받을 때보다 줄 때 더 행복해지고, 대가 없이 남을 돕는 것이 나를 건강하게 만든다는 연구결과도 발표되고 있다. 이 위대한 사랑의 힘은 어디서 시작되는가? 〈생로병사의 비밀: 사랑의 힘〉 편에서는 우리에게 기쁨과 행복, 건강을 가져다주는 '사랑의 힘' 에 대한 과학적 접근을 시도해본다.

● 아내가 당신에게 사랑을 표현합니까? ●

이 간단한 질문에 대한 답이 건강의 척도가 될 수 있다.
미국 클리블랜드의 케이스 웨스턴 리저브 연구팀에서 기혼남녀 만 명에게 이 질문을 던진 결과, '예' 라고 답한 사람들의 협심증 발병 위험이 그렇지 않은 경우보다 2배 정도 낮게 나타났다. 배우자의 사랑이 콜레스테롤과 혈압 등 협심증의 위험요인을 완화시킨 것이다. 즉, 사랑의 표현이나 느낌이 건강에 긍정적인 영향을 미친다는 것이다.

● 배우자의 존재자체가 정서적 지지체계가 된다. ●

오랜 세월 함께 해온 부부들에게 사랑하는 배우자와의 이별은 단순한 슬픔이 아니라 엄청난 스트레스다. 스트레스 지수를 살펴봐도 배우자의 사망(100), 이혼(73), 별거(65), 가족 사망(63) 등 사랑하는 이와의 이별이 차지하고 있다. 이런 스트레스는 다른 형태의 사랑-가족, 친구, 이웃 등-으로 치유가 가능하다고 말한다. 실제로 세계적인 심장 전문의, 딘 오니시의 연구에 따르면 질병에 걸린 환자들 중 친한 친구들이 있는 사람들이 더 건강하게 오래 사는 것으로 나타났다.

즉, 외로움과 고독감이 그 어떤 질병보다 건강에 치명적이라는 사실이 밝혀진 것이다.

● 장수의 제1유전자 - 친밀한 관계 ●

① 진정으로 나를 배려해주는 사람이 있는가?

② 나를 사랑하는 사람이 있는가?

③ 기꺼이 나를 도와줄 사람이 있는가?

④ 비밀을 털어놓을 수 있는 존재가 있는가?

이 네 가지 질문에 대한 답이 모두 '없다' 이면 조기사망의 위험이 다섯 배 이상 높다. 취재 중 만난 한 전문가는 오래사는 데 유전자보다 중요한 것이 사람들과의 친밀한 관계를 얼마나 많이 형성하고 있느냐에 달려 있다고 말했다. 그것이 아내든, 자식이든, 친구든, 이웃이든, 혹은 봉사를 하고 있는 타인이든 관계 없이 말이다. 즉, 사랑을 주고받고, 나눌 수 있는 것이 많을수록 더 건강하고 장수할 가능성이 높다는 것이다.

자료: KBS1 TV 생로병사의 비밀: 사랑의 힘, 2005. 12. 27.

2) 사랑의 유형

사랑에도 색깔이 있다. 리(Lee, 1973)는 사랑을 기본색과 이차색으로 나누어 사랑의 유형을 구분하고 있다.

사랑의 첫 번째 기본색은 에로스(Eros) 사랑으로 순간적으로 뜨거워지는 사랑이다. 두 번째 기본색은 루더스(Ludus) 사랑으로 즉흥적이고 유희적인 사랑이다. 세 번째 기본색은 스트로게(Stroge) 사랑이다. 이는 오랜 시간 우정 속에서 피어나는 우애적 사랑이다. 그런 기본적인 사랑이 합성해서 나타나는 이차적인 것이 사랑의 이차색이 된다. 사랑의 첫 번째 이차색은 마니아(Mania) 사랑으로 상대방을 자신의 소유물처럼 생각하고 차지하려는 광적인 사랑이다. 두 번째 이차색은 프라그마(pragma)

사랑이다. 이는 실용적이고 계산적이어서 요모조모 비교 분석하는 실용적 사랑이다. 세 번째 이차색은 아가페(agape) 사랑으로 무조건적으로 상대방을 위해주는 희생적 사랑이다.

위의 사랑의 유형 중에 각자가 좋아하는 사랑유형을 한번 점검해 보도록 한다.

나는 어떤 사랑을 할까?

다음은 자신이 좋아하는 사랑유형을 알아보기 위한 점검지이다. 각각의 문항에 동의하는 정도의 점수를 적어보자.

매우 동의한다---- 5점	어느 정도 동의한다 --- 4점
그저 그렇다---------- 3점	
어느 정도 동의하지 않는다---2점	전혀 동의하지 않는다---1점

〈A〉

1. 내가 좋아하는 이상형에 대한 그림을 가지고 있다 ----------------------(　)
2. 나는 나의 이성친구(애인)을 한눈에 알아볼 수 있다 ---------------------(　)
3. 나는 이따금 나의 이상형인 듯한 사람을 보면 현기증이 느껴진다 -----------(　)
4. 나는 사랑이란 큐피트의 화살을 맞은 것처럼 한순간에 오는 것이라고 생각한다 --(　)
5. 나는 마음에만 든다면 한 번 만나고도 결혼할 수 있다고 생각한다 -----------(　)

A 점수 합계 (　　점)

〈B〉

1. 나는 사랑이란 즐거운 놀이일 수 있다고 생각한다 -----------------------(　)
2. 나는 처음 만나서도 키스를 하고 육체적 표현을 할 수 있다고 생각한다 -------(　)
3. 나는 남자나 여자가 여러 명의 애인을 사귈 수 있다고 생각한다 ------------(　)
4. 나는 외모적으로 매력적인 사람들과 연애하는 것을 좋아한다 --------------(　)
5. 나는 사랑이란 육체적인 관계가 함께 해야 하는 것으로 생각된다 -----------(　)

B 점수 합계 (　　점)

〈C〉

1. 나는 첫눈에 반해서는 사람을 제대로 알 수가 없다고 생각한다 --------------( )
2. 사랑이란 오랜 시간을 함께 지내봐야 알 수 있다 ------------------------( )
3. 애인이나 배우자는 친구같이 편안한 느낌을 줄 수 있어야만 한다 ------------( )
4. 사랑이라고 반드시 가슴 뛰는 열정이 필요한 것은 아니다 -----------------( )
5. 사랑에는 열정보다 오랜 시간 함께 한 정이 더 중요하다 ------------------( )

C 점수 합계 (점)

〈D〉

1. 나는 사랑하는 사람의 모든 것을 알아야 한다고 생각한다 ------------------( )
2. 나는 사랑이란 모름지기 열정적이어야 한다고 생각한다 -------------------( )
3. 나는 사랑하는 관계에서 상대방을 소유하기 위해 질투를 하는 것은 당연한 것이고 괜찮다고 생각한다 --( )
4. 나는 사랑하는 사람을 위해서라면 목숨까지도 바칠 수 있다 ---------------( )
5. 사랑하는 사람들은 끊임없이 사랑을 확인해야 한다 ----------------------( )

D 점수 합계 (점)

〈E〉

1. 나는 애인이나 배우자를 선택할 때 상대방의 능력을 고려한다 -------------( )
2. 나는 사랑하는 것과 결혼하는 것은 다를 수도 있다고 생각한다 -------------( )
3. 나는 애인이나 배우자를 선택할 때 상대방의 집안을 따지는 편이다 ----------( )
4. 나는 부모나 친구들이 반대하는 결혼은 하지 않는 게 좋다고 생각한다 --------( )
5. 나는 연애보다는 중매결혼이 더 바람직하다고 생각한다 -------------------( )

E 점수 합계 (점)

〈F〉

1. 사랑하는 사람이 나보다 더 좋은 사람에게 간다면 말없이 보내 줘야 한다고 생각한다 ---( )
2. 나는 사랑이란 무조건적으로 베푸는 것이라고 생각한다 -------------------( )
3. 연인들의 사랑은 때론 부모자식 간의 사랑처럼 의무일 때도 있다 -------------( )
4. 사랑은 성스러운 것이므로 반드시 성관계를 전제로 할 필요는 없다 -----------( )
5. 사랑이란 모름지기 상대방을 위한 희생정신이 있어야 한다 -----------------( )

F 점수 합계 (점)

A: 에로스 사랑- 한눈에 반하는 사랑
B: 루더스 사랑- 유희하듯 즐기는 사랑
C: 스트로게 사랑- 우정과 같은 우애적 사랑
D: 매니아 사랑- 광적으로 소유하려는 사랑
E: 프라그마 사랑- 실용적이고 계산적인 사랑
F: 아가페 사랑- 희생적인 사랑

자료: 최창호, 1997.

제시된 여섯 가지 사랑 유형 중 상대적으로 가장 점수가 높은 게 자신이 가장 좋아하는 사랑 유형이다. 사랑 유형 중에 어느 사랑 유형이 가장 좋은지는 단정할 수 없다. 각각 모두 장단점이 있기 때문이다. 그러나 사랑에 계속 실패하는 경우라면 자신의 사랑 유형을 다른 유형으로 바꾸어 보는 것도 사랑을 이루는 데 도움이 될 것이라고 심리학자들은 조언하고 있다.

3) 사랑의 관점

일생 동안 사랑만큼 삶의 언저리를 줄기차게 맴도는 감정도 없다. 사랑은 행복하기도 하지만 때론 불행이란 것도 감수해야만 하는 양면적인 가치를 가지고 있다. 정신분석학자 에릭 프롬은 "사랑만큼 엄청난 희망과 기대를 가지고 시작해서 그렇게도 실패를 되풀이하는 활동이나 시도는 없다"고 했다. 그만큼 사랑은 시행착오가 많다는 것이다. 그러한 과정을 통해서 우리는 인격의 완성을 향해 나아가는 것이라 할 수 있다.

이러한 관점에서 낭만적 견해로서가 아닌 인간의 정신적 성장과 심리적 발달과업으로서 사랑을 간파하고 있는 현대 심리학자의 최근의 관점을 통해 '사랑' 이라는 실체에 좀 더 가까이 가보기로 한다.

(1) 정신적 성장으로서의 사랑

정신과 의사이면서 심리상담자인 스캇 펙(Scott Peck, 1978)은 인간의 정신적 발달을 위해 필요한 수단으로 훈련을 강조하고 있으며, 훈련을 하도록 격려해주는 동기와 힘의 원천을 사랑이라고 하고 있다.

그는 사랑을 설명하기 위한 부단한 노력의 일환으로 에로스, 필리아, 아가페, 완전한 사랑, 불완전한 사랑 등과 같은 다양한 범주들로 나누는 것들에 대해 무시하고, 사랑이란 "자기 자신이나 혹은 타인의 정신적 성장을 도와줄 목적으로 자기 자신을 확대시켜 나가려는 의지"라고 정의하면서, 이를 설명하기 위한 기준을 다음과 같이 제시하고 있다(신승철 · 이종만 역, 2001).

첫째로 목적론적인 정의로서 정신적 성장이 그 목적이 되어야 한다. 사랑으로 가득 찬 행동과 사랑이 아닌 행동을 구분하기 위해서는 행동을 하는 사람의 마음에 있는 의식적 목적과 무의식적 목적을 구분하여 볼 필요가 있다고 하였다.

> "어머니는 나를 너무 사랑해서 내가 고등학교 졸업반이 될 때까지 학교버스를 타고 다니지 못하게 했답니다. 어머니에게 아무리 사정을 해도 학교버스를 못 타게 했습니다. 어머니는 내가 다칠까봐 두려워 매일 차로 학교까지 태워다 주고 다시 집으로 데려오느라고 퍽이나 힘드셨을 겁니다. 어머니는 정말 나를 사랑했답니다."

위의 사례에서 보여지는 어머니의 행동이 과연 사랑인가? 어머니의 의식적 목적은 아들을 향한 사랑이라고 하겠지만 이 행동을 통한 어머니의 무의식적 목적을 다시 들여다볼 필요가 있는 것이다.

둘째로 사랑은 하나의 순환적 과정이다. 자기 자신을 확대시켜 나가는 과정이란 진화의 과정이기 때문이다. 인간적인 자신의 한계를 성공적으로 확대시켜 나갈 수 있는 사람은 이전보다 엄청난 존재로 성장해 나갈 것이다. 뿐만 아니라 그러한 행동이 타인의 성장을 목적으로 할 때도 사랑의 행위는 자신을 확대시켜 나가는 진화 과정이라 할 수 있다.

셋째로 사랑의 정의는 남을 위한 사랑과 더불어 자신에 대한 사랑을 포함하고 있다. 자기 훈련이 제대로 되어 있지 않은 사람은 자녀를 훌륭한 인격을 갖춘 사람으로 훈련시킬 수도 없다. 다른 사람의 정신적 발전을 위해서 자신의 정신적 발전을 포기할 수 없다. 스스로 훈련되어야만 남을 훈련시킬 수 있다.

넷째로 자기 자신을 확대시키기 위해서는 노력이 필수적으로 뒤따라야 한다. 자신을 확대하기 위해서는 한계를 뛰어넘어야 하고 또 한계를 뛰어넘으려면 노력이 뒤따라야 한다는 것이다.

끝으로 '의지'가 필요하다. 사랑하려는 욕구 자체는 진정한 사랑이 아니다. 사랑이란 행위로 표현되는 만큼만 사랑이다. 사랑은 의지에 따른 행동이며 의도와 행동이 결합된 결과인 것이다. 의지는 또한 선택을 내포하는 것이다.

스캇 펙은 사람들이 사랑에 대하여 신비한 개념을 가지고 있음으로 인해 사랑의 본질을 혼동하고 있으며 이러한 혼동된 인식으로 인해 사람들은 정신적 문제를 겪고 있다고 하였다. 따라서 사랑에 대한 보다 정확한 인식이 필요함을 강조하면서, 사랑이 아닌 것이 무엇인가를 검토하는 것이 사랑의 본질을 밝히는 데에 도움이 됨을 강조한다.

더 읽어보기: 훈련과 사랑(M. Scott Peck, 1978)

훈련이란 삶의 문제들을 해결하는 데 필요한 기본적인 방법 중의 하나이다. 이런 과정 없이 우리는 아무것도 해결할 수가 없다. 미약한 배움으로는 부분적인 문제밖에 해결하지 못하며 혼신의 힘을 다한 배움만이 모든 문제들을 해결할 수 있다.

우리는 우리 자신과 자녀들의 정신적, 영적 건강을 성취할 수 있는 기술을 배워야 한다. 내가 여기에서 강조하고자 하는 점은 우리 자신과 자녀들에게 고통을 겪는 것이 필요하고 가치가 있다는 사실과 문제들을 직접 당면해서 고통을 체험해야 할 필요가 있다는 사실을 가르치도록 하자는 것이다. 이러한 가르침은 우리가 삶의 문제에 직면하여 성공적으로 해결해 나갈 수 있고 또 그 과정에서 성장할 수 있도록 도와주는 기술이라는 것을 분명히 알게 될 것이다. 우리 자신과 자녀들이 스스로 이러한 가르침을 체득하려고 노력하는 태도를 가질 때 비로소 고통을 감내하고 성장하는 방법을 배울 수 있게 된다.

이것을 이루어 내는 데는 다음과 같은 네 가지의 기술이 있다고 말할 수 있다. 즉 즐거움을 나중에 갖도록 자제하는 것, 책임을 자신이 지는 것, 진실(현실)에 헌신하는 것, 그리고 균형을 맞추는 일이라고 하겠다. 이러한 기술들은 복잡하지 않아서 실생활에 적용하는 데 엄청난 노력이 드는 것이 아니다. 그러나 많은 사람들이 이런 방법들을 잊어버려서 인생에서 쓰라린 경험들을 하곤 한다. 이는 이 방법이 복잡하기 때문이 아니라 그것을 사용하고자 하는 의지의 부족 때문이다. 이 방법은 고통을 피하지 않고 직접 마주하는 기술이며, 만약 마땅히 져야 할 고통을 피하려 한다면 이러한 기술의 사용을 피하는 것이다. 이것을 사용하고자 하는 의지가 바로 '사랑'이다.

출처: Scott Peck 저, 신승철, 이종만 역(2001), 「아직도 가야 할 길」에서 발췌, 재구성

(2) 심리적 발달과업으로서의 사랑

부부치료 전문가인 킹마(Kingma, 2000)는 15년 간의 부부와 가족치료의 많은 임상사례를 통해, 사랑의 시작과 끝은 심리적 발달과업과 관계가 있음을 강조한다(이희 역, 2007).

그는 사랑은 깊은 친밀함으로의 초대이고 그 애정이 약속하는 특정한 탐색이라면, 애정의 끝은 우리 자신을 되찾고 우리를 특별한 방식으로 바꾸어 놓은 친밀함에서 물러나 우리가 그 안에서 얻을 것들을 소화할 기회로 보고 있다. 이의 관점은 왜 우리가 사랑에 빠지고, 또 왜 그토록 열렬했던 사랑이 끝나게 되는가에 대한 통찰에 도움을 준다.

그에 의하면 사람은 평생 동안 자기 자신을 창조하는 일을 하려고 노력하고 이를 위한 수단으로 사랑이 필요한 것으로 본다. 우리는 모두 기본적인 심리적 문제를 해결하려고 하고 있으며 "나는 누구인가?"라는 질문에 깊이 있고 만족할 만한 답을 얻으려고 하는 것으로, 이는 평생토록 우리가 자신의 정체성의 의식을 얻으려고 노력한다는 것을 의미한다. 그러기 위해서 우리는 진정으로 우리가 누구인지를 발견하는 데에 도움이 되거나 우리가 누구라고 발견한 것을 확인해 줄 인생경험들을 만들게 된다. 이것들이 소위 심리적 발달과업이라고 부르는 것이다. 이는 어떤 심리적인 문제들을 해결하는 것과 관계 있는 것으로 성, 분노, 남자다움, 여자다움, 개인적 힘, 창조성, 자기 충족 등을 채우는 것과 관련 있다. 이를 위한 자연스러운 타인의 도움을 획득하는 형태가 애정이며 서로에게 도움을 주는 매개체가 바로 사랑이라는 것이다. 즉 사랑에 빠지는 이유는 이러한 외적, 내적 발달과업을 완수하는 데 도움이 되기 위해서인 것이다. 그것이 바로 우리가 한 사람을 선택하고 그 사람이 우리를 선택하게 되는 이유이며, 동시에 애정이 시작되고 끝나는 이유이다.

따라서 이 정의에 의하면 좋은 사랑은 서로 거의 같은 양의 도움을 주고받는 관계라 하겠다. 이것은 사랑에 대한 낭만적 견해가 못 되지만, 사랑이라는 관계 속에서 일어나고 있는 진실, 즉 사랑이라는 마술적 우산 안에서 일어나고 있는 것은 우리 자신을 창조하는 일이라는 것을 알게 해준다. 사랑에 대한 이 정의는 사랑에 참여한 두 사람의 특질에 대한 진정한 평가의 기회를 제공할 수 있겠다.

더 읽어보기: 발달과업으로서의 사랑(Daphne Rose Kingma, 2000)

사랑이라는 관계를 통해 우리가 이루어내야 할 발달과제는 아동기에서 비롯된 결핍의 보충과 아동기 이야기의 정서적 의미의 발견이라는 것이다.

개인에게 어린 시절은 궁극적으로 자기 자신에 대한 모든 귀중한 정보들을 발굴할 수 있는 고고학적 장소이다. 희망, 결핍, 기대, 사랑과 성에 대한 개인적 신화, 이성에 대한 신념과 자기 개념을 형성하는 수많은 지각과 신념들이 그것이다.

누구에게나 어린 시절은 인생이라는 아주 중요한 영화의 첫 상영이다. 만일 이것을 어려서 볼 수 있었다면 삶이 달라졌을 텐데 불행하게도 우리는 첫 상영에서는 그것을 놓쳤다. 우리는 여러 해 지나 다른 극장-사랑과 결혼-에서 재상영할 때 그것을 보게 된다.

거의 모든 사람들이 절대적으로 가져야 할 어린 시절의 핵심적인 정보는 오로지 성인의 애정을 통해서 가지게 된다. 마술적이고 무의식적으로 부모와의 관계에서 있었던 시나리오나 정서적 역동이 애인이나 배우자에게 되풀이된다. 이는 반드시 잘 할 때까지 다시 하겠노라고 스스로 다짐하는 것과 같은 형상이다.

성인의 애정은 어린 시절로부터 교훈을 얻는 기본적인 수단이어서 사람들이 바라듯이 완벽하고 수정같이 투명하고 끝없이 행복하거나 영구적인 결합이 아닐 경우가 자주 있다. 오히려 헤어지고 불완전하고 좌절되는 바로 그것이 강력한 교육인 것이다. 애정을 통해서, 애정의 끝에서 우리는 부모와의 관계에 대해서-어린 시절에 못다 한 일이라고 할-그리고 결국 자기 자신에 대해서 많이 알게 될 것이다.

결혼을 했든, 연애 중이든, 동거 중이든, 득신이든, 누구나 삶의 지상 과업은 자기를 창조하는 것이다. 애정의 끝이 그렇게 중요한 이유는 나중에는 같이했던 시간을 그리워하게 되기 때문이 아니고 그것을 통해서 자기 자신이 존재하도록 만드는 과정을 수행하기 때문이다.

출처: Kingma 저, 이희 역(2007), 「사랑, 다음에도 오는가」에서 발췌, 재구성

2 친밀감

친밀감(intimacy)이란 무엇인가? 친밀감이란 영어 단어는 '안쪽' 이나 '마음속' 을 의미하는 라틴어에서 나왔다. 친밀감이란 단어는 개인의 가장 내면의 성질들을 일컫는 것으로 '비밀스러운 것, 열렬한, 열정적인' 또는 '내부의 교우관계가 가까운 것' 또는 '사적인, 가까운, 마음속' 으로 정의된다. 따라서 친밀하다는 것은 타인에게 가깝다는 것을 의미하는 것으로 햇필드(Hatfield)는 친밀감을 '사람들이 타인에게 가까

워지고 그들이 생각하고 느끼고 행동하는 방식에서 유사성들(그리고 차이들)을 찾고자 시도하는 과정' 이라고 정의하고 있다. 친밀감이 많은 사람은 대체로 따뜻하고 안정되며 사교적이고 타인을 자유롭게 해준다. 에릭슨(Erikson)도 20대 후반의 주요한 발달과제로 친밀감을 형성하고 배우자를 선택하는 것을 들었다. 친밀감을 획득하지 못한 사람은 대체로 고독하며, 자기중심적이고 자기회의와 불신을 가지기 쉽고, 대인관계가 형식적이고 고정관념적이며 따뜻함과 자발성이 없다. 친밀한 관계가 갖는 특성들의 이해와 이의 형성에 영향을 주는 요인들에 대한 정보는 우리가 맺는 인간관계의 증진에 유익한 자료이다.

1) 친밀한 관계의 특징들

(1) 인지적 특징들

친밀한 사람들은 서로 자신을 털어놓으려고 한다. 그들은 자신에 관한 정보를 개방하고 자기 파트너의 정보에 귀를 기울인다. 매우 친밀한 관계들에서 친구들 및 사랑하는 이들은 자신의 모든 복잡함과 모순성들을 포함해서 자신에 관한 대부분의 측면들을 마음 놓고서 드러낸다. 그 결과로 친밀한 관계에 있는 사람들은 서로의 내력, 가치, 장점, 약점, 특이성, 희망 및 공포 등에 관한 정보를 나누게 된다.

(2) 정서적 특징들

친밀한 사람들은 서로에 대해서 세심하게 마음을 쓴다. 친밀한 관계에서 사람들은 서로 강하게 감정을 느낄 수 있으며 누구보다도 자신의 친밀한 사람을 사랑하게 되는 것이다.

(3) 행동적 특징들

친밀한 사람들은 가까운 신체적 근접성 속에서도 편안해 한다. 서로 응시하며, 서로 기대며, 서로 가까이 서며, 서로 몸에 닿는 것을 기꺼이 한다.

2) 친밀감 형성의 요인

(1) 상호개방

상호 간에 깊이 있는 생각과 느낌을 서로 자발적으로 나누는 것으로 친밀성에 대한 욕구가 강해지면 위험성이나 장벽에도 불구하고 자신을 공개하려는 성향이 짙어진다. 이러한 상호개방성은 상대방을 얼마만큼 좋아하고 있는가의 정도에 따라 결정되는데, 그 역시 마찬가지로 좋아하는 것이 또한 자기개방을 용이하게 한다. 그러나 어느 것이 선행되느냐에 상관없이 자기개방의 수준은 상호관계의 특성에 적절한다는 점이 더 중요하다.

자기개방의 수준은 다음 5단계로 구분되어진다.

수준 1. 상대방과 능동적으로 격리되어 있으려 하며, 자신의 감정이나 성격에 관해 아무것도 노출시키려 하지 않는다. 자기를 노출시킨다고 해도 상대방과 전반적인 보조를 이루지 못하며 오히려 상대방의 감정과 기분을 상하게 하는 수준으로 신뢰감을 상실시키게 되는 수준이다.

수준 2. 자신이 노출되는 것을 능동적으로 피하려는 것 같지 않으나 자신에 관한 정보는 결코 자진해서 주지 않는 수준이다. 상대방이 질문을 하면 구체적이지 않는 간결한 정도로만 응답하는 수준이다.

수준 3. 상대방의 흥미에 일치하게 자신에 관한 정보를 자발적으로 제공하고 있으나, 아직은 정보가 전체적으로 모호하고 자기의 독특한 특성에 관해서는 별로 나타내지 않는 수준이다. 그렇지만 이 수준에서의 내용은 상대방의 반응에 적절하게 맞추는 수준이 됨으로써 촉진적이고 바람직한 대인관계를 형성시킬 수 있는 수준으로 초기 만남에 적절한 개방수준으로 볼 수 있다.

수준 4. 상대방의 관심이나 흥미와 일치하는 자신의 개인적 생각, 태도 및 경험에 관한 정보를 자유롭게 자발적으로 전달하는 수준이다. 자신들의 생각과 의견을 자유롭게 말하며 자신의 독특한 성격도 드러내는 수준으로 믿음이나 친근감이 유발된다.

수준 5. 자신의 성격에 관한 매우 친근하고 상세한 소재를 자발적으로 제공하고 상대방의 요구에 맞추어서 자신을 공개할 줄 아는 수준으로 극히 개인적인 정보까지도 표현한다. 상대방에게 자신의 감정이나 생각을 거의 노출하므로 상대방에 대한 부정적인 감정도 개방적 질문을 통하여 그 감정을 건설적으로 바꿀 수 있는 수준으로 가장 건강한 개방수준으로 볼 수 있겠다.

(2) 개성조화

앞에서 기술하였듯이 두 사람은 자신을 개방하게 될수록 서로 더욱 좋아하게 되는 경향이 있다. 그러나 점점 상이점이나 갈등을 느끼게 되면 그들은 훨씬 더 싫어하게 될 수도 있다. 여기에서 핵심적인 문제는 얼마만큼 서로 조화를 이루느냐 하는 것이다. 아무리 친밀한 사이라도 다소의 차이점이나 갈등은 불가피하다. 중요한 점은 이러한 차이점이 어떻게 조정되는가이다. 이 차이점이 조정되지 않고 무시될 경우, 뚜렷한 이유 없이 권태, 짜증, 불만족 등과 같은 보이지 않는 갈등의 징후를 경험하게 된다. 갈등은 서로 회피하지 않고 드러내어서 조화를 이루도록 해야 한다. 서로가 상대방에게 깊은 관심을 가지고 있다면 건전한 갈등은 오히려 애정이나 결혼생활을 더욱 강렬하게 촉진시킬 것이다.

스캇 펙(Scott Peck, 1978)도 여러 가지 임상사례를 통해 지나치게 밀착되기보다는 상대방이 서로의 개성과 별개의 개체인 것을 인정하고 이러한 기반 위에서라야만 성숙한 결혼생활이 가능하고 또 참사랑이 자랄 수 있게 됨을 강조하고 있다.

(3) 상호순응

상대방의 견해를 이해하려는 시도에서 비롯되므로 감정이입의 태도가 중요하다. 감정이입의 태도란 자신이 상대방의 입장에 처해 있는 것 같은 자기자신의 인식체계에 의해 다른 사람을 이해하려는 노력을 의미한다. 감정이입적 이해 태도는 상대방으로 하여금 자기자신을 있는 그대로 표현하도록 만들며 덜 방어적으로 느끼게 됨으로써 신뢰와 수용으로 가득 찬 분위기가 형성된다. 그러나 자신과 비슷하거나 사이가 좋은 사람에게 감정이입하는 것은 쉽지만 자신과 전혀 다른 사람을 이해하려는 노력은 쉽지 않다. 때로는 상대방을 이해하는 것만으로 충분하지 않고 서로가 상대방의 욕구에 부응하도록 자신을 변화시키는 것이 필요하다.

(4) 친밀감 및 인격의 성장

이상적으로 친밀한 관계는 두 사람이 인간으로서 보다 충분하게 성장하는 데에 도움을 줄 수 있는 관계이다. 이러한 관계에 있어서는 애정과 신뢰감을 서로가 공감할 수 있으며 각자 인격의 심층수준에서 서로를 긍정할 수 있는 보다 안전하고 수용적인 분위기가 조성된다. 그러나 일방적 성장은 친밀한 관계의 균형을 깨뜨리기 때문에 어떤 커플은 외부로는 안정된 것처럼 보이나 실제 둘 사이의 생활은 텅 빈 둥우리 같은 생활을 한다. 친밀한 관계의 발전과 함께 자신만의 고유세계와 고유영역의 유지 또한 중요하다.

다음과 같은 질문을 통해 상호관계의 건전성과 성숙성을 평가해 볼 수 있겠다.

첫째, 이 관계로 우리들 사이가 향상되었는가?

둘째, 이 관계가 우리를 바람직한 방향으로 변화시키고 성장하도록 자극을 주었는가?

셋째, 우리들은 이 관계 이외의 흥미 있고 의미 있는 관계를 유지하고 있는가?

넷째, 애인지간이라면 친구관계까지도 될 수 있는가?

다섯째, 자기의 개성을 포기하지 않고도 친밀감을 경험할 수 있는가?

여섯째, 이 관계를 떠나서도 한 개인으로서 가치가 있다고 생각하는가?

건강한 관계는 둘 다 자신의 자리에 서 있으면서 친밀감이라는 감정이 교류되는 것이지, 하나가 하나의 자리로 완전히 녹아 들어가는 공집합이 되어서는 오히려 사랑이 깨어지기 쉽다. 관계란 자율성을 유지하면서 서로가 상대에게 적절하게 통제력을 가지고 있어야 건강하다 할 수 있다. 그래서 칼릴 지브란은 '서로가 서로를 향해서 있되, 서로 안에는 바람이 통하는 공간을 두라' 고 노래하고 있다. 너무 의존되고 구속된 관계는 오히려 두 사람 간의 관계를 해치는 것임을 간파했기 때문일 것이다.

참고자료: 욕구강도로 풀어보는 파트너 점검

당신이 독신이고 사랑을 찾고 있을 때: 욕구강도 프로파일의 점검으로!
윌리엄 글라써(William Gllasser)는 인간에게 있어서 기본적인 다섯 가지 욕구-생존, 사랑과 소속, 힘(성취), 자유, 즐거움- 충족이 중요한 과제로 이의 프로파일의 점검을 통해, 파트너와의 적합성을 평가해 볼 수 있다고 하였다. 다음은 William Gllasser의 저서 '결혼의 비밀'(우애령 역, 2000)에서 인용한 글이다.

만약 당신이 독신이고 사랑을 찾고 있다면 욕구강도 프로파일을 점검해 보는 방법이 있다. 그리고 나서 가능성이 있는 파트너를 만나면 당신의 프로파일이 어떻게 비교되는지 평가해 볼 수 있다. 상대방에게 당신이 무엇을 하고 있는지 말할 필요는 없다. 그냥 혼자 해보는 것이다. 그렇게 큰 노력이 드는 것도 아니고 당신이나 파트너가 함께 살 결심을 하기 전에 두 사람의 관계가 어떻게 될지에 대해 아이디어를 좀 얻을 수 있다.

생존의 일치성에 있어서는 특별히 돈에 대해 잘 살펴보아야 한다. 이 영역에서 당신이 면밀하게 살펴보는 것이 중요하다. 낭비가 대단히 심한 사람이 극심한 절약가와 결혼하면 문제가 생긴다. 또한 자유의 욕구를 살펴보라. 자유의 욕구가 높은데 그것을 인식하지 못하고 있는 사람은 그 이유도 모르면서 결혼 초기부터 어려움으로 들어가기 쉽다. 결혼은 사람들이 관여하기로 한 일들 중에서 가장 부자유스러운 일이고, 결혼한다고 해서 자유의 욕구가 달라지는 것은 아니다. 내 경험으로는 서로 사랑하면서 자유의 욕구의 차이를 알고 있는 부부들은 대체로 타협할 수 있고 차이점을 극복해나갈 수 있다. 그런데 파트너와 비교해보아야만 할 가장 큰 욕구는 사랑과 힘이다. 힘의 욕구가 높은 사람과 결혼하면 자기가 좌절을 겪을 때 아주 심술궂게 굴 수 있다. 항상 그런 것은 아니지만 대체로 이런 경우는 남자에게 많다. 힘의 욕구가 높은 사람은 언제나 지배하고 싶어하고 배우자에게도 그렇게 행동한다. 그들은 아마도 모든 사람을 소유하고 싶겠지만 대체로 배우자만이 그렇게 할 수 있는 유일한 사람이다. 만약 당신이 소유당하고 싶지 않고 오히려 좌지우지 하고 싶다면 힘의 욕구가 강한 사람하고 결혼해서는 안 된다. 소유자라는 생각은 학대, 증오, 심지어 심한 폭력으로까지 이어질 수 있다.
힘과 대결할 수 있는 것은 사랑이기 때문에 사랑을 체크해야 한다. 힘의 욕구가 두 사람 다 높더라도 서로 충분히 사랑하고 있으면 잘 지낼 수 있다. 힘의 욕구가 강한 두 사람에게 도움이 되는 것은 공통의 목적을 향해 함께 노력하는 것이다. 그렇게 되면 힘의 욕구는 두 사람의 관계를 해치기보다 오히려 도움이 될 수 있다. 힘의 욕구가 강한 남자에게는 여러 가지로 매력 있는 점이 많기 때문에, 당신이 힘의 욕구가 낮은 여자인 경우에 두 사람 다 사랑의 욕구가 평균이 넘고 남자가 자신의 힘을 당신을 보호하는 데 쓴다면 잘 지낼 수 있다. 이렇게 하려면 여자 쪽에서 정말 기술이 필요하지만 당신이 이 점을 잘 알고 있다면 그의 힘을 보호 차원에서 사용해볼 수도 있다. 그리고 당신에게 도움이 되는지 살펴볼 수 있다. 즐거움의 요소는 대단히 지속적인 힘이 있다. 성과 사랑조차도 오래된 관계에서 시들 수 있지만 즐거움은 신선하게 남아 있다. 성과 달리 즐거움은 항상 새로운 방향으로 갈 수 있고 즐거움을 누리는 데는 거의 아무런 제한이 없기 때문이다. 상대방이 하는 일에 흥미를 보이기만 하더라도 행복한 관계의 생생한 비밀을 발견한 것이다. 유머감각과 즐거운 활동을 함께 할 수 있는지의 점검은 결혼관계에 있어서 매우 중요하다.

출처: William Gllasser 저, 우애령 역(2000), 「결혼의 비밀」에서 발췌, 재구성

● 토론을 위한 질문 ●

1. 어떤 사람을 알게 되는 과정을 묘사해 보시오. 그 체험을 소상하게 진술하시오.
2. 그 사람이 이성일 때도 같은 과정을 거치는지 설명해 보시오.
3. 데이트 한 경험이 있으면 말해 보시오. 그 체험이 쉬웠는지 어려웠는지 혹은 즐거웠는지 말하시오.
4. 데이트 한 경험을 통해 나 자신에 대해 배운 것이 있는가? 있다면 무엇인가?

볼거리

장애여성의 성과 사랑, MBC 스페셜, 2007. 4. 15.
남성의 몸-아담의 본능, 리비도, KBS 1. 2007. 10. 23.
마리아 수녀회, 〈침묵의 절규〉, 〈이성의 소멸〉.
처녀들의 저녁식사, 임상수 감독(한국), 1998.
낙태관련영화: 4개월 3주 그리고 2일(루마니아).
동성애관련영화: 브로큰백 마운틴, 쌍화점, 로드무비.

참고문헌 REFERENCES

김정옥 외(2002), 새로 보는 결혼과 가족, 신정.
김태현 · 이성희(1996), 결혼과 가족, 성신여자대학교 출판부.
변혜정(2006), 여성운동과 그녀-나를 위한 정치학, 한국여성학회 콜로키움 자료집.
이무석(2007), 친밀함, 비전과 리더십.
장선철(2008), 21세기 현대사회와 정신건강, 동문사.
최규련(2007), 가족관계학, 공동체.
Berger, P. & Hansfried K.(1964), "Marriage and the Constraction of Reality", Gerald Handel(ed.), *The psychosocial of the family*, New York: Aldire publishing.
Blood, R. O. & Wolfe, D. M.(1960), *Husband & wives: The Dynamics of married living.* NY: Free Press.

Bowman, H. A.(1970), *Marriage for moderners*, McGrow-Hill Co.

Burgess, F., H. Locke, and M. Thomas(1963), *The Family from Institution to Companionship*, New York: Van Nostrand Reinhold.

Christiane Northrup, 강현주 역(2003), 여성의 몸, 여성의 지혜, 한문화.

Diane Richardson(2000), "Constructing sexual citizenship: theorizing sexual rights", *Critical Social Policy 62*, Sage Publications.

Erich Fromm(1956), *The Art of Loving*, New York: Harper & Row.

Fehr, B.(1988). Prototype of analysis of the concepts of love and commitment. *Journal of Personality and Social Psycholigy, 55*(4), 554-579.

Kingma(2000), 이희 역(2007), 사랑, 다음에도 오는가, 학지사.

Lamanna, M. A. & Riedman, A.(1991), *Marriages and families*, CA: Wadsworth Pub. Co.

Lee, J. A.(1973), *Color of love, Toronto*, Canada: New Press.

Rice, F. P.(1979), *Marriage and Pareenthood*, Boston: Allyn & Bacon, Inc.

Rubin, Z.(1973). *Liking and living: An invitation social psychology*. N.Y.: Holt, Rinehart, and Winston.

Scott Peck(1978), 신승철 · 이종만 역(2001), 아직도 가야 할 길, 열음사.

Skolnick, Arlene(1983), *The Intimate Environment: Exploring Marriage & the Family*, Boston Little Brown & Co.

Sternberg, R. J.(1986), A triangular theory of Love, *Psychological Review, 93*, 119-135.

William Gllasser & Carleen Gllasser 저, 우애령 역(2000), 결혼의 비밀, 하늘재.

참고자료

열린부부문제연구소 홈페이지.

중앙일보, 2006년 12월 21일자.

통계청(2006), 혼인통계결과.

한겨레 21, 2007년 12월 18일자, 한겨레신문사.

Chapter 05

가족이란 무엇인가?

> 이 세상에서 가장 아름다운 팀은 가정입니다. 이 세상의 어떤 조직도 가족이라는 이름으로 모인 이 팀만큼 강하지도, 견고하지도, 위대하지도, 아름답지도 않습니다. 그들은 오직 사랑으로 뭉쳐 있어 아무것도 바라지 않고 언제라도 도우며 서로를 위해 목숨이라도 내어 놓습니다. 부모의 사랑과 자녀의 미래가 있기에 그들은 어떤 어려움도 이겨내고 날마다 희망 앞으로 나아갑니다.
>
> - 정용철 「좋은 생각」 중에서 -

가족은 사회를 이루는 가장 기본적인 제도로서 인류 역사상 가장 오랫동안 지속되어 온 제도이다. 가족은 친밀하고 지속적인 상호작용을 통하여 개인의 발달과 성장에 필수적인 환경체계를 제공해 왔으며 사회를 구성하는 기초단위로서 사회의 구성원을 재생산하는 역할을 수행해 왔다. 그러나 가족은 시대와 사회에 따라 변화되는 특성을 가지게 되는 역동성을 지닌다. 특히 산업혁명 이후 급속하게 진전된 산업화와 그에 수반된 도시화는 전통적인 가족제도를 더 이상 유지할 수 없게 만들었으며 새로운 사회질서에 쉽게 적응하기 어렵게 만들고 있다. 이러한 시점에서 가족은 아직도 중요한가, 가족이 필요한가라는 본질적 문제에 직면하기도 한다. 가족현상을 이해하는 틀도 학자들마다 다르다.

'가족이란 무엇인가?' 라는 답을 위해서 가족에 대한 기본적 관점 및 개념들, 가족변화에 대한 쟁점들에 대해서 살펴보도록 한다.

제1절 가족에 대한 이론적 관점

최근 들어 가족에 대한 관심이 높아지고 있다. 여러 분야들, 가령 사회학, 법학, 심리학, 인류학, 사회복지학, 그리고 의학 분야 등에서 활발한 관심을 기울이고 있다. 이러한 가족에 대한 관심은 우리 사회에서 나타나는 가족문제를 해결하고자 하는 노력의 일환이라 하겠다. 그러나 이렇게 가족에 대한 관심이 고조되고 있음에도 불구하고 가족을 연구하는 데에는 제한점이 있다. 그 이유는 가족 안에 우리가 늘 있기 때문에 오히려 가족에서 발생되는 문제들을 등한시하거나, 설령 연구 관심이 주어진다 하더라도 연구자가 객관성을 확보하기가 어려울 수 있기 때문이다.

우리가 가족에 대한 인식의 틀, 즉 어떠한 관점(일련의 사고방식과 아이디어)을 가지고 있느냐는 가족을 이해하는 데에 있어서 중요한 첫걸음이다. 이러한 인식의 틀인 관점은 가족의 본질에 대한 가정들과 개념들의 집합으로 구성되고 특정 현상에 대한 조망과 지향을 제시해 주며, 연구에 안내자 역할을 하기 때문이다. 가족마다 독특성을 가지고 있고 또 가족현상이 다양하고 복잡한 속성을 가지고 있으므로 모든 가족에 적용될 수 있는 하나의 이론적 관점을 제시할 수는 없다.

가족을 이해하는 데 국내 여러 학자들(박미해, 1993, 조흥식 외, 2002, 김혜경 외, 2006, 최규련, 2007, 유영주 외, 2008)이 사용하고 있는 기준과 내용들을 기초로 하여 제시해 보도록 한다.

1 구조기능론적 관점

대표적인 학자는 파슨즈(Parsons)인데, 그는 가족을 사회체제 유지를 위한 중요한 기능 중 유형유지의 기능을 담당하는 제도로 본다. 즉 개인들이 기존체제에 적응하는 동기를 조성해 주는 사회화의 기제를 가족이 담당하는 데에 중요한 의의를 둔다. 즉 가족을 사회구성원을 재생산하고 전반적으로 공유된 가치를 재생산하는 단위로 본다. 구조기능론자들은 사회의 균형유지와 안정, 그리고 사회집단의 목표달성에 도움이 되는 현상을 기능적이라고 하고 그렇지 않은 경우를 역기능적이라고 하는데 가족에서 전통적인 성별분업과 관련하여 남편은 도구적 역할, 아내는 표현적 역할을 하는 것이 기능적이라고 한다.

이 관점은 요새나 안식처로서 가족의 기능을 강조하고 남녀가 전통적 역할을 수행하는 것을 기능적이라고 전제함으로써 남녀역할을 이분법으로 나누고 다양한 가족형태를 역기능적으로 간주하는 오류를 범하였다는 비판을 받는다.

2 갈등론적 관점

갈등이론은 인간의 기본적 속성과 사회자원의 제한성 등으로 인하여 갈등은 피할 수 없는 것이며, 사회적 진보를 위하여 필요한 것이라고 본다. 엥겔스(Engels)는 막스(Marx)의 기본개념을 가족과 여성-남성관계에 적용하고 있다. 즉 가족을 자본주의를 위한 노동력과 자본주의적 가치와 관계들을 재생산하는 단위로 파악, 자본주의의 착취적 속성이 개인으로 하여금 사적 생활과 친밀감 등의 주관적 세계를 가족에 더욱 의존케 하였다고 분석하며 이러한 안식처로서의 기능의 강조는 오히려 부정적 영향을 미쳤다고 주장한다. 이 관점은 구조기능론자들이 주장하는 가령, 가족이 기능적이기 때문에 존재한다는 입장에서 가족제도를 통해서 희생될 수 있는 가족성원의 피해를 지적함으로써 가족이 가지고 있는 조화와 갈등의 양면성과 가족갈등문제를 공론화하였다는 데 기여하였다. 그러나 역할과 권력과 같은 사회규범이 가족 간에는 경쟁적 갈등기제로만 작용되지 않은 점, 가족관계에 존재하는 사랑과 유대감, 희생 등의 가족정서에 대한 중요성을 간과한 점에서 비판을 받는다.

3 상징적 상호작용론적 관점

가족 간의 상호작용 유형에 관심을 갖는 미시적 접근방법으로 인간행동은 인간 상호 간의 사회적 상호작용을 통하여 결정되고 설명될 수 있다고 본다. 즉 개인이 주관적 입장에서 사회적 환경과의 상호작용을 통하여 가치를 파악하고 지위와 역할을 획득한다고 주장하면서 역할과 정체성, 자아개념, 의사소통의 개념을 강조한다. 주로 배우자 선택, 세대 간의 가치전달, 역할과 지위관계, 결혼만족, 의사소통, 부모자녀관계 등을 이해하는 데 유용하다.

이 관점은 결혼과 가족에 미치는 거시적 측면, 상호작용으로 해결할 수 없는 권력과 역할의 특성, 인간생활의 무의식적이면서 정서적 측면을 간과하였다는 점에서 비판을 받는다.

4 사회교환론적 관점

이 관점에서의 전제는 인간은 누구나 타인과의 상호작용에서 보상을 극대화하고 비용을 최소화하여 가능한 가장 많은 이득을 얻을 수 있는 상황을 선택하는 합리적 존재이라는 것이다. 사회적 관계가 왜 지속되고 왜 끝나는가를 설명하는 데 유용한 관점으로 보상, 비용, 이익, 비교수준, 대안, 호혜성 등의 개념을 강조하면서, 가족연구에서는 이성교제, 배우자 선택, 가족권력, 결혼만족도, 결혼안정성, 노부모자녀와의 관계, 가정폭력을 이해하는 데 적용된다. 이 관점은 사회적 관계의 형성과 유지 및 해체를 매개하는 개인적, 관계적 요인을 설명하는 데 기여하였으나 보상과 비용의 가치 지각에 있어서의 개인차와 상호관계에 관심이 적다는 비판을 받고 있다.

5 여권론적 관점

가족이 단일체가 아닌 권력단체의 구조임을 강조하면서, 가족은 가부장적 사회질서를 재생산하는 단위로서 남성에게만 기능적이며 여성들은 억압되어 있다고 분석한다. 현대가족의 세 가지 측면, 즉 주부역할을 우선적으로 취하게 함으로써 여성노동을 규제한다는 점, 여성의 성과 출산에 대해 남성이 통제를 가한다는 점, 성정체감을 구조화시켜 남성우위의 성역할 사회화를 유지시킨다는 점에서 여성을 억합하고 있다고 본다. 따라서 여성해방이 되기 위해서는 여성과 남성이 평등성을 성취하도록 하는 범위 내에서 가족구조를 수정해나가야 한다는 온건한 관점과 전통적 가족의 질서와 구조를 전복시키고 다양한 결혼형태의 양식으로 대체하며 자녀출산 및 양육 등이 사회기관으로 이전되어져야 한다는 급진적 관점이 있다. 이 관점은 가족 내의 성의 불평등을 지적하고 여성의 사회적 지위향상과 남녀 간의 평등하고 조화로운 삶과 인간해방운동을 실현하기 위한 실천적 방법을 제시하였다는 평가를 받는다. 그러나 여권론자들은 남성지배의 문제를 강조하고 남성과 여성의 이해관계가 갈등적이라는 것을 강조하기는 하지만 또한 성, 인종, 계급에 의해 억압받는 현실을 완화시켜주며 빈곤문제를 완화하는 중요한 지지자원으로 가족을 꼽기도 한다. 갈등과 억압의 원천이 되는 가족과 협동과 유대의 원천이 되는 가족이라는 대립적인 이미지를 이론화하는 작업이 필요함이 지적된다.

6 현상학적 관점

개인 자신의 주관적 경험을 강조한다. 즉 개인이 자기 자신과 주변세계를 어떻게 지각하고 해석하는가에 따라 행동이 다르게 나타난다고 보는 관점에서의 접근방법이다. 이 관점은 구체적으로 경험하는 현상에 대한 아주 새로운 접근법, 즉 가능한 한 개념적 전제를 벗어던지고 그 현상을 충실히 기술하려는 시도를 의미한다. 즉 사회현실을 개인 외부에 존재하는 그 무엇으로 규정하지 않고 행위자의 주관적 세계 자체를 하나의 현실로 규정한다. 이 관점에서는 사람들이 사회적 실재에 대한 주관적 상태나 감각을 어떻게 그리고 어떤 방법으로 구성하고 유지, 변경시켜 나가는가를 탐구하게 된다.

따라서 결혼관계에서 이들의 상이한 경험의 세계가 미치는 영향을 분석하며, 부모자녀 간의 사회화 과정에 미치는 영향을 탐색하기도 하며, 또한 가족구성원의 일탈이나 폭력 등 부정적 행위에 대한 해석적 준거로도 사용된다.

한편, 이러한 구분 외에 가족에 대한 접근방식의 틀로 정현숙 외(2008)는 유교적 가족관과 도구적 가족주의로 설명하는 전통적 관점, 상호작용하는 개인들의 연합으로 가족을 정의하는 자유주의적 관점, 전통적, 자유주의적 가족관을 거부하는 여성학적 관점 세 부분으로 나누기도 한다.

또한 구조기능론을 위주로 사회의 기본단위로서의 기능성을 중시하는 제도로서 가족에 접근하는 보수적 관점, 갈등론과 여권론을 기본으로 가족 내 불평등의 보편성을 인정하고 성, 계급의 불평등의 문제를 구조적, 제도적으로 해소하며 대안을 제시하려는 진보적 관점, 체계론을 기본으로 하면서 개인, 가족, 사회와의 역동적 상호작용을 이해하고 문제해결을 위한 실천적 방법을 모색하려는 통합적 관점(최규련, 2007)으로 보기도 한다.

가족에 대한 이론적 접근방식이 무엇이든 간에 우리가 가족연구를 통해 얻고자 하는 것(Duvall, 1980)은, 첫째 자신의 가족에서 얻은 경험과 지식보다 더 광범한 것을 알고, 둘째 사회에서 인식되고 있는 왜곡된 사상이나 신념을 시정하기 위해, 셋째 비정상적인 가족생활보다 가족의 정상적인 측면을 강조하기 위해, 넷째 일반적인 상식을 보다 객관적으로 검증하기 위해, 다섯째 가족의 다양한 변화에 부응하고 적응할 수 있는 능력을 개발하며, 여섯째 가족의 변화를 예견하고 대처능력과 의사결정 능력을 기르기 위해서 등이라 하겠다.

제2절 가족의 기초적 이해

가족은 개인과 사회의 중간에 위치하면서 사회에 대해서는 하나의 기본적 사회단위 및 집단이며 개인에 대해서는 인간의 생활환경 중 근접환경으로서 개인의 성장 · 발달에 영향을 미치는 일차적 집단체계이다. 현대사회로 진행하면서 여러 가지 환경적 변화가 가족에게도 영향을 미쳐 가족의 역할과 기능이 달라지고 가족에게 부여하는 개념 또한 변화하는 것이 사실이다. 가족의 기초적 이해를 위해서 가족의 정의와 기능 그리고 가족주기에 따른 발달과제들을 살펴보도록 하겠다.

1 가족의 정의

가족은 모든 문화, 모든 사회에서 발견되는 보편적인 사회제도임에도 불구하고, 역사와 민족, 시대적 흐름에 따라 다양하게 변화되고, 한 국가 안에서도 사회경제적 요인에 따라 다양한 양상으로 나타나기 때문에 그것을 한마디로 정의하는 것은 쉽지 않다.

먼저, 가족의 사전적 정의(새우리말 큰 사전, 2000)를 보면, "어버이와 자식, 형제자매, 부부 등 혈연과 혼인관계 등에 의해 한 집안을 이룬 사람들의 집단 또는 그 성원" 이라고 되어 있다.

전통적 관점의 연구자들[머독(Murdock), 레비 스트라우스(Levi-Strauss), 구드(Goode), 김두헌 등]의 정의에서는 주로 공동거주, 자녀의 존재, 그리고 사회적으로 인정되는 부부의 성적 관계와 경제력 협력을 공통적으로 강조하고 있다. 그러나 오늘날의 가족은 사회변화에 따라 한부모가족, 무자녀가족, 재혼가족 등의 다양한 형태가 등장하므로 가족에 대한 정의도 시대와 문화에 따라 달라지고 있다. 따라서 학자들은 가족을 정의하는 데 어떤 '가족(the family)' 이라는 고정된 시각에서 '가족들(family)' 이라는 새로운 개념으로 바뀌어야 한다고 주장한다. 그 이유로는 가족에 대한 고전적 정의가 현대의 모든 가족을 포함하지 못하고 어떤 가족은 다른 가족보다 정상적이고 우월한 것으로 여기게 하기 때문이며 사회변화에 따라 발생하는 다양한 가족을 편견없이 바르게 이해하기 위해서이다. 슐츠(Schulz, 1977, 유영주 외, 2008 재인용)도 "가족이란 한 복잡한 변수로서 생물학적 요구에 기인하는 보편적 구조도 아니며 종교적 또는 문화적 신조에 기반한 보편적 규범의 이념일 수도 없다. 가족이 사회적 필요성에 기인하는 정도만큼 이것은 우리들을 기성문화에 적응시키는 한편, 무엇이 바람직한 가족인가에 대해 우리에게 변화하는 개념을 부여한다"라고 지적한 바 있다.

이를 종합하여 보면, 가족은 부부와 그들의 자녀로 구성되는 기본적인 사회집단으로서 이들은 이익관계를 초월한 애정적인 혈연집단이며, 같은 장소에서 기거하고 취사하는 동거 동재 집단이고, 그 가족만의 고유한 가풍을 갖는 문화집단이며, 양육과 사회화를 통하여 인격형성이 이루어지는 인간발달의 근원적 집단임과 동시에, 사회변동과 함께 의도적인 정치적 개입에 의해 변화하며, 그러한 변화에 대하여 역동적으로 적응할 수 있는 사회제도의 하나이다(유영주, 1993)라고 정의해 볼 수 있다.

2 가족의 기능

가족의 기능이란 가족이 수행하는 역할, 행위로서의 가족행동을 의미하며 행동의 결과가 가족원의 욕구충족과 사회의 유지 존속에 영향을 준다.

가족기능에 대하여 구체적으로 언급한 이론이나 관점이 독립적으로 존재하는 것은 아니나 가족을 바라보는 시각이 다양한 만큼 가족의 기능유형에 대한 분류 역시 다양하다. 가족의 기능을 언급하고 있는 많은 학자들의 견해를 정리한 〈표 5-1〉을 참조해 보기로 한다(유영주 외, 2008). 이를 통해 알 수 있듯이 가족의 기능은 학자와 시대에 따라 그 분류기준이나 내용들에서 약간씩 차이를 보이고 있다.

〈표 5-1〉 가족기능에 대한 학자들의 분류

학자	연도	기능내용
W. F. Ogburn	1933	경제적 기능, 사회적 지위 부여, 교육적 기능, 보호의 기능, 종교적 기능, 오락의 기능, 애정적 기능
G. P. Murdock	1949	성적 기능, 경제적 기능, 재생산 기능, 교육(사회화)기능
T. Parsons	1955	자녀의 사회화, 성인의 인성 안정
MacIver	1962	본질적(가정 유지, 자녀출산 및 양육, 성적 욕구) 비본질적(오락, 건강, 경제, 교육, 종교, 정부)
L. Broom & P. Selznick	1963	개인적 만족 기능(애정과 영속성 있는 상호 인간관계의 기능, 성적 기능) 사회유지 기능(개인 보존, 사회의 성원 충족, 미성년자의 보호, 사회화, 지위 부여, 사회통제)
W. J. Goode	1963	생리적 출산 및 유지, 사회적 지위, 사회화
I. Nye	1976	자녀의 사회화, 친척관계, 성관계, 치료적, 오락적, 가족부양 및 가정관리
E. M. Duvall	1977	가족원 간의 애정도모, 안정감 부여와 수용, 만족감과 목적의식 부여, 지속적인 동료감
B. N. Adams	1980	애정적, 경제적 소비자, 무보수노동, 사회화
M. Mitterauer & R. Sieder	1984	경제적(소비자), 사회화(도덕교육), 문화적 기능(여가 · 소비)
山根男	1987	개인에 대한 기능(성적 충족, 자녀출산, 고용의 충족, 수입의 획득, 기본적 · 문화적 욕구의 충족, 의존자의 부양, 사회화, 정서적 안정) 사회에 대한 기능(성적 통제, 사회성원의 보충, 사회적 분업의 참가, 경제적 질서의 유지, 문화의 전달, 사회의 안정화)
최재석	1969 1970	성 및 애정의 기능, 생식의 기능, 양육의 기능 경제적 기능, 교육의 기능, 보호의 기능, 휴식 및 오락
한남제	1976	자녀출산 및 양육 기능, 경제적 기능, 우애적 기능
유영주	1989	성 및 애정적 기능, 친척관계 유지기능, 자녀의 사회화 및 교육 기능, 정서적 지지 및 안식처 기능, 경제적 협력 기능, 종교 · 도덕적 기능

출처: 유영주(1989). 한국가족의 기능연구. pp.16~18, 유영주 외(2008) 재인용.

구드(Goode, 1982)는 사람들이 가족 안에서 받는 혜택을 살펴보면, 다른 사회집단과는 구별되는 가족의 기능이 무엇인지 파악할 수 있다고 하였다(최규련, 2007 재인용). 이에 의하면, 가족이 주는 네 가지 혜택으로 첫째 가족이 인간관계의 영속성을 제공하고, 둘째 가족이 가족원들에게 물리적 근접성과 자원을 제공한다는 점, 셋째 가족이 오랜 기간에 걸쳐 친밀한 관계를 제공해 주는 점, 넷째 가족이 경제적 효율성을 높인다는 점이다. 이와 같이 가족이 여러 혜택을 주는 점에서 어느 사회집단보다 인간의 욕구를 충족시켜 줄 잠재력을 지니고 있고 현대인에게도 필요한 제도라 할 수 있다. 즉 가족의 역할은 가족원이라는 이름으로 자원을 공유하며, 친밀성과 지속성을 제공함으로써 여러 측면에서의 이득을 창출하는 제도라 하겠다.

현대사회에서 수행하는 핵심적 가족의 기능을 관련자료(Duvall, 1980, 유영주 외, 2008, 최규련 2007)를 참조하여 요약 제시하여 보면 다음과 같다.

첫째 성 및 애정의 기능, 둘째 자녀출산의 기능, 셋째 자녀양육 및 사회화의 기능, 넷째 경제적 기능, 다섯째 정서적 안정 및 지지의 기능, 여섯째 사회적 지위부여의 기능 등으로 분류되고 있다.

또한 가족은 사회변화에 따라 형태가 바뀌고 기능도 축소되거나 확대되기도 하는 변화하는 제도로서 가족의 내적, 외적 변화에 따라 가족의 기능이 약화되거나 축소되기도 한다.

가족유형별 가족기능 수행도를 파악한 자료에 의하면(〈표 5-2〉참조), 전체적으로 일반가족이 다른 가족형태보다 기능수행도가 높으며, 부자가족에 비해서는 모자가족의 가족기능 수행도가 약간 높은 것으로 나타났다. 전체 점수를 보면 100점 만점에 일반가족의 기능수행도는 61.89점이며, 영역별로 보면 신체적 부양기능, 자녀양육 및 사회화의 기능 수행도가 높게 나타나 우리 사회에서의 가족기능은 주로 구성원의 돌봄노동에 초점이 맞추어져 있음을 알 수 있다.

〈표 5-2〉 가족유형별 가족기능 수행도

단위: 점

영역명	지표명	기능 수행도[1]			
		부자가족	모자가족	기타해체가족	일반가족
경제적 기능	양질의 노동력	2.06	2.03	1.58	2.54
	균형적 소비	1.94	2.09	2.05	2.55
계 (8.0 만점)		4.00	4.12	3.63	5.09
경제적 부양기능	의생활 제공	2.08	2.09	1.55	2.49
	식생활 해결	2.02	2.16	1.97	2.64
	주거생활 적절	2.01	2.12	2.03	2.44
	의 · 식 수준 만족	1.72	1.86	1.61	2.30
계 (16.0 만점)		7.83	8.23	7.16	9.87
정서적 부양기능	가족 간 대화소통	2.63	2.65	1.79	2.92
	가족 일 관심 많음	2.75	2.71	2.09	3.01
	개인문제 공동 해결	2.63	2.75	2.20	3.06
계 (12.0 만점)		8.09	8.11	6.08	8.99
신체적 부양기능	신체적 보호 적절	2.72	2.75	2.44	3.03
	적절한 의료보장	2.63	2.73	2.47	3.03
	불편한 가족 돌봄	2.68	2.69	2.59	3.06
계 (12.0 만점)		8.03	8.17	7.50	9.12
자녀양육 및 사회화기능	교육의 적절한 배분	2.28	2.24	1.49	2.72
	부모꿈 대리성취	1.66	1.74	2.08	1.86
	자녀교육 잘 됨	2.19	2.14	1.37	2.59
	사회화 교육함	2.36	2.46	2.13	2.69
계 (16.0 만점)		8.49	8.58	7.07	9.86
여가 및 휴식기능	가족외식	1.34	1.18	0.43	2.15
	가족운동	0.93	0.90	0.47	1.97
	집안 가꿈	1.07	1.31	0.60	1.93
	가족오락활동	0.74	0.70	0.32	1.53
	종교활동	0.90	1.11	1.06	1.24
	재충전됨	1.78	2.07	1.82	2.27
계 (24.0 만점)		6.76	7.27	4.70	11.09
사회보장 기능	이웃을 도움	1.91	2.06	1.79	2.43
	친인척 도움	2.03	2.17	1.91	2.61
	축의금 적절부담	2.19	2.30	2.18	2.83
계 (12.0 만점)		6.13	6.53	5.88	7.87
총계 (100.0만점)		49.33	51.01	42.02	61.89
(분석가구 수)		(81)	(294)	(20)	(727)

주 1) 0~4점의 5점 척도
출처: 김승권 등(2001). 최근 가족해체의 실태와 정책방안에 관한 연구

제3절 가족주기와 발달과제

개인과 마찬가지로 가족도 시간의 흐름에 따라 변화하는 일련의 발달과정을 겪게 된다. 이처럼 가족이 단계별로 변화함에 있어 내적으로는 구성원들의 여러 요구와 외적으로는 사회적 기대 및 주변 환경의 요구를 효과적으로 충족할 수 있어야 한다. 보편적으로 가족이 겪게 되는 주기와 이 시기마다 가족이 수행해야 할 과업들에 대해서 살펴보도록 하겠다.

1 가족주기

가족주기란 사람이 가족생활에서 경험하는 미혼, 결혼, 출산, 육아, 노후의 각 단계에 걸친 시간적 연속을 말한다. 즉 가족이 결혼으로 형성되어 자녀출산, 자녀성장으로 확대되었다가 자녀의 결혼과 독립으로 축소되고 부부가 노후생활과 사망에 이르게 됨으로써 소멸하게 되는 가족의 변화 과정을 말한다. 이러한 가족주기는 가족생활에 대한 전반적인 장기적 안목을 취하는 방법으로 한 가족의 주기 상에 나타나는 각 국면의 문제와 잠재적 문제, 취약점과 강점을 시간적 차원과 계속적인 발달의 과정으로 연구하는 데 도움을 준다

이러한 가족주기도 시대의 흐름에 따라 변화되는데, 최근에 출산율이 점차 낮아지고 단산연령이 낮아지고 마지막 자녀의 독립이 빨라지고 평균수명이 길어지고 있는 특성들이 반영된다. 따라서 전체적으로 보면 이전에 비해 가족형성기, 가족확대기는 짧아지고, 반면 부부만이 남는 시기부터 은퇴 후 부부 모두 사망하기 전까지의 기간이 전보다 훨씬 길어지고 있다. 즉 가족주기에서 전체 기간이 길어지고 가족주기에서의 후기 부분이 연장되고 있어 이에 대한 중요성과 관심이 증대되고 있다.

〈표 5-3〉 가족생활주기 각 단계별 기간[2]

단위: 년

주기별 기간	부인의 결혼 코호트				
	1959년 이전	1960~1969년	1970~1979년	1980~1989년	1990~2000년
가족형성기 (결혼시기~첫 자녀 출산)	2.37	1.71	1.44	1.33	1.22
가족확대기 (첫 자녀 출산~막내 출산)	10.90	6.80	3.95	3.21	2.35
확대완료기 (막내 출산~첫 자녀 결혼)	14.80	19.60	23.75	24.49	25.35
가족축소기 (첫 자녀 결혼~막내 결혼)	10.90	6.80	3.95	3.21	2.35
축소완료기 (막내 결혼~남편 사망)	1.01	1.17	4.98	7.96	12.65
가족해체기 (남편 사망~본인 사망)	8.56	12.46	12.31	12.81	12.24
전체 기간 (결혼시기~사망시기)	48.54	48.54	50.38	53.01	56.16

주 2) 15~64세 기혼부인 중 초혼이면서 출산경험이 있는 경우만을 분석 대상으로 함.
출처: 김승권 등(2000). 2000년 전국출산력 및 가족보건실태조사

2 가족발달과제

가족발달과제란 인간이 성장하고 발달해 가는 단계별로 획득해야 할 행동형태이다. 가족도 개인처럼 일생을 통하여 수행해야 할 발달과제가 존재한다. 이러한 발달과제는 가족주기에 따라서 단계적으로 적절히 수행되어야 가족이 안정되고 충족감을 느끼며 살아갈 수 있다. 각 단계별 발달과제는 반드시 이루어져야 하는 결정적 시기가 있으므로 각 단계에 따른 발달과제에 대한 숙지가 필요하다. 가족주기 단계에 따른 발달과제를 관련자료(김혜경 외, 2006, 최규련, 2007, 유영주 외, 2008)를 기초로 정리해 보면 다음과 같다.

〈표 5-4〉 가족주기 단계별 가족의 발달과업

<table>
<tr><th colspan="2">가족주기 단계</th><th>특징과 과제</th></tr>
<tr><td rowspan="2">형성기</td><td>신혼기</td><td>새로운 가정과 부부관계의 기초 확립
부모가정과의 협력관계
가정의 장기기본계획(교육, 주택, 노후설계)
가족계획(임신, 출산 준비)
상호 만족스런 애정표현과 성생활 체계수립
친인척과의 원만한 관계 수립
부부와 함께하는 여가 계획
임신과 부모됨의 적응 및 준비</td></tr>
<tr><td>유아기</td><td>유아 중심의 생활 설계
유치원, 놀이방 활용 계획
조부모와의 협력관계
가사노동 능률화와 시간의 합리화
자녀의 성장에 대한 가계설계
자녀 중심의 교육비와 주택 중심의 장기 가계 계획 재검토
부부역할의 재조정</td></tr>
<tr><td rowspan="2">확대기</td><td>학동기 자녀기</td><td>가족 여가를 위한 지출 계획
자녀의 교육비와 부부의 교양비 설계
자녀 성장에 따른 용돈 계획
자녀의 공부방 계획
자녀 성장에 따른 부부역할 재검토</td></tr>
<tr><td>10대 자녀기</td><td>청소년 자녀의 자아정체감 형성, 진로선택 및 준비, 사회적 역할획득, 학업성취, 부모로부터 정서적 독립
자녀와의 생활에 적응하기
자녀의 진학과 교육비 계획
자녀의 학습 환경 설계</td></tr>
<tr><td>축소기</td><td>자녀독립기</td><td>부부관계 재조정
자녀부부와의 역할기대 관계 조정
노후를 위한 가계소득, 지출(저축, 연금, 퇴직금, 재산소득)의 설계
유산 분배 계획
자녀의 취직, 결혼지도</td></tr>
<tr><td>관계 재정립기</td><td>노부부기</td><td>노화 및 은퇴적응/건강유지
부부관계 유지 및 개선
노후생활 설계
취미, 문화그룹에의 참가, 노인학교, 노인그룹 참가
배우자의 사별과 죽음에 대한 수용</td></tr>
</table>

자료: 최규련(2007), 유영주 외(2008)에서 발췌, 재구성

● 토론을 위한 질문 ●

1. 각자 본인이 생각하는 가족의 정의들에 대하여 이야기를 나누어 보시오. 가족을 정의하는 데 있어서 성별 혹은 다른 변인의 영향에 따라 달라지는지에 대해서도 논해 보시오.
2. 가족주기에 따른 발달과제를 제대로 수행하지 못하였을 때 발생할 수 있는 문제점들에 대하여 예측하여 보시오.

참고문헌 REFERENCES

김두헌(1969), 한국가족제도연구, 서울대학교출판부.

김두헌(1975), 현대의 가족, 을유문화사.

김승권 외(2000), 2000년 전국출산력 및 가족보건실태조사.

김혜경 외 6인(2006), 가족복지론, 공동체.

박미애(1993), 사회학자들이 본 남성과 여성, 한울아카데미.

새우리말 큰 사전(2000).

유영주 · 김순옥 · 김경신(2008), 가족관계학 제2개정판, 교문사.

이영숙 · 박경란 · 전귀연(2008), 가족문제와 복지 2판, 신정.

정현숙 · 옥선화(2008), 가족관계, 한국방송통신대학교.

정현숙 · 최연실 · 유계숙(1998), 결혼학개론, 상명대학교 출판부.

조흥식 · 김인숙 · 김혜란 · 김혜련 · 신은주(2002), 가족복지학 2판, 학지사.

최규련(2007), 가족관계론, 공동체.

Duvall, E. M.(1980), *Marriage and family development*(5th ed.). Philadelphia: Lippincott.

Parsons, T. & Bales, R.(1964), *The American Family: Its Relation to Personality and to the Social Structure, Family, Socialization and Interaction Process*, London: Routledge & Kegan Paul.

Murdock, G. P.(1965), *Social structure*. New York: Free Press.

Goode, W.(1982), *The Family*(2nd ed), Englewood Cliffs: Prentice Hall.

Chapter 06

가족의 변화와 다양성

> 삶이란, 끊임없이 새로워지는 것입니다.
> 마치 뱀이 주기적으로 허물을 벗듯이 사람도 일정한 시기가 되면 영혼의 성장을 위해 마음의 껍질을 벗어야만 합니다. 지나간 일을 이제 던져 버리십시오. 비록 미래에 무슨 일이 일어날지 알 수 없지만, 당신을 초대한 삶에 충실하십시오. 지금 이 순간의 삶 말입니다. 덧없이 늙지 않고 진정한 삶을 살기 위해서는 그 길밖에 없습니다.
>
> - 한스 크루파의 「마음의 여행자」 중에서 -

가족이 끊임없이 환경과 상호작용하면서 문화적, 시간적 맥락 속에서 살고 있다는 점에서 또한 최근의 사회변화가 매우 가속화되고 있다는 점에서 가족을 역동적 체계로 볼 필요가 있다. 가족이 그 사회문화 체계 속에서 겪는 변화와 다양성 문제를 조망하고 또한 어떻게 변화에 대응해 나가면서 개인의 삶의 양식을 형성해 나가는지를 살펴보는 것은 가족에 대한 보다 중립적인 시각형성을 위해서도 필요한 과제라 하겠다. 이를 위해 먼저, 현대사회에서 가족이 가지고 있는 특성과 변화들에 대해 살펴보고, 두 번째 이러한 변화에 대해 어떤 쟁점이 있을 수 있는지에 대해 기술해 보고 마지막으로 현대사회에서 나타나는 삶의 방식들(결혼과 가족생활들에서의)에 대해 '다양한 선택' 이라는 관점에서 접근허보고자 한다.

제1절 현대가족의 특성과 변화

현대사회에서 가족변화의 가장 중요한 논점으로는 가족의 형태와 가족가치관의 변화라 할 수 있겠다. 이를 중심으로 살펴보도록 한다.

1 가족형태의 변화: 가족크기와 세대구성의 축소

우리나라의 평균 가구원수는(〈표 6-1〉 참조), 1975년 5.0명에서 계속 감소하여 오다가 2000년 이후 3.1명, 2005년 2.83명이며, 2020년 2.48명, 2030년에는 2.35명으로 예상되어 점차 '소가족화'가 진행될 것으로 전망된다. 구체적으로 보면, 가구원수가 1명인 가구는 4.2%에서 2005년에는 20.0%로, 2명인 가구는 8.3%에서 22.5%로, 3명인 가구는 12.3%에서 20.9%로 증가하였다. 4명의 경우는 1975년 16.1%에서 계속 늘어나다가 1995년 31.7%를 기점으로 감소하고 있다.

〈표 6-1〉 가구원수 변화

단위: %

가구원수	1975년	1985년	1995년	2000년	2005년
1명	4.2	6.9	12.7	15.5	20.0
2명	8.3	12.3	16.9	19.1	22.5
3명	12.3	16.5	20.4	20.9	20.9
4명	16.1	25.3	31.7	31.1	27.0
5명 이상	59.1	39.0	18.3	13.4	9.6
평균 가구원수(명)	5.0	4.1	3.3	3.1	2.83

출처: 통계청, 인구주택총조사보고서, 각 연도

이와 같이 가구원수의 감소는 출산율과 직접적인 관계가 있다. 2005년 우리나라의 합계 출산율(여성 1명이 가임기간 15~49세에 낳는 평균 자녀수)은 1.08명을 기록, 대체 출산율 2.1명(인구가 줄어들지 않기 위해 여성이 낳아야 하는 최소한의 자녀수)을 크게 밑돌고 있다. 합계 출산율의 변화를 살펴보면, 1960년에 6.0명이던 출산율이 1983년에는 대체 출산율 수준인 2.1명에 도달하였고, 그 이후에도 지속적으로 저하되어 1980년대 후반부터 1990년대 후반까지 약 10년 간의 출산율은 1.6~1.7명이었다. 1960~70년대의 출산율 저하는 산업화와 도시화에 따른 가족계획 사업의 홍보 교육과 피임 보급 활동에 의해서 이루어졌다. 반면 1980년대부터의 출산율 저하는 개인주의적 가치관의 형성, 소자녀 규범의 정착, 그리고 이를 위한 각종 사회지원

시책 등에 의하여 이루어진 것으로 보인다. 그런데 약 10년 간 지속된 1.6~1.7명의 출산율은 IMF 외환 위기가 한반도를 강타한 1997년 말부터 급격히 저하하기 시작하여, 1999년에는 1.42명, 2001년 1.30명, 2002년 1.17명, 2003년 1.19명, 2005년 1.08명으로 점점 낮아져 이제는 경제협력개발기구(OEDC) 주요 회원국 중에서 가장 낮은 출산율을 보이고 있다.

가족의 형태를 세대별로 보면, 2세대 가족이 1975년 68.9%에서 2000년 61.4%로 감소하였으며, 반면 1세대 가족은 1975년 10.9%에서 2000년 30.1%로 20여 년 사이에 3배가 증가하였다. 반면 3세대 이상 가족은 1975년의 20.2%에서 2005년에는 7.0%로 줄어들어 13% 정도 감소되었다.

가족의 형태를 유형별로 보면, 어느 시기에나 핵가족 유형이 가장 많은 가족으로서 전체적으로 70~80%를 차지하고 있으며, 1975년 70% 정도에서 2000년에는 82.0%로 증가하였다. 반면, 전통적 가족유형으로 볼 수 있는 직계가족은 점차 줄어들고 있는 추세이다(〈표 6-2〉).

〈표 6-2〉 가족의 세대구성 및 가족 유형 변화

단위: %

연 도	1975	1985	1995	2000	2005
세대구성[1]					
1세대	10.9	16.8	25.7	30.1	37.5
2세대	68.9	68.1	64.2	61.4	55.5
3세대 이상	20.2	15.1	10.1	8.5	7.0
계	100.0	100.0	100.0	100.0	100.0
가족유형					
핵가족	70.7	75.3	79.8	82.0	87.7
직계가족[2]	11.4	10.7	9.1	8.0	7.4
기타가족	17.9	14.0	11.2	10.1	4.9
계	100.0	100.0	100.1	100.1	100.0

주 1) 1세대에 1인가구를 포함하였으며, 1975년을 제외한 전체 연도에서 비혈연가구는 제외하였음.
2) 2005년은 확대가족임.

출처: 통계청(2001). 한국의 사회지표, 김승권 등(2006), 전국 출산력 및 가족보건 · 복지실태조사

2 가족가치관의 변화

우리나라는 전통적으로 가족주의가 매우 강하며 가부장적 가족주의가 삶을 지배하는 중심원리이었다. 그러나 사회변화에 따라 양성평등사상과 인간해방사상, 개인주의, 편의주의, 경쟁적 업적주의가 사회에 확산되면서 전통적 가족주의 가치관에 변화가 일어났고, 세대 간 연대의 약화, 개인주의 등장, 여성의 의식화와 조직화, 정치화 그리고 여성의 남성에 대한 의존성 약화 등의 변화가 나타나고 있다(변화순 외, 2003).

가족가치관을 결혼관, 자녀관, 이혼과 재혼에 대한 태도 및 노부모 부양관 등을 기초로 관련 연구자료를 중심으로 살펴보기로 한다.

1) 결혼에 대한 태도

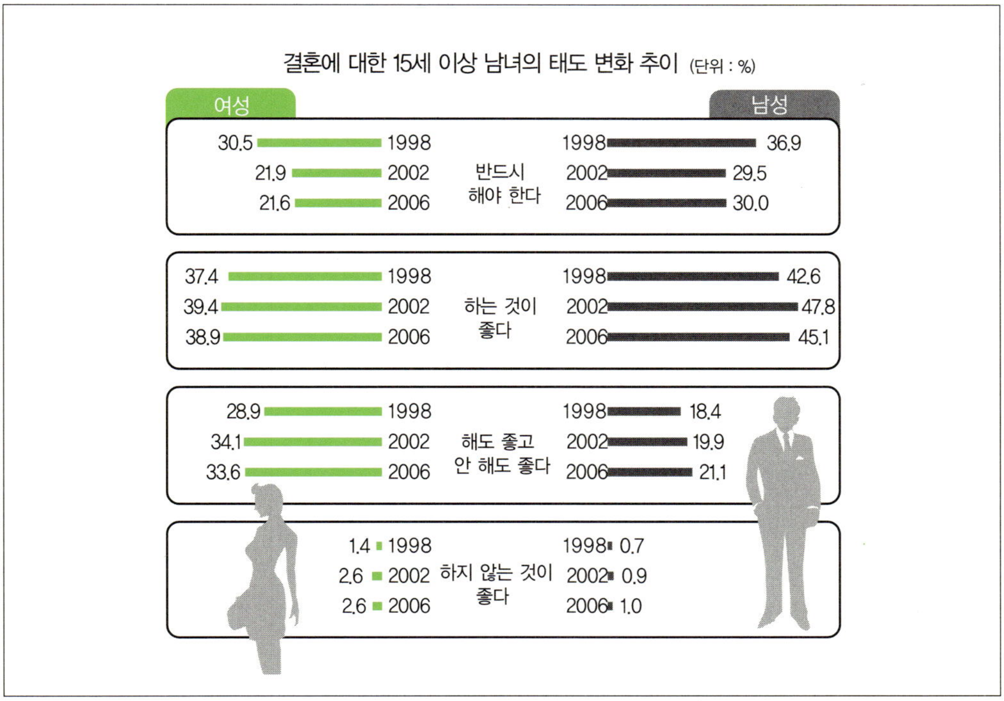

[그림 6-1] 결혼에 대한 태도

출처: 한국여성정책연구원(2007)

결혼에 대한 태도를 보면(한국여성정책연구원, 2007), '반드시 해야 한다' 로 응답한 남성의 비율은 1998년 36.9%에서 2006년 30.0%로 줄어들었으며, 여성의 경우는 1998년 30.5%에서 2006년 21.6%로 그 감소폭이 현저하여, 여성들이 결혼에 대하여 더 소극적인 경향이다([그림 6-1] 참조). 공선희 조사연구(2008)에서도 20대 후반의 남성 15.7%, 여성 11.1%, 30대 초반의 남성 17.7%, 여성 10.9%만이 '결혼은 반드시 해야 한다' 고 응답하였다. 한국가정법률상담소(2005년)가 25~39세 서울 시민 412명(남성 212명, 여성 200명)을 대상으로 조사한 결과에 따르면, 미혼자의 경우 결혼할 생각이 없거나 일에 열중한다는 이유 등으로 미혼을 선언한 "자발적 미혼" (56.8%) 응답자가 "비자발적 미혼"(43.2%) 응답자보다 많은 것으로 나타났다.

이의 결과들에 비추어 볼 때, 점차 결혼의 거부가 자발성을 띄고 있으며, 젊은 연령층일수록, 남성보다는 여성이 결혼을 수용하는 비율이 낮다.

2) 자녀에 대한 가치관

지난 1970년까지만 해도 평균 4.5명에 이르던 여성들의 자녀출산이 2007년에는 1.26명으로 줄어들었다.

한국보건사회연구원이 내놓은 '중기출산율예측' 보고서(매일신문, 2009.01.05)에 따르면, 곧 우리나라 출산율이 사상 최초로 0명 대로 추락할 것으로 전망됐다.

기혼여성을 대상으로 한 자녀의 필요성에 대한 태도에서도(통계청, 2008), '부부가 결혼하면 반드시 자녀를 가져야 한다' 가 1991년 90.3%에서 2005년에는 23.4%로 급감하였다(〈표 6-3〉). 출산계획이 없는 이유(〈표 6-4〉)로 가임기에 해당되는 20~40세의 기혼여성들의 대다수가 '자녀양육 및 교육비의 부담' 을 이유로 꼽고 있었다. 한국보건사회연구원(2006)의 '전국 출산력 및 가족보건 · 복지실태조사' 에서도 '향후 자녀를 낳을 계획이 없다' 는 기혼 여성들 중 '정부의 정책적 지원이 있다면 자녀를 (더) 낳을 의향이 있다' 라고 응답한 여성은 겨우 7.6%에 불과했다.

이와 같이 출산의 당사자인 여성이 출산과 자녀에 대해 더 적극적이지 못한 것으로 나타나, 앞으로도 우리나라의 출산율은 지속적으로 감소할 것으로 보인다. 이를 앞선 결혼관과 함께 놓고 볼 때 젊은 여성들의 결혼과 자녀에 대한 태도와 의식수준을 볼 때, 우리 사회의 저출산 · 고령화 문제의 해결은 요원할 것으로 보인다.

〈표 6-3〉 20~44세 기혼여성 자녀 필요성

단위: %

연도	반드시 가져야 함	반드시 가질 필요는 없음				계(수)
		소계	갖는 것이 좋음	없어도 무관	모르겠음	
1991	90.3	8.5	–	–	1.2	100.0
1997	73.7	26.0	16.6	9.4	0.3	100.0
2000	58.1	41.5	31.5	10.0	0.5	100.0
2005	23.4	76.5	41.5	35.0	–	100.0

주: 1991년은 15~49세 기혼여성을 대상으로 하였음
출처: 통계청(2008). 주제별통계: 사회편

〈표 6-4〉 출산계획이 없는 가장 큰 이유

단위: %

구분	자녀양육 및 교육비가 부담스러워서	나이가 많아서	일에 지장 있어서	혼자서 육아를 책임져야 하므로	보육시설이 미비해서	건강상의 이유로	이미 낳은 자녀 수로 충분하므로	기타
전체	14.4	60.4	1.1	1.8	0.1	1.8	18.5	0.9
20~29세	58.3	0.0	6.7	8.3	3.3	0.0	15.0	6.7
30~39세	44.4	7.1	3.6	5.8	0.0	2.8	33.7	1.7
40~49세	18.7	42.7	1.3	1.7	0.0	3.8	29.5	1.3
50~59세	0.4	82.0	0.0	0.2	0.0	1.1	14.9	0.6
60~69세	0.2	91.2	0.0	0.2	0.0	0.7	6.9	0.2
70세 이상	0.0	90.3	0.0	0.0	0.0	0.6	7.6	0.0

출처: 장혜경 외(2005), 가족실태조사, 여성부

3) 이혼 및 재혼에 대한 태도

또 다른 가족가치관 변화 중의 하나가 이혼에 대한 수용의식의 증가이다. 최근 자료(통계청, 2008)를 보면, 어떤 이유라도(19.5%), 가급적(40.4%)으로 약 60%가 이혼을 해서는 안 된다이며, 경우에 따라 할 수도 안 할 수도 있다가 29%, 이유가 있으면 해야 한다가 7% 정도로 총 36%가 이혼에 대한 수용적인 태도를 보인다. 특히 여성들이 남성보다, 20대가 50대보다 적극적인 태도를 보이고 있다(〈표 6-5〉).

〈표 6-5〉 이혼에 대한 태도

단위: %

변인		어떤 이유라도 안 된다	가급적 안 된다	할 수도 있고 하지 않을 수도 있다	이유가 있으면 하는 것이 좋다	잘 모르겠다
전체		19.5	40.4	29.4	6.8	4.0
성별	남자	22.0	44.2	24.0	5.4	4.4
	여자	17.0	36.8	34.0	8.1	3.6
연령	20대	11.4	36.5	39.6	7.5	4.9
	50대	23.7	45.0	21.8	6.4	3.1
혼인상태	미혼	10.3	36.6	38.3	7.7	7.1
	유배우	21.9	43.1	26.5	5.9	2.6

주: 15세 이상 인구를 대상으로 함.
출처: 통계청(2008). 주제별 통계: 2006년 사회통계조사, 이영숙 외(2008) 재인용

재혼에 대한 태도를 보면, 반드시 해야 한다는 1.9%, 하는 것이 좋다가 21.4%로 총 23% 정도가 재혼을 강조하고 있으며, 50% 정도는 해도 좋고 안 해도 좋다이며, 25% 정도는 재혼을 하지 않는 것이 좋거나 하지 말아야 한다로 재혼에 대해 소극적인 태도를 보이고 있다. 이들의 태도에 관련된 구체적인 이유를 알 수 있는 자료는

〈표 6-6〉 재혼에 대한 태도

단위: %

변인		반드시 해야 한다	하는 것이 좋다	해도 좋고 안 해도 좋다	하지 않는 것이 좋다	하지 말아야 한다	잘 모르겠다
전체		1.9	21.4	49.9	11.9	3.9	10.9
성별	남자	2.5	26.2	47.9	8.6	3.1	11.7
	여자	1.4	16.9	51.8	15.1	4.6	10.2
연령	20대	1.5	19.4	60.2	5.3	1.7	11.8
	50대	2.0	23.7	42.8	15.8	4.6	11.1
혼인상태	미혼	1.4	19.0	58.3	5.3	1.9	14.2
	유배우	2.1	22.6	47.4	14.1	4.2	9.6

주: 15세 이상 인구를 대상으로 함.
출처: 통계청(2008). 주제별 통계: 2006 사회통계조사, 이영숙 외(2008) 재인용

없으나, 재혼을 하나의 개인의 선택 대상으로 바라보는 중립적 시각이 대다수(50%)라는 해석이 가능하며, 반드시 할 필요가 없다(23%)는 우리 사회에서 점차 결혼이 중심가치로 부각되지 않고 있음을 반영한 비율일 수도 있다(〈표 6-6〉).

이상을 종합해 볼 때, 전반적으로 결혼과 자녀에 대한 전통적 가치관은 희박해지고 이혼에 대한 태도는 긍정적으로 변화하고 있으며, 재혼에 대한 태도는 개인의 선택사항으로 받아들여지고 있다. 그러나 이러한 변화 양상이 성별에 따라 그리고 연령에 따라 그 모습을 달리하고 있어 이러한 변화속도의 차이들이 개인, 가족, 사회에서 여러 문제를 발생시킬 가능성도 배제할 수 없다. 따라서 사회의 변화들에 효율적으로 대처하고 적응해 나갈 수 있는 개인적, 사회적 지원책 및 전략들이 마련되어져야 할 것이다.

3 가족변화에 대한 쟁점

흔히들 사람들의 생각 속에 존재하는 가족은 '변함없이 늘 포근한 휴식처'로서 정형화함으로써 변화하는 실체로 보지 않는 경향이 있다. 그러나 가족은 사회환경과 역동적인 상호관계를 끊임없이 가짐으로써 지속적으로 변화할 뿐만 아니라 때로는 급격히 변동하기도 한다(조홍식 외, 2006).

1960년대 이후, 이혼, 혼외출산, 한부모 가족의 증가로 인하여 가족의 변화는 급격해지기 시작했다. 또한 이러한 변화에 관한 논쟁도 차츰 심화되기 시작하였는데 1980년대 중반까지는 부부 간 평등 향상이나 다양한 가족형태의 인정이 필요하다는 낙관론과 진보론이 지배적이었다. 1980년대 후반부터 일부학자들이 가족변화에 따른 부정적인 결과들을 강조하기 시작하였으며, 1990년에 초반에 이르러서는 미국 가족은 심각한 위기에 처했다고 말하는 가족위기론이 본격적으로 대두되기 시작했다. 그 이후에 가족진보론자들이 이러한 가족위기론은 단순한 가족신화에 불과한 것이며, 이것은 순수하지 않고 정치적이라는 주장을 펼친다(임인숙, 1999). 이러한 가족변화와 관련된 변화의 논쟁에 있어 구체적인 쟁점으로 가족위기론과 가족진보론의 두 가지가 논의되고 있다(임인숙, 1999, 함인희 2002, 조홍식 외, 2006). 이들은 가족변화의 원인, 이상적 가족형태, 중심적인 가족가치, 이상적인 부부관계 그리고 사회적 대안 등 각 쟁점을 둘러싸고 상이한 내용들을 제시하고 있는 입장이다.

1) 가족위기론

가족위기론자들은 가족이 가지고 있는 위기는 단순한 표면적 변화를 의미하는 것이 아니라 근본적인 구조 및 기능상의 쇠퇴와 그에 따른 삶의 방식에 있어서의 혼란과 갈등을 의미하는 것으로 본다. 그리고 이들은 가족변화의 원인을 극단적인 개인주의와 이기주의 및 인간의 쾌락주의에서 찾는다. 이들은 전형적 가족을 강조하려는 경향이 강하고 정상가족에 대한 신화를 바탕으로 하고 있고, 최근 다양하게 나타나는 가족형태를 부정적인 측면으로서 일탈 혹은 병리적 현상으로 인식한다. 즉, 가족위기론자들은 자녀의 사회화와 정서적 안정으로 대표되는 가정의 기능이 붕괴되고 있다고 이해하며, 가족과 그에 따른 역할 자체가 해체되고 있으며 이에 따른 이혼문제 등은 아동빈곤과 자녀문제를 일으키는 현상으로 나타나게 되는 것이라고 판단하고 있다. 이러한 가족의 가치 실종 문제는 변화하는 사회적 환경에 반응하면서 더욱 강력한 가족으로의 변화를 주도하려는 신가족주의의 강조로서 해결방향을 찾아나가야 하며, 이와 아울러 개인의 자율성 및 성별 문제를 해결하려는 모두의 노력과 함께 핵가족 형태를 중시하려는 시도로서 해결될 수 있다고 판단하고 있다.

따라서 가족위기론자들은 전형적 가족을 강조하려는 경향이 강하고 정상가족에 대한 신화를 바탕으로 하면서, 남성=생계부양, 여성=가족보호라는 성별역할분업을 여전히 주장한다. 그리고 중심적인 가족가치를 전통적 가족구조에 기반한 정서적 유대와 상호의존성에 의한 가족안정성에 두고 있는 것이다.

2) 가족진보론

가족변화를 위기보다는 당연하고 자연스러운 변화로 수용하면서 다양한 가족유형을 인정하는 가족진보론의 입장에서는 현대사회의 가족은 민주적이고 평등한 가치를 중시하는 전체 사회의 변화 속에서 점차 전통적 가족의 위계를 거부하고 민주적인 가족관계를 형성시키고자 하는 의지들을 성숙시켜 나가고 있으며 이에 따라 가족구조는 변화하고 다양화되어 간다고 주장한다. 이와 같은 가족의 변화를 초래한 요인으로 가부장제 가족구조와 경제구조의 불안정성을 강조하고 이의 불합리한 면을 극복하기 위해 다양한 가족형태가 출현하고 있음을 강조한다. 즉, 가족진보론자들은 진화론적 관점으로 가족을 이해하고자 하며 따라서 어떠한 가족(the family)이 아니라 가족들(families)를 인정하고 그들의 감정을 이해해야 한다고 판단하고 있다. 여기에서는 이혼을 가족 제도 자체의 거부로 이해하기보다는 창조적 이혼으로 이해해야 하며, 아동 빈곤의 원인을 가족에게 떠넘기기보다 사회 구조적 전반적인 모순에 대해 생각해 봐야 할 것이라고 지적하고 있다. 따라서 국가차원에서 다양한 가족형태를 지지하는 정책이 필요함을 강조하고 있다.

따라서 이들은 이상적 가족형태로서 갖는 정상가족 이데올로기 신화에 대하여 전면적으로 반박하고 있다. 역사적으로도 볼 때, 정상적이고 이상적인 가족에 대한 집착은 단지 신념으로만 존재했을 뿐 가족은 늘 다양한 방식의 문제와 이를 해결해 나가는 과정의 연속선상에 놓여 왔다고 주장한다. 이들은 중심적인 가족가치를 개인의 만족과 자기발전 그리고 자율과 독립성에 두고 있으며, 다양한 가족형태의 시도들은 가족가치가 흔들리는 것이 아니라 개별 성원들의 삶과 질을 향상시키게 되는 적극적인 생활방식으로 이해하고 있다.

제2절 결혼과 가족생활의 다양한 선택들

유럽연합위원회의 보고서(1993)에 의하면 유럽 인구의 96%는 인생에서 가장 가치 있는 일로 '가족생활'을 꼽았다고 한다. 이처럼 많은 사람이 가족생활이 중요하고 가족건강과 행복이 인생의 중요한 가치라고 생각하지만 실제로 무엇이 가족인가 하는 인식은 사람마다 차이가 있다. 어떤 사람은 피를 나누고 같이 사는 식구가 가족이라고 생각하고, 또 어떤 사람은 피를 나누지는 않았지만 재혼할 때 남편이나 아내가 데리고 온 아이를 자신의 가족이라 생각하기도 하고, 근래에 들어서는 사회적으로 금기시 되어 온 동성의 동거커플도 자신들을 가족으로 정의하기도 한다. 이렇게 가족은 나름대로 다양하게 정의되면서 사회가 변함에 따라 가족에 포함되는 가족의 유형 또한 다양해지고 있다(정현숙 · 옥선화, 2008). 즉, 이성인 양부모와 혈연인 미혼자녀로 이루어진 정상적 핵가족 이데올로기가 변화되고 있다. 핵가족 이념형인 부부와 미혼자녀로 구성된 가족의 비율은 서구사회에서 매우 낮은 것으로 보고되며, 한국의 경우 통계청의 2000년 인구주택총조사보고에 따르면, 48.2%의 가구가 이념형 핵가족에 해당된다. 핵가족에 한부모와 부부가구를 모두 포함시키는 경우도 있는데 그럴 경우에는 약 70%의 가구가 핵가족으로 분류된다. 한 자료(한겨레 신문, 2007. 11. 11.)에 의하면 우리나라의 가장 주된 가구 유형인 '부부+자녀 가구'가 2007년 42.0%(688만9천 가구)에서 2030년 33.8%(670만9천가구)로 줄 것으로 전망하기도 한다.

최근 결혼과 가족을 구성하는 구성원의 기준, 부부역할의 범위, 합법성의 수준이 달라지면서 1인 가구, 한부모가족, 재혼가족, 자발적 무자녀부부, 맞벌이부부, 동성커플, 동거커플 그리고 다문화 가정 등 전형적인 가족유형에서 벗어난 다양한 가족이 출현하게 되었다. 본 장에서는 이러한 가족형태를 개인의 다양한 '선택의 관점'에서 살펴보고자 한다.

1 1인 가구

통계청에 따르면, 2007년 현재 1인 가구 비중은 전체의 21%로, 1985년 6.9%, 1990년 9.0%, 2000년 15.5%로 20여 년 사이에 세 배 이상 높아진 수치이며, 2030년에는 약 24%로 추정하고 있다. 여기에는 젊은 싱글족은 물론 가정해체에 따라 혼자 사는 사람이나 독거노인도 포함된다.

1인 가구의 증가 원인(구명숙 · 홍상욱, 2004)으로 가부장적 가족주의에 대한 반발과 여성의 지위향상 및 경제적 자립, 자의식 확대, 이혼의 증가, 고령화의 상승을 들 수 있다. 이 외에도 다양성이 인정되고 개성이 존중되는 현대사회에서 '나'라는 중요성이 커지면서 '가정보다는 내 삶이 중요'하게 되고, '결혼이 필수가 아닌 선택'으로 결혼보다 개인의 행복에 목표를 두는 적극적인 생활양식의 반영으로 선택되어진다. 공선희(2008)의 연구에서도 20대 후반의 남성 15.7%, 여성 11.1%, 30대 초반의 남성 17.7%, 여성 10.9%만이 '결혼은 반드시 해야 한다'고 응답하고 있어, 청년층 남녀 80~90%가 결혼을 선택으로 생각하고 있음을 알 수 있다.

대학생을 대상으로 '독신을 선택하다면 그 이유가 무엇인가?' 라는 질문(구명숙 외, 2004)에 대하여 생활의 자유를 위해서(67.2%), 결혼이 자기 성장을 방해하기 때문(12.1%), 자신만 책임지기 위해(8.8%)라는 응답이었다. 성별로 보면 남녀 대학생 모두 생활의 자유를 위해서 독신을 선택할 것이라는 응답이 가장 높게 나타났지만, 그 다음으로 남학생은 경제적 능력부족, 다양한 이성관계 등을 위해서이고, 여학생은 자기 성장에 방해가 되기 때문에라는 응답이 더 높게 나타났다. 이를 놓고 보면, 사회문화적으로 기대되고 있는 전통적 성역할 고정관념이 결혼으로 인한 가족역할에 부담으로 여겨져 결혼보다는 독신을 선택하게 된다고 볼 수 있다. 이러한 독신가족이 우리나라에서는 아직 가족의 한 유형으로 인정될 것인지가 쟁점이 되고 있지만, 서구에서는 결혼의 대안, 개인적 가치실현을 위한 자발적 독신의 형태가 사회적으로 인정되고 있으며, 가족의 한 선택적 형태로 수용되고 있다.

한편, 한 연구(김혜영 외, 2007)에서 2005년 한국의 인구센서스 자료 분석결과를 통해 1인 가구의 비혼사유를 살펴보면, 적절한 배우자를 찾지 못했거나 결혼기회상실(47.1%), 경제적 이유(16.9%), 결혼이 주는 부담(9.6%)으로 총 72.6%가 비자발적인 요인이었고, 결혼생각이 없거나(18.8%), 결혼시기가 아님(7.5%)의 26.3%만이 자발적인 비혼이었다. 즉, 독신의 형성이 결혼 및 가족에 대한 전통적 가치를 적극적으로 거부하는 새로운 삶의 형태라기보다는 기존의 전통가치를 내재화하고 있으나 경제적 기반과 같은 현실적 여건으로는 인해 형성, 유지되는 경향이 나타남으로써 1인 가구의 비자발적 측면을 강조하고 있다.

1인 가구의 또 다른 유형은 노인단독가구로 최근 들어 배우자 사망 후 혼자 살아가는 노인비율이 점차 높아지고 있다. 고령사회로 이미 접어든 서구의 경우 덴마크는 2001년 17.5%, 영국은 15.0%, 독일 13.1%로 조사되었으며, 우리나라의 경우는 1990년 8.3%에서 2000년 16.2%로 2배 이상 증가하였다(성정현 외, 2004). 1인 가구 중 노인단독가구가 차지하는 비율을 보면([그림 6-2]), 2007년 26.8%로 전체 1인 가구의 1/3 정도가, 2010년에는 약 30%, 2030년에는 거의 40%가 1인 가구 중 노인단독가구의 비율로 20여 년간 1인 가구의 대부분은 무배우자 노인인 셈이다. 친족이나 친지와 같은 인적 보호자 없이 살아가는 노인들의 비율이 높다는 사실은 궁극적으로 공적 서비스에 대한 서비스의 필요성이 높음을 의미한다.

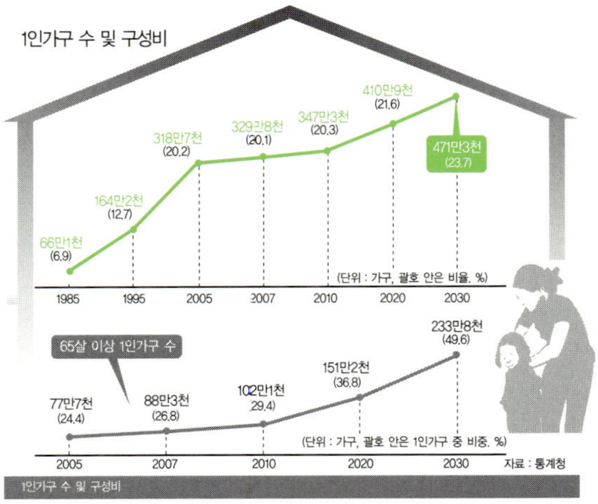

[그림 6-2] 1인 가구 수 및 구성비

출처 : 통계청, 인구센서스 자료분석 결과(1985~2005)

체크해 보기: 이런 경우 당신도 독신이 될 가능성이 있다!

다음과 같은 심리경향을 지니고 있다면 당신은 독신으로 살 가능성이 높다.

1. 이성부모에 대해 미움이나 두려움의 감정이 크다.
2. 자라면서 부모의 결혼생활이 불행했다고 느낀 적이 많다.
3. 열등감 때문에 결혼상대자로서 스스로를 부적당하다고 느낀다.
4. 직장생활에서 이성동료에게 지나친 경쟁의식을 느낀다.
5. 자존심이 매우 강해서 주변 시선에 너무 민감하다.
6. 배우자 감을 고르는 기준이 너무 높다.
7. 성에 대해 지나친 결벽증이 있다.
8. 인생관이 너무 비관적이다.
9. 평소 대인관계가 원만하지 못해 소외감을 느끼는 일이 잦다.
10. 결혼생활이 자기 발전에 방해가 되거나 손해가 된다고 여긴다.
11. 결혼 후 출산이나 육아 같은 책임을 지는 것을 두려워한다.
12. 독신으로 사는 것이 훨씬 편하고 자유롭다고 느낀다.

이상에서 해당사항이 많고 정도가 심할수록 당신의 독신지수는 높아진다. 결혼을 하지 않고 독신으로 산다고 해서 반드시 '즐거운 독신'을 구가하지 말라는 법은 없다. 대개 다음과 같은 성향을 가진 사람들이 독신을 즐길 수 있는 사람들이다.

1. 자기 스스로 사물을 결정하고 단정하는 일이 많다.
2. 어느 날 갑자기 혼자가 되어도 잘 살아나갈 자신이 있다.
3. 남과 다르다는 말을 들으면 기분이 좋다.
4. 스스로를 능력 있고 소중하다고 생각한다.
5. 취미가 많다.

이외에 독립심과 자신감, 그리고 남을 의식하지 않는 당당함이 있다면 독신생활이 오히려 적성에 맞을 수도 있다.

출처: 조선일보, 1997. 11. 11.

2 한부모 가정

아버지나 어머니 한쪽과 미혼의 자녀로 구성된 가족 형태로, 부모 중 한쪽의 사망이나 이혼, 별거 등의 이유로 한쪽 부모가 없거나 법적으로 또는 현실적으로 한쪽 부모가 부모의 역할을 하지 못하게 됨으로써 발생한다. 한부모 가정의 현황을 보면, 한부모 가정은 꾸준히 증가되고 있는 가족유형으로, 2005년 전국 1590여만 가구 중 한부모 가정은 1370여만 가구로 전체 가구의 8.6%이었으며, 이 중 모자가구가 대부분으로 전체의 79%를 차지했다.

〈표 6-7〉 한부모가구의 현황

단위: 1,000가구, %

연 도	총가구수	한 부 모 가 구		
		계	모자가구	부자가구
1985	9,571	848 (8.9)	–	–
1990	11,355	889 (7.8)	–	–
1995	12,958	960 (7.4)	788 (82)	172 (18)
2000	14,312	1,124 (7.9)	904 (80)	220 (20)
2005	15,887	1,370 (8.6)	1,083 (79)	287 (21)

※ 전체가구 대비 한부모가구 비율임.

출처: 장혜경 외(2005), 가족실태조사, 여성부

이러한 한부모 가정의 형성요인별 현황을 2005년 기준으로 보면, 사별이 36.6%로 가장 많았고, 이혼이 29.1%로 1985년에 비해 가장 많은 증가율을 보이고 있는 요인이다. 흥미로운 사실은 유배우자의 한부모 가정의 비율이 23.9%로 나타나고 있다는 것인데, 여기에는 배우자의 가출, 별거 등으로 부부관계가 해체되지는 않았으나 부모의 역할을 공동으로 수행하지 않은 유형으로 여성이 가장의 역할을 하고 있는 여성 가구주라 하겠다. 전체 가구 중 여성 가구주가 차지하는 비율을 보면, 2007년 22.1%(362만2천 가구)에서 해마다 증가해 2020년 23.1%(439만7천가구), 2030년 23.9%(476만6천 가구)에 이를 전망이기도 하다.

한부모 가구의 형성요인은 결혼의 과정 없이 혹은 결혼과정에 앞서 부모의 역할을 수행하는 가족형태인 싱글맘으로 전체의 약 10~11%의 비율을 보이고 있다.

〈표 6-8〉 한부모 가구의 형성요인별 현황

단위: 1,000가구, %

연 도	총가구수	한 부 모 가 구					한부모 가구 비율
		유배우	사별	이혼	미혼	계	
1985	9,571	254(30.0)	443(52.2)	50(5.9)	101(11.9)	848(100)	8.9
1990	11,355	227(25.5)	498(56.0)	79((8.9)	85(9.6)	889(100)	7.8
1995	12,958	216(225)	526(54.8)	124(12.9)	94(9.8)	960(100)	7.4
2000	14,312	252(22.5)	502(44.7)	245(21.9)	122(10.9)	1,124(100)	7.9
2005	15,887	328(23.9)	501(36.6)	399(29.1)	142(10.4)	1,370(100)	8.6

출처: 장혜경 외(2005), 가족실태조사, 여성부

한 조사에 의하면(통계청, 2002), 한부모 가정의 발생요인은 성별로 차이가 있다. 사별의 경우 여성은 87.9%, 남성은 12.1%이며, 이혼으로 인한 한부모는 여성이 54.0%, 남성이 46.0%로 나타나고 있어 모자가족은 사별에 의해 형성되는 경우가 많고 부자가족은 사별보다는 이혼에 의해 크게 늘고 있다고 볼 수 있다.

발생요인이 무엇이든지 전반적으로 한부모 가정은 양부모가 나누었던 책임을 한쪽이 맡게 됨으로써 경제적으로 그리고 가사노동과 자녀양육과 교육 등 부모역할에서의 과중한 부담과 사회적 편견으로 인한 어려움이 있을 수 있다. 즉, 가족관계의 측면에서 한부모가 양부모의 역할을 다하기에는 이해와 능력이 부족하고, 가족 연대감이 파괴되었을 때 자녀들은 감정적, 정서적 타격을 받으며, 이혼과정에서 충성갈등을 경험하기도 한다. 그러나 한 연구에 의하면, 이혼 가정의 자녀들은 그들의 연령, 성별, 가족 내의 위치, 과거의 경험, 지원 체계와 인지적, 사회적인 능력에 따라 차이를 보이고, 이혼가정의 대다수 자녀들이 부모와 좋은 관계를 유지하고 있었으며, 이들은 정상가정의 아이들과 마찬가지로 우울증, 근심 등 정서적인 불안을 보이지 않았다고 밝혔다. 오히려 이혼가정의 아이들보다는 가정불화를 겪고 있는 부모와 함께 사는 아이들이 정서적인 불안을 보이는 경우가 많았다고 지적한다. 즉 심각한 가족문제나 갈등상태를 경험하여 이혼으로 한부모 가족을 자발적으로 선택한 경우에는 오히려 가족 내 잔여구성원 간의 상호작용의 빈도와 정도가 증가함으로써 한부모 가족 자녀의 자아존중감과 자아개념이 강화(김혜경 외, 2006)됨이 보고되기도 한다.

최근 한부모에 대한 사회적 편견을 줄이려는 노력에서 새로운 가족모델로서 한부모 가족운동이 전개되었으며(한국여성민우회, 2001), 한부모 가족이 우리 사회 내에 빠르게 증가하는 가족유형의 한 형태임을 주장하는 관점이 점차 많아지고 있다.

여성들의 새로운 삶의 유형: 비혼, 싱글맘, 한부모 여성가장으로서 홀로서기

싱글 여성, 싱글맘, 한부모 여성가장 등 다양한 여성들이 '홀로서기'란 과제에 당당히 맞서고 있다.

홀로서기 1: 비혼으로도 당당하게 살기

이제 '싱글 여성'은 결혼하지 않은 '비혼'을 택하거나, 결혼 후 다시 싱글로 돌아오거나, 성적 소수자를 모두 포함하는 포괄적인 용어로 사용되고 있다. 단순히 혼자 사는 여성이란 뜻을 넘어 다양한 경제적 지위, 성적 지향을 지닌 사회적 주체로서 자리매김하고 있는 것이다. 그러나 수적으로도 증가추세에 있는 비혼여성들의 현실은 여전히 녹록지 않다. 전세자금 대출을 받기도 어렵고, 올해부터 시행되는 근로소득지원세제 지급 대상에서도 제외됐다. 부양가족 수에 따라 일정액 지급되는 가족수당을 받지 못함은 물론 주택청약제 청약 순위에서도 끝없이 밀려난다. 이에 비혼여성들은 지난해부터 지속적인 모임을 갖고 "정치적 주체로 거듭나자"고 입을 모으고 있다. 그 과정에서 다양한 비혼여성들이 모여 서로의 존재를 확인하고, 비혼 맞춤형 경제생활 등에 관한 정보를 교환하면서 네트워크를 만들어 가자는 데 뜻을 모았다. "우리는 비혼여성입니다. 결혼하지 못한 미혼여성이 아닌, 결혼하지 않은 상태를 선택한 비혼여성입니다. 그러나 우리는 고립된 섬을 선택하지 않았습니다. 우리는 홀로 꽃필 수 있고, 함께 꽃필 수도 있는 자유롭고 완전한 존재입니다."(비혼선언문 中)

홀로서기 2: 싱글맘

이혼 후 독신인 상태에서 기증받은 정자로 임신한 사실을 밝힌 방송인 허수경씨. 지난해 마지막날 딸을 출산한 그의 '싱글맘' 공개선언은 혼자 아이를 키우는 여성들에 대한 관심을 증폭시켰다. 하지만 허씨처럼 "한 여자로서 아이를 갖고 싶었고 결혼생활 때보다 아이를 더 잘 키울 수 있을 거라 생각한다"며 스스로 비혼모(非婚母)의 길을 택하는 여성들은 드물다. 생계를 혼자 책임지며 아이를 키워야 하는 현실에서 '싱글맘'에 대한 사회적 편견과도 싸워야 한다. 이에 영상으로 세상에 빛을 비추겠다는 뜻의 영상모임 '빛 스토리'가 나섰다. 싱글맘의 육아일기가 무엇보다 또 다른 싱글맘들에게 용기를 불어넣어줄 수 있는 기회로 작용하길 바라기 때문이다. 빛 스토리를 이끌고 있는 김소윤(24)씨는 "빛 스토리가 인터뷰하고 싱글맘들이 직접 만든 영상편지와 육아일기를 가지고 상영회를 열 계획"이라며 "상영회를 통해 싱글맘들이 서로 간의 네트워크를 꾸리도록 돕고, 일반인들에게는 싱글맘에 대한 편견을 줄이자는 캠페인도 벌이려고 한다"고 전했다.

홀로서기 3: 한부모 여성가장들이 당당해지기

지난해 꾸려진 한부모 여성가장 모임 '당나귀'는 '당당한 나의 목소리에 귀 기울이는 모임'의 준말로 당나귀 귀처럼 크게 귀를 열고 사회와 소통하자는 의미를 담고 있다. 이 모임에는 현재 8명의 한부모 여성가장들이 함께 하고 있다. '이혼'이라는 선택을 존중하고 서로를 지지해주자는 생각으로 모였다. 한 달에 한 번 정도 모임을 갖고 호적법, 가족관계등록법 등 가족관련법과 언론에서 비춰지는 이혼가족에 대해 의견을 나눈다. "지난 한해 동안 모임을 하면서 우리의 안정적인 삶을 가로막는 것은 다름 아닌 '한국 사회의 왜곡된 편견'임을 알게 됐습니다. 이혼한 사람은 뭔가 문제가 있다고 단정짓고, 이혼가족을 비정상적이라고 여기는 편견이 우리 삶을 가로막는 걸림돌이었던 거죠. 그래서 올해는 지역의 한부모 여성가장들을 만나 서로 힘을 주고받는 상담모임을 갖고 이혼가족에 대한 편견을 바꾸는 실천활동을 펼치려고 합니다."

출처: 여성신문 968호 [특집/기획] 2008. 2. 15. 부분 발췌

3 재혼가정

초혼이 아닌 재혼(남녀 중 어느 한쪽이 재혼이거나 양쪽이 재혼인 경우)으로 이루어진 가정을 말한다. 통계청(2006)에 따르면, 2005년 한 해 결혼한 재혼 부부는 7만 9600건이다. 결혼한 부부 4쌍 중 1쌍은 재혼이었으며 갈수록 늘고 있다. 이혼율이 증가하면서 당연히 따라오는 현상이다. 2000년부터 2005년까지 이혼 건수만 해도 83만 건 이상이다. 미국에서는 결혼부부 중 46%가 재혼한 경우이다. 또한 재혼가정의 형태는 다양하여, 첫째 재혼남-재혼녀 유형이 1995년 6.4%에서 2005년 14.7%로 증가하였으며, 둘째 재혼남-초혼녀 비율이 1995년 3.5%에서 2005년 4.1%이었다. 셋째 초혼남-재혼녀의 유형이 새로운 경향으로 1990년 2.3%에서 2005년에는 6.4%로 증가폭이 높았다.

이와 같이 재혼가정은 하나의 가족유형으로 자리 잡아가고 있으나 여전히 재혼가정에 대한 편견과 양쪽이 각각의 자녀를 데리고 재혼한 경우 아이들은 저마다 아빠, 엄마가 2명씩 되고, 형제도 많아지는 구조적 복잡함과 서로 다른 문화와 경제적 환경 속에서 성장한 자녀들이 한 가족이 된 만큼 갈등과 스트레스가 많을 수 있다. 한 연구(Dahl 외, 1987, 조흥식 외, 2008 재인용)에 의하면, 재혼에서의 어려움으로 여성과 남성의 절반 가량은 자녀와 관련된 문제, 특히 자녀훈육에서의 불일치나 청소년 자녀의 어려움 등을 지적하고 있다. 이는 '재혼이 기대했던 것보다 낫다' 라는 반응에 배우자를 배려하고 서로가 함께 의존하고 자신들의 집을 가지고 있다고 한 반면, '재혼이 기대했던 것과는 다르다' 고 한 반응에는 자녀문제에 초점을 두면서 훈육문제, 참견하는 행위, 형제들 간의 경쟁의식, 자녀들에게 도움이 되지 못하는 점들을 문제시하였다. 즉 재혼의 경우에 일반적으로 결혼생활에서 수행해야 하는 부모역할 문제가 가장 관건인 것으로 나타났다.

그리고 과거 호주제에서는 재혼가정의 자녀가 친부의 성과 본을 따르도록 되어서 재혼가족 자녀들은 형제들 간의 성씨가 달라 학교생활이나 이웃과의 관계에서 고통을 겪기도 한다. 그러나 2008년 1월 '자녀의 성 변경' 을 인정하는 새로운 가족관계 등록제도가 시행됨으로써 1만3000가정이 성과 본을 바꾸었고 1700여 가정이 자녀를 친양자로 입양하여 새로운 가족으로 리모델링을 함으로써 재혼가정의 자녀들이 새

아버지와 성이 달라 받는 고통을 해소하였다(중앙일보, 2009. 1. 12).

재혼가정이 가지는 긍정적 측면으로서 재혼은 이혼한 부모와 자녀에게 정서적 · 사회적 지지를 제공할 수 있을 뿐 아니라 재혼으로 인해 부부에게 동반의 기쁨이 재형성되며, 어느 경우에는 이혼여성이 빈곤으로부터 벗어나고 생활수준을 향상시킬 수 있는 이점이 있다.

따라서 재혼가정이 가지고 있는 구조적 복잡성이 통합되는 과정에서 여러 가지 과제에 직면하게 되지만 재혼가족의 성공성은 현실적으로 가능한 목표가 될 수 있다. 최근 계부모가족에 대한 '결함모델' 에서 탈피하여 점차 성공적 재혼가족의 특성에 대한 관심이 대두되며, 성공적인 재혼가족의 특성이 제시되기도 한다(Visher, 2003, 이원숙, 2004 재인용).

첫째, 기대가 현실적이다. 이들은 재혼가족에 대한 핵가족 신화, 전 배우자의 결핍을 보상해 줄 것이란 보상신화, 즉각적 사랑에 대한 기대 등의 잘못된 통념을 받아들이지 않는다. 사랑은 돌봄과 시간이 걸리며 재혼가족과 초혼가족은 서로 다르다는 점을 인식하고 있어서 초혼가족의 형태에 억지로 맞추려고 시도하지 않는다.

둘째, 상실이 애도될 수 있다. 재혼가족은 사별 혹은 이혼 이후에 형성되었다는 점에서 흔히 '상실에서 태어난' 가족이라고 말해진다. 이혼을 원했다고 하더라도 과거에 지속되기를 원했던 관계를 상실한 것이며, 결혼한 적이 없는 배우자는 전처(남편)와 계자녀가 삶의 일부가 되어야 하는 재혼가족의 현실에서 상실을 경험하게 된다. 이와 같은 상실이 인정되고 애도되지 않는다면 만족스러운 재혼가족으로의 통합과정에 장애가 된다. 또한 자녀들이 가질 수 있는 슬픔이나 우울 그리고 분노 등 자녀들의 감정을 언어적으로 표현하도록 지지하고 자녀들이 여러 변화에 적응할 시간을 허용한다.

셋째, 튼튼한 부부관계가 수립되어 있다. 초혼가족과 마찬가지로 튼튼한 부부관계-부부가 팀으로서 협동하는-는 성공적인 재혼가족의 주요 특성이다.

넷째, 만족스러운 계부모 자녀, 계형제자매가 형성된다. 생물학적 부모의 지위는 출산으로 저절로 획득되지만 재혼가족에서의 지위는 노력으로 얻어짐을 인식하고 있다. 성공적인 재혼부부는 팀으로서 협동하여 처음에는 친부모가 적극적인 부모역할 그리고 계부는 지지적 역할을 수행하고 차츰 계부모자녀관계가 발전함에 따라 부모로서의 역할을 확장해 나간다. 때론 기능적인 재혼가족에서 계부모자녀관계는 다양화되어지며, 반드시 부모역할에 국한되지 않으며 계자녀의 연령과 관계에 따라 마음을 털어놓는 사람이나 친구가 될 수도 있다.

다섯째, 만족스러운 일상과 의식이 수립된다. 세탁하는 방법, 요리하는 방법, 생일 축하 방식, 명절을 보내는 방법들에 대하여 서로 다른 가족배경을 가지고 있는 가족이 새로운 일상과 의식을 수립하기까지는 융통성과 창의성이 요구된다.

여섯째, 가족들이 서로 협동한다. 전 배우자의 가구를 포함하여 아동들이 속해 있는 복합적 가구들 사이에 협조체계를 유지한다. 성공적인 재혼가족에게서는 핵가족과 차이점을 이해하고 수용하고 적응과제를 수행하는 데 필요한 충분한 시간을 가지고 이를 해결하기 위한 노력이 일차적으로 선행되고 있다고 하겠다.

알아두세요: 재혼준비도 척도

다음의 문항에서 '예' 일 경우 1, '아니요' 일 경우는 0를 체크하시오.

1. 당신이 누구인가를 알고, 자기 자신의 모습을 좋아합니까?
2. 당신은 일반적인 관점에서 건강한 자존감과 자신감을 가지고 있습니까?
3. 갈등이 있을 때 당신의 차이를 편안하게 이야기할 수 있습니까?
4. 나이가 20세 이상입니까?
5. 나이가 24세 이상입니까?
6. 당신이 존경하는 사람들이 당신을 인간적으로 성숙하다고 합니까?
7. 당신의 이전 파트너와 문제되었던 대부분의 이슈들을 해결했습니까?
8. 당신은 자신의 생각과 의사결정에 만족합니까?
9. 다른 사람을 기쁘게 해야 한다는 의무감 없이 결정을 내릴 수 있습니까?
10. 진지하게 결혼관계를 가장 우선적으로 준비하였습니까?
11. 새로운 결혼에 영향을 미칠 수 있을 것 같은 과거의 고통스러운 문제들을 해결했습니까?
12. 이전의 관계에서 습득해 이번의 결혼에 가져올 수도 있는 특별한 장점이나 단점을 알고 있습니까?
13. 지금의 파트너와 1년 이상 사귀었습니까?
14. 지금의 파트너와 2년 이상 사귀었습니까?
15. 당신의 관계가 결혼의 결심을 결정하기까지 충분한 시간을 두고 생각하셨습니까?
16. 당신의 관계가 안정되고 확고하다고 말할 수 있습니까?
17. 당신의 관계에서 약속과 협상을 효과적으로 실천할 수 있습니까?
18. 감정을 잘 억제하면서 함께 갈등을 해결할 수 있습니까?
19. 이 관계가 잘 이루어진다는 데에 의혹 없이 확신하십니까?

20. 파트너의 중요한 가치와 목적에 대체로 동의하십니까?
21. 당신과 파트너가 많은 점에서 유사성이 있습니까?
22. 유사점과 비교할 때 차이점은 매우 미미합니까?
23. 당신과 파트너의 가족배경은 유사합니까?
24. 당신과 파트너는 비판하거나 상대를 고치는 행동을 자제하는 편입니까?
25. 이 순간 파트너의 있는 그대로를 좋아하십니까?

〈점검방식〉

이 척도가 최종결정을 위한 자료는 아니지만 '예=1', '아니요=0' 으로 답하고, 총점은 '예' 라고 대답한 수에 4를 곱하며 만점은 100이 된다. 총점이 90이상이면 준비된 것이며, 80-89점은 어느 정도 준비가 되었으나 좀 더 시간을 가지고 신중히 생각해 보아야 하며, 79점 이하는 재혼하기 전 노력이 많이 필요한 커플이다.

출처: Parrott &Parrott(2001), 정현숙 외(2008)에서 재인용, 부분수정

4 자발적 무자녀부부

다양한 사회에서 선택의 여지가 높아짐에 따라 자발적으로 무자녀 결혼을 선택할 수 있다. 자발적 무자녀부부란 무자녀 가족 중 생리적 혹은 의학적 문제 때문이 아니라 자발적으로 부부의 합의에 의해 자녀를 갖지 않기로 결정하고 자녀 없이 부부 두 사람만으로 구성되는 가족을 지칭한다. 즉 이 가족형태는 가족의 가장 보편적인 형태라 말해 오던 핵가족의 원리를 거부하는 가족유형으로서 자녀 출산을 거부하는 삶의 한 형태라 볼 수 있다.

자발적으로 무자녀를 선택하는 경우는 첫째, 결혼하기 전에 부모의 역할을 하지 않겠다고 약속하는 경우가 있고, 둘째는 자녀를 가지는 것을 연기하다가 무자녀 가족으로 남게 되는 경우가 있다.

두 번째 경우는 좀 더 복잡한 과정을 통하게 되는데, 제1단계는 결혼생활시작 시 설정한 목표를 성취하기 위해 확정된 기간 동안 아기 갖는 것을 연기한다. 제2단계는 한정된 기간에서 무한정한 연기로 옮겨간다. 제3단계는 영원히 무자녀로 남을 수도 있다는 사고의 질적인 변화를 가져와 아이 없이 지내는 것과 관련된 많은 사회

적 · 개인적 · 경제적 이익을 경험할 기회를 가지게 된다. 마지막 4단계에서는 무자녀의 영원한 상태를 결심하는 단계로 발전한다. 이러한 과정을 거쳐서 자발적으로 선택해서 무자녀가 된 결혼일지라도 사회적 압력이나 편견에 대한 방어로서 또는 미래의 안정된 결혼생활을 위하여 때로는 양자의 가능성에 대해서 고려해 볼 수 있다. 그러나 이때 양자의 중요성은 실제로 아이를 획득해서 그들의 생활유형을 바꾸는 실제적인 가능성보다도 상징적인 가치를 가질 때가 많다. 즉, 자신들은 아이를 키울 수 있을 것이므로 부모됨과 비부모됨의 심리적 차이의 가능성을 부인함으로써 정상 상태임을 재단언하는 효과가 있다. 또한 무자녀 부인들은 그 독특함이나 소외된 감정으로 무자녀에 대한 기대 관념을 확고히 하기 위하여 때로는 무자녀 부모를 위한 조직체를 만들 수도 있다.

무자녀 부부는 여성의 학력, 생활수준, 초혼연령 등이 높을수록 선택하는 경향이 높은 것으로 보고되고 있다. 여성이 30세 이후 또는 결혼 후 10년 이상 무자녀인 경우 이러한 상태가 계속되기 쉬워서 30~34세 무자녀 여성의 93%가 영원히 무자녀를 원하고 있다. 저학력 여성에게는 자녀양육이 자아존중감에 중요한 영향을 주지만 성취지향적 여성의 경우 어머니 역할에 대한 부담을 느끼고 있으며, 과거에 동생 등의 양육경험이 많은 여성일수록 무자녀를 선택하는 경향이 높은 것으로 (Ory, 1978, 김정옥 외, 1999 재인용) 보고되고 있다.

우리 사회에서의 자발적 무자녀 가족의 발생원인으로는, 첫째 육아비용 및 사교육비 등의 경제적 요인, 둘째 여성의 사회진출확대에 따른 사회적 인프라 부족으로 인한 일과 가정의 양립의 어려움, 셋째 젊은이들의 자아실현 욕구의 증가, 넷째 결혼과 자녀의 가치에 대한 의식의 변화, 즉 자녀가 주는 효용(만족)보다 비용(부담)이 커져 가능한 한 적게 낳으려는 젊은 세대의 자녀관 증가, 다섯째 자녀 중심의 삶에서 부부 중심의 삶의 패러다임의 변화 등을 지적해 볼 수 있다.

무자녀 여성에 대한 편견 : Childless에서 Childfree로

왜 여성들은 아이를 낳지 않고 있는 것일까? 현실의 어떤 부분이 적극적이든, 수동적이든 아이를 낳지 않도록 영향을 끼치고 있는 것일까?
아이 없이 살아간다는 것은 흔히 연민 또는 비난의 대상이 된다. "못 낳아서"라면 "안 됐다"고 하고, "안 낳아서"라고 하면 이기적이라며 "못 됐다"고들 한다. 그러나 좋든 싫든 지금 세계는 무자녀 혁명 중이다. 미국의 가임기 여성 42%가 자녀 없이 살고 있고, 우리나라도 출산율이 갈수록 떨어져 여성 1인당 1.3명까지 곤두박질했다.
이런저런 연유로 인해 자녀 없는 여성이 늘고 있는 추세다. 옛날 같으면 칠거지악의 하나로 수모와 조롱의 대상이 되었을 것이다. 이 때문에 '무자녀'는 동서양을 막론하고 지금까지 금기시된 주제 중 하나였으며, 아무래도 무자녀 여성은 떳떳하지 못했던 게 사실이다.

매들린 케인의 『무자녀 혁명』(이한중 역, 북키앙)은 이 금기의 벽을 과감히 깨고 '무자녀'를 주제로 내세워 아기 없이 살아가는 의미를 정면으로 짚고 있는 저서라는 점에서 관심을 모은다. 대학 여성학 강의에서 무자녀 문제를 다뤄온 저자는 여성 100여 명의 용기 있는 증언을 들려주면서 그 사연 속에 담긴 다중의 의미를 포착해낸다.
아이가 필요 없다고 확신하는 여성, 아이를 갖고 싶지만 그럴 수 없는 여성, 살다보니 그렇게 된 여성들 각각의 사연에서 결과는 같을지라도 각자 직면해야 했던 오해와 부담, 필히 극복해야 했던 부담과 문제가 달라지고 있음을 보여준다.
그리고 선택에 의한 무자녀 여성에 대해 케인은 '차일드리스(childless)'가 아닌 '차일드프리(childfree)'라는 신조어를 사용한다. '아이 없는' 여성이 아니라 '아이 없어도 되는' 여성들이라는 것이다. 원치 않았던 오랜 불임 끝에 마흔이 다 된 나이에 딸을 낳아 기르는 중인 지은이는 이렇게 묻는다.
"엄마가 되는 일에 질색인 여성들도 아이를 가지려 하는 나의 열망을 존중해 주었다. 그렇다면 반대의 경우에 왜 세상은 그들을 똑같이 존중하지 않는가"

저자는 오늘날 사회에 무자녀 여성이 많아지고 있음을 예의주시하며, 이러한 상황 자체를 '혁명'으로 규정한다. 그는 또 이제는 자녀 없이 사는 사람들이 아이가 없다는 이유와는 상관 없이 존엄성을 되찾고 풍요로운 삶을 살아갈 수 있어야 함을 주장한다. 마치 페미니즘 논쟁에서 유일하게 도전받지 않고 남은 마지막 싸움판일 것이라고 제기하면서 말이다. 지은이는 이들의 구체적 속내와 생각들을 들려주면서 이들이 아이 없이도 풍요로운 삶을 누리고 있음을 보여준다.

자료: 세계일보, 2003. 3. 15, 한겨레신문, 2003. 2. 15, 우먼타임즈,. 2003. 4. 4.에서 발췌, 재구성

5 맞벌이 부부

전통적 가정에서 부부 간의 기본적 역할구조는 대외적 역할을 하는 남편과 대내적 역할을 하는 아내로 구성된다. 그러나 이러한 기본적 역할구조를 벗어난 가족형태가 맞벌이 부부이다. 맞벌이 부부는 여성이 직업을 가지는 이유에 따라 그 유형이 나누어지는데, 첫째 경제적 필요성에 의한 생계유지형, 둘째 보다 나은 경제적 여유를 위한 내조형, 셋째 중산층 이상 고학력 여성들이 자아를 실현시키고자 취업을 하는 자아실현형, 넷째 여가를 활용하기 위하여 직업을 가지고자 하는 여가활용형으로 구분되어진다.

여성의 취업 및 기혼여성의 취업률이 1980년 이래 지속적으로 증가하여 2006년 우리나라 전체 주부 중 맞벌이부부는 57.6%로 나타나 맞벌이 가족이 우리 사회에서 보편화되고 있다(조선일보, 2006. 10. 2).

맞벌이 부부에 대한 연구(최규련, 1993, 최정혜, 2005)에 의하면, 아내는 문제점으로 육아와 가사문제, 남편의 반대 등을 들었으나 남편은 아내의 가사소홀, 육아, 아내의 늦은 귀가와 내조부족 등을 들었다. 그리고 같이 직업을 가지고 있어도 여성은 남성보다 부모역할 스트레스와 가사 스트레스를 더 많이 경험하고 이러한 경험들이 직업 스트레스와 심리적 복지에 영향을 미치는 반면, 남성은 여성에 비해 부부역할 스트레스를 더 많이 경험하고 이 경험들이 직업 스트레스에 영향을 미치는 것으로 나타났다.

여성이 부모역할과 가사 스트레스를 더 많이 경험한다는 것은 실제 가사노동의 분담시간에 대한 통계청(2006)의 자료에서도 알 수 있다(조선일보, 2007. 9. 11). 통계청의 '경제활동인구조사'에 따르면 2006년 30~50대 여성 취업자수는 약 639만 명으로 2000년의 547만 명보다 약 16.8% 증가한 상황이다. 그러나 '2004 생활시간조사' 결과 맞벌이 부부에서 아내의 가사노동 시간은 3시간 28분으로 남편의 32분보다 약 6.5배에 이르는 것으로 나타났다. 맞벌이 아내와 남편의 수입노동시간을 각각 합해도 8시간 42분 대 7시간 6분으로 맞벌이 아내가 남편보다 상대적으로 일을 많이 하고 있으며, 특히 미취학자녀가 있는 취업 주부의 경우 평일 9시간 50분 동안 일하는 것으로 조사됐다. 맞벌이가 아닌 가구의 남편의 가사노동 시간은 31분으로 맞벌이 가구의 남편과 불과 1분밖에 차이가 나지 않아 맞벌이 여부와는 거의 상관없이 여성이 집안일을 도맡아 하는 실정이라 하겠다. 통계청(2007)이 '행복한 사회생활을 저해하는 다섯 가지 요인' 중 한 요인으로 "맞벌이 부부의 가사분담"을 지적하고 있는 사실에서도 기혼여성의 가사분담에 대한 어려움이 어느 정도인지 짐작할 수 있겠다.

참고자료 : 맞벌이 가족의 역할수행에 영향을 미치는 요인

개인적 요인

① 인성(예: 배우자의 지배 욕구, 감정적으로 친밀해지려는 욕구, 자기 분야에서 최고가 되려는 욕구가 얼마나 중요한가?)

② 태도와 가치(예: 배우자의 자녀양육에 대한 견해 또는 남성과 같은 여성의 직업적 성공에 대한 견해는 어떠한가?)

③ 관심과 능력(예: 배우자가 직업적인 일과 가족관계에 얼마나 관여하는가, 직업과 직업에 대한 계획에 부부 모두 만족하는가?)

④ 직업에서의 단계(예: 부부 중 한 사람은 직업적인 방향으로 나아가고 있는데 다른 한 사람은 퇴직을 생각하고 있는가?)

관계적 요인

① 평등과 권력(예: 의사결정은 어떻게 이루어지며 그것은 공평한가? 가사, 자녀양육, 경제 문제에 대한 동의는 어떻게 이루어지나?)

② 배우자의 지지(예: 대부분의 분야에서 서로 지지한다고 생각하는가?)

③ 가치관과 기대의 공유(예: 남성과 여성의 역할에 대한 견해가 같은 인생 목표를 가지고 있는가?)

환경적 · 사회적 요인

① 직업상황(예: 직업적 시간은 융통성이 있는가, 성차별의 증거가 있는가, 작업장에서 성희롱을 금지하는 정책이 있는가?)

② 고용주의 견해(예: 어떤 종류의 가족정책이 있으며, 고용인에 대한 전반적인 태도는 어떠한가?)

③ 아동양육의 편리성과 질(예: 자녀양육을 쉽게 할 수 있으며 그것은 부모가 원하는 기준과 맞는가?)

④ 지지체계(예: 가족원은 가까이에 살며, 가까운 친구나 동료도 맞벌이 가족인가, 지역사회가 맞벌이 가족 부모의 요구에 부응하는가?)

출처: Gilbert(1993). Two Careers/One Family

모든 역할을 훌륭히 해내는 성취자가 되고자 하는 사람들은 자신들에 대해 비현실적인 기대를 하고 있는 것이다. 한 사람이 직장, 결혼생활, 자녀양육에 이르는 모든 일을 완벽하게 해내는 것은 불가능하다. 그런 사람들은 긴장과 싸우게 될 뿐으로 실현가능한 기대를 갖는 방법은 우선 순위들 간에 균형을 잡고 절충을 하는 것이라 하겠다. 이러한 난점을 극복할 수 있는 맞벌이 부부의 개인적 전략을 제시해 보도록 한다.

첫째, 남편의 가사참여를 적극적으로 유도하여 특정의 가사활동영역에 대하여 일차적인 책임을 갖도록 한다. 그리고 일단 정해진 영역에 대해서는 서로가 개입을 제한하는 것이 시간과 에너지를 절약할 수 있는 방법이다.

둘째, 인생주기조정 방법으로 개인의 결정사항과 외부요인 간의 조화를 이루도록 한다. 가정과 직업에서의 과도한 요구 시기가 서로 겹치지 않도록, 자녀출산을 연기하거나 직장에서의 승진시기를 조정해 보는 것이다.

셋째, 직업과 가정 간의 경계를 강화함으로써 각자의 생의 영역을 분절화시키는 방법이다. 동시에 가정과 직업을 다루지 않도록 각각의 영역을 구획화시켜 나가는 것으로 일단 사무실을 떠나면 가정에 충실히 임하며, 또한 사무실에서는 직업에 충실하는 것이다.

넷째, 부담스러운 선택(예: 파출부 고용, 외식, 가사노동의 기계화)의 긍정적인 면에 초점을 맞춘다. 거기엔 직장을 통한 사회접촉, 배우자 각자의 자급자족, 과도한 역할부담 등에서 벗어날 수 있는 이득이 있다.

다섯째, 가사노동수행 표준을 낮춘다. 자녀들의 청결상태, 주거공간의 정돈상태 등에 대한 표준을 낮춤으로써 여기에 투입되는 시간과 에너지를 얻게 되는 이득을 고려해 본다. 재미있는 예로서 어떤 취업여성은 집에 돌아오면 안경을 벗어버림으로서 주거공간의 청결상태에 대한 표준을 낮추기도 한다.

여섯째, 취업여성들이 자녀들에게 갖는 과도한 불안감, 죄책감에 대한 인식을 바꾸도록 한다. 이들이 갖는 자녀에 대한 불안감 및 죄책감은 실제 자녀와의 관계에서 비롯되는 것이 아니라 하나의 편견임을 주지해 본다. 주부의 취업을 오히려 자녀들에게 자율성 및 책임감과 독립심을 고양시키는 기회로 인식한다.

맞벌이 부부의 과중한 부담을 줄이기 위해서는 이러한 개인적 차원의 전략뿐만 아니라 사회적 차원의 지원, 즉 일과 가족의 양립을 위한 일명 "가족친화적인 정책"에 대한 필요성이 제기되고 있다. 가족친화적인 정책은 삭막한 일터에 가족관계에서 기대되는 배려와 보살핌의 원리를 투입시키고 남성중심적인 노동자 규범을 변화시키는 것이라 하겠다. 이의 개념은 1990년대 초 여성의 평생 평등노동권보장과 일하는 어머니의 모성보호 요구가 제기된 이래 일과 가족의 양립을 위한 정책들이 고용과 가족복지 영역을 중심으로 전개되어 왔으며, 2001년 남녀고용평등법 개정에 "직장과 가정생활의 양립"이라는 정책목표가 추가되면서 한국사회의 가족친화적 정책이 새로운 정책 패러다임으로 자리 잡았다.

그러나 현재 한국사회에서 실시되고 있는 가족친화정책에서 가족과 관련된 일에 남성의 책임을 강조하는 데 있어서 '여성의 존재를 전제로 한' 남성들의 참여(예: 노동시간의 단축이 남성에게 있어서 여가의 의미로 사용되는 점, 여성근로자가 300명 이상인 곳의 직장보육시설 설치라는 전제에 여성근로자의 숫자에 의존하고 있는 점, 여성공중화장실에만 설치된 아기기저귀대 등)라면 여전히 부모와 자녀로 구성된 핵가족의 정상성을 더욱 강화시키게 되는 측면이 없지 않다. 따라서 기업과 국가가 펼치는 가족친화적인 정책의 대상과 내용이 남성이 보살핌노동과 가사노동의 일차적 책임자로서의 능력을 개발하고 훈련시키면서 특정한 가족형태에 특권을 부여하지 않는 사회적 지원과 전략들이 필요할 때이다.

참고자료: 가족친화경영기업 사례

- 다국적 제약사 한국MSD 직원들은 매주 금요일이면 오후 5시에 '칼퇴근'을 한다. 가족을 위해 한 시간 빨리 퇴근하는 '패밀리 데이' 제도다. 출근시간도 매주 오전 7~10시 중에 선택하게 한다. 이 회사 여직원들은 출산휴가를 마친 뒤 1년 동안 하루 7시간만 근무한다.
- 교보생명은 지난 4월부터 세 살 이하 자녀를 둔 직원은 하루 5~7시간만 근무시킨다. 30대 여직원은 두 살배기 딸을 어린이집에 맡기곤 10시에 출근해 오후 5시 퇴근한다. 교보생명은 아이들 교육이나 가정행사를 위한 반나절 휴가제도도 3년째 운영하고 있다.
- 이랜드그룹은 컴퓨터 앞에서 일하는 디자이너들이 임신하면 전자파를 차단하는 앞치마를 준다. 사업장마다 모유 착유기와 모유를 보관할 냉장고를 갖춘 모유실도 마련했다. 대웅제약은 아이가 다섯 살 될 때까지 컴퓨터를 이용한 재택근무를 허용해 일주일에 한두 번 회의와 업무보고 때만 출근하게 한다.
- 보건복지가족부가 12월 29일 교보생명, 대웅제약 등 14개 기업과 공공기관에 '가족친화기업 · 기관 인증서'를 줬다. 가정(Home)을 배려해 직장과 조화시키는 회사(Company),

이른바 '홈퍼니(Homepany)' 들이다. 출산과 보육을 돕는 가족친화 경영을 하면 기업들에게도 이롭다는 새로운 기업문화다. 최근 방한한 펜더가스트 호주 퀸즐랜드대 행동과학과 교수도 "가족을 중시하는 기업일수록 직원만족도가 높다"고 했다.

출처: 조선일보 2008년 12월 30일자, 동아일보 2008년 12월 29일자 발췌, 재구성

우리 사회에서도 가능할까요? 워킹맘이 행복한 스위스 취리히

세 아이를 둔 일하는 엄마. 한국에서는 듣기만 해도 버거운 이 단어가 취리히의 취업여성 다니엘(여, 43세)에게는 어떻게 가벼운 걸까? 우선 학교 안에 있는 데이케어센터가 큰 도움이 된다. 아이들이 점심을 먹으면서 시간을 보내는 '미탁쇼트' 와 아침 7시부터 오후 5시30분까지 아이들이 머물 수 있는 '타게쇼트' 다. 이 곳에서는 사회복지사 선생님과 함께 숙제를 하고 책을 읽거나 게임을 한다. 사회복지사들은 취리히 시청에 속해 있는 직원들이다. 취리히시는 학교의 접근성을 중요하게 생각하여 모든 초등학교를 10분 이내에 갈 수 있는 곳에 짓는다. 다니엘은 "학교가 가깝고 학교 안에 데이케어센터가 있어서 일하는 중에 아이들을 많이 걱정하지 않아도 된다는 점이 좋다"고 말했다. 일하는 시간도 조정이 가능하다. 스위스의 회사들은 대부분 하루 8시간씩 주5일 근무를 100% 일하는 것으로 본다. 다니엘은 이 중 55%만 일하는 셈이다. 스위스에서는 근로계약을 할 때 근로시간을 50~100% 사이에서 조정할 수 있다. 사정에 따라 유연하게 일하는 시간을 정하기 때문에 일자리는 많고 삶의 질도 높아진다. 다니엘을 비롯해 취리히의 학부모들은 이렇게 일하는 시간을 조정하고 시에서 제공하는 데이케어센터의 도움을 받아 일과 여가, 일과 가정생활을 조화롭게 운영한다. 워킹맘인 다니엘의 여유는 이런 다양한 사회적 조건 덕에 만들어진 것이다.

출처: 한겨레 21, 제740호, 2008년 12월 22일자, pp.34-37에서 부분 발췌

6 동거 커플

동거는 공식적으로 결혼식이나 혼인신고를 하지 않고 사는 커플이다. 아직까지 한국에서는 동거를 사회적으로 잘 받아들이지 않지만, 법적으로는 보호를 받을 수 있는 근거가 마련되어 있다. 사실혼 관계에 있는 이들은 자녀를 가질 수 있고 정조의

의무 등에 문제가 있을 때는 법에 의해 판결을 요청할 수 있다(옥선화, 2000).

동거의 유형을 보면, 일시적 편의형(주거공유를 위한 유형), 사랑으로 함께 하는 유형, 시험결혼 유형, 결혼에 대한 일시적인 대안형(결혼을 하기로 약속은 했지만 결혼할 여건이 갖추어질 때까지 동거를 하는 유형), 결혼에 대한 영구적인 대안형(결혼과 유사하게 두 사람이 서로에 대한 장기적인 책임감을 가지고 함께 살지만 전통적인 법적 또는 종교적 결혼절차를 거치지 않은 경우)이 있다.

동거의 특성을 보면, 동거는 결혼과는 달리 두 사람의 관계에 국한되며 결혼에서처럼 두 사람의 생각 사이에 사회적으로 구조화된 관계가 이루어지지 않고 상대방의 가족과의 관계에 있어서의 권리와 의무가 무엇인지 모호하다. 동거를 유지하는 데는 서로에 대한 애정이 중요한 요인인 반면 결혼의 지속은 애정뿐만 아니라 상대방에 대한 책임감이 중요한 요인으로 작용한다. 또한 동거를 한다고 해서 결혼에 내재하는 헌신과 자유 간의 긴장을 피할 수는 없는 것으로, 만약 싫증과 강제 감정이 결혼이 갖는 위험이라면, 불안정과 질투가 동거 커플에게 생기는 위험이라고 볼 수 있겠다.

한편, 라만다와 리드만(Lammannan & Liedman, 1988, 김태현 외, 1996 재인용)은 동거부부와 동거하지 않고 결혼한 부부 사이의 결혼만족도와 이혼율을 살펴본 결과 동거부부가 이혼율이 훨씬 높았으며 부부 간의 만족도도 더 낮으며 또한 결혼의 긴장감이 더 높게 나타나고 결혼불안정성이 높은 것으로 보고하고 있다. 이는 동거의 횟수와도 관계가 있어 동거경험의 횟수가 많을수록 결혼안정성이 더 떨어지는 것으로 나타났다. 그러나 이런 결과로서 동거 그 자체가 결혼안정성을 떨어뜨린다고 보기보다는 실제 동거에 연루되는 사람들의 특성 자체가 논의되어져야 할 것이다. 즉, 자유주의 가치관을 지니고 있거나, 열악한 사회경제적 위치에 있는 사람들이 동거에 더 노출될 가능성이 높다고 할 때는 동거라는 상황적 변수보다는 그들이 가지고 있는 다른 변수들의 중재로 나타난 효과라고도 볼 수 있다.

따라서 동거를 시작하기 전에 두 사람이 다음과 같은 점들을 고려하여야 동거가 가지는 이점을 살릴 수 있을 것이다.

첫째, 동거 전에 동거의 이유를 두 사람이 충분히 논의한다.

둘째, 동거는 일시적인 기분으로 행해져서는 안 된다.

셋째, 동거의 경험에 대해 상호 동의한 현실적인 기대를 가지고 관계를 시작하라.

넷째, 동거를 시작하기 전에 행동원칙을 만들어라.

다섯째, 높은 정도의 대인관계 기술을 가져라. 상대방에게 자신의 감정을 솔직하게 털어놓을 수 있고, 상대방을 받아들이고 이해할 수 있는 능력, 그리고 상호 간의 문제를 해결할 수 있는 능력을 가져야 한다.

동거에 대해 얼마나 알고 있나요? (O, X 퀴즈)

1) 동거는 오직 남 · 여 커플끼리만 하는 것이다?
2) 동거는 하고 싶을 때 하고 하기 싫어지면 언제든지 그만둘 수 있다?
3) 동거는 법적으로 보호가 되지 않는다?

답>>1-X, 2-X, 3-O

1-동거는 남 · 여 커플만 하는 것이 아니다. 같은 성의 사람끼리도 주로 경제적인 이유로 동거를 하는 경우가 많다. 흔히 이런 경우 상대방을 룸메이트라 일컫는다. 또한 동거는 미혼 남 · 여가 결혼 전에 하는 경우도 있지만, 결혼은 했지만 호적상으로 부부로 등록되지 않는 경우도 동거라 할 수 있다. 즉, 법적으로 가족이 아니지만 함께 사는 경우 동거라 할 수 있다.

2-이와 같은 책임감 없는 생각으로 동거를 어린애 장난처럼 쉽게 생각해선 안 된다. 과거에 우리 사회에서의 혼전동거가 경제적 이유나 부모의 반대 등 어떠한 이유로 인해 결혼을 미룬 '미혼 동거'가 대부분이었다면 최근 대학가 중심의 원룸가에서는 객지 생활의 외로움, 생활비 절약, 호기심, 성적 욕구 충족 등 다양한 요인으로 인한 동거의 형태가 나타나고 있다. 즉, 결혼을 전제로 하지 않더라도 동거에 들어갈 수 있다고 생각하는 것이다. 이런 이유 등으로 인해서 동거를 가볍게 생각해서 쉽게 동거를 하는 경우들이 있는데 이럴 경우 80% 이상이 2개월 안에 헤어진다고 한다. 그냥 거기서 헤어지기만 한다면 문제가 되지 않겠지만 동거가 끝나고 난 뒤의 임신이나 낙태, 집착, 스토커 등의 문제로 인해 고통스러워 하는 사례들이 많이 나타나고 있다. 따라서 이런 문제들을 해결하기 위해 동거에 앞서서 미리 책임있는 의식을 가지고 깊이 생각하고 결정하는 것이 동거문제를 예방하는 길이다.

3-아직까지 우리나라에서는 동거가 법적으로 허용이 되지 않을 뿐더러 보호도 되지 않는다. 이때 동거 상태는 혼인의 의사를 가지고 하는 사실혼이 성립될 수 있는데 사실혼은 혼인 의사와 일반 혼인 부부와 같은 혼인생활이 있을 시 성립할 수 있으나 이때도 남녀 각각의 재산은 서로의 각자의 단독재산으로 타인으로부터 불가침이다. 그래서 서로 상대방의 채무를 대신 갚아줄 책임은 없다. 그러나 그 채무가 동거생활에 따른 일상적인 채무라면 연대하여 갚아야 할 책임이 있다. 또한 사실혼 파기시 사실혼 기간 중의 재산에 대해서는 이혼 시와 마찬가지로 재산분할도 할 수 있다.

7 동성 커플

이성(異性)이 아닌 동성(同性)이 서로 사랑해 한 집에 사는 것을 말한다. 하지만 다른 어떤 가족형태보다 편견과 차별이 심한 가족형태다. 때문에 표면에 드러내지 않아 이들 가정이 얼마나 되는지도 알 수 없다. 무엇보다 법적으로 부부관계를 인정받지 못하고 있다. 파트너가 아파 병원에 가도 보호자 구실을 할 수 없으며 국가가 보장하는 국민연금, 의료보험 등의 혜택도 받을 수 없다. 다만 2001년 11월 국가인권위원회법이 성적 지향에 따른 차별 금지 조항을 명문화했다. 한국게이인권운동단체인 '친구사이'가 최근 발간한 '동성애자 가족 구성원 자료집'에 따르면 덴마크는 1989년 세계 최초로 '동성 파트너 등록법'을 시행했다. 그린란드, 아이슬란드 등 북유럽 국가가 뒤를 이었고 네덜란드, 독일, 프랑스 등 서유럽은 물론 헝가리 등 동구권 국가도 동성 간 혼인을 허용하는 추세다. 미국은 2000년 버몬트주가 처음으로 동성 커플에게 법적 권리를 부여했다(경향닷컴, 2007. 2. 27). 최근 영국에서도 결혼이나 가족에 대한 전통적 개념이 퇴색하면서 다양한 형태의 '대안가족'의 하나로 동성 커플을 용인하는 사회적 분위기가 확산되고 있다. 영국 사회조사연구소(2006)가 3천여 명을 대상으로 설문조사를 실시한 연례보고서에 따르면, 응답자들이 동성 간 결혼에 대해 과거에 비해 확연하게 '진보적'인 관점을 드러내고 있다. 동성애나 동성 커플에 대한 관념이 20여 년 전과는 큰 차이를 보여, 1987년에는 동성애가 '잘못된 것'이라는 응답률이 75%이었지만 이번 조사에서는 32%만이 이렇게 답했다. 그러나 어린이가 포함된 대안가족에 대해서는 우려를 보이고 있어, 동성 커플의 입양에 대해서 레즈비언 커플이 일반 부부보다 더 나은 부모가 될 것이라는 의견은 3분의 1 정도에 불과했으며, 게이 커플의 입양에 대해서는 부정적 의견이 더욱 많았다(연합뉴스, 2008. 1. 23.).

대부분 동성애 관계에 있는 사람들은 이성애 관계에서보다 더욱 개인의 욕구를 충족시키기 위해 서로에게 의존하게 된다. 대인관계상의 도움이 한정된 동성애자들은 사회적 지원을 전혀 받지 못하기 때문이다. 특히 여성의 경우는 연대조직이 강하며 관계가 오래 지속되며 자율성과 평등관계를 가지고 있다. 남성들은 바깥에서 동성애

관계를 맺기도 하지만 여성의 경우는 철저하게 배타적이며 높은 신뢰감과 공동의 의사결정을 하고 지내는 것으로 나타난다(옥선화 외, 1992). 편견을 경험하는 대부분의 소수집단처럼 동성 커플들은 그들이 안전하게 느낄 수 있는 지원집단과 지역사회를 필요로 한다. 미국 내 대도시 일부지역에서는 동성애자들에 의해 운영되는 자녀보육협동조합이나 보육센터가 있어 양육의 장소를 지원하고 그들의 부모와 자녀를 지원해 주기도 한다(류현수 외, 2007).

현재 국내에서는 게이나 레즈비언과 같은 동성 커플이 법적으로 인정될 여지가 없다. 그러나 동성애를 정상적인 성적 지향의 하나로 인정하는 태도가 세계적인 추세라고 볼 때, 이를 인정할 것인가 아닌가에 대한 논의는 보수주의적 관점과 자유주의적 관점으로 대립된다고 하겠다.

8 공동체 거주

대표적 공동체 거주형태로 이스라엘의 키브츠, 중국의 인민사회, 과거 소련의 보육소 등이 있다. 이것은 혁명적 사회 또는 유토피아적 사회에 있어서 가족이 지니는 기능들이 다른 기관에 위탁되거나 소속된 성원들의 공동책임분담과 분업적 역할로 나타난다는 전제 하에 이루어진 것이다. 가족의 기능들이 개개의 가족 내에서 실행되는 것이 아니고 분산되어 공동으로 수행되거나 전문기관에 이양된 형태였다. 예를 들어 식사는 밥 공장에서, 빨래는 공동세탁장에서, 육아는 전문보육기관에서, 청소년은 청소년의 집 또는 기숙사에서 생산은 공동으로 하고 생산물은 공동으로 사용하는 것 등이다. 이러한 형태를 실현하고자 하는 여러 시도가 있었으나 이제는 자녀는 부모의 품으로 돌아갔고 기타 기관들은 부부와 자녀를 중심으로 한 가족단위를 보존하는 체계가 되었으며 가족은 하나의 단위로서 묶여지게 되었다(옥선화 외, 1992).

우리 사회에서의 공동체의 근원을 보면, 종족조직을 근간으로 하는 혈연공동체, 지역을 중심으로 형성된 지연공동체, 종교나 이념 및 기타 정신적인 요소를 기반으로 하는 결사공동체 등이 있다. 특히 혈연공동체와 지연공동체가 두드러지게 나타나고 있는데, 혈연공동체는 가족이 확대되어 특정 성씨를 중심으로 대집단을 이루어 형성된 종족조직을 기반으로, 제사 · 위토(位土) · 족보 · 사당 등을 운영함으로써 유지되었다. 지연공동체는 불안한 사회환경으로 인하여 이웃을 서로 결합시키는 가장 단순한 형태가 보다 확대되면서 일정 지역을 중심으로 연대를 형성하여 이루어진 것이다.

현대에 이르러 우리나라에서는 1957년 월남이산가족을 중심으로 새로운 가족생활을 시도한 신앙촌 공동체가 있었으며, 현재 의정부에 있는 풀무원이 1975년부터 노동과 신앙을 중심으로 그리고 부천에 있는 복음자리 마을은 1977년부터 신앙과 인간화 운동을 중심으로 공동체 거주를 이루고 있다. 또한 젊은 층에서는 직업이념 및 취미생활을 중심으로 한 공동체 결혼생활에 대한 가능성을 모색하는 움직임이 일어나고 있다(김태현 외, 1996). 또한 독신자, 노인가족, 한부모가족 등 가족의 기능수행에 장애가 있는 가족형태가 증가함에 따라 가족의 생활형태를 유지하면서 집단 속에서 경제적 문제, 육아문제 등을 극복하기 위한 대안으로 나타나기도 한다. 이와 함께 공동체의 개념을 광의의 개념으로 해석하여 나와 내 가족중심에서 벗어나 이웃과 함께 나누며 더불어 살고 이웃과의 인간관계 회복을 실천하고자 하는 공동체적 의식까지 포함하는 것(박숙자, 1994)으로 정의되기도 한다.

이러한 개념의 기준에 근거하여 보면 현재 우리 사회에서 일어나고 있는 다양한 공동체적 모임이 여기에 속한다. 핵가족의 보완을 꾀하는 가족모임, 한 지붕 아래의 합동가족, 생산/소비공동체, 이웃사랑공동체, 사회변혁을 꾀하는 단체 등이다.

또한 최근 일부 지역에서는 '나 홀로 노인들' 의 공동체 문화가 실험 중에 있다. 경남 의령군, 전북 김제시에서 실시하는 어르신들의 공동거주 형태는 새로운 대안으로 평가되고 있다.

● 토론거리 ●

다문화 가정이 과연 다양한 삶의 한 형태로 정착할 수 있을까요?

1. 다문화 가정들이 가지고 있는 문제점들에 대하여 토론해 보시오.
2. 다문화 가정이 하나의 대안적 가족형태로서 성공하기 위해 필요한 요소들에 관해 토론해 보시오.
3. 다문화 가정을 다양한 가족형태의 하나로 볼 수 있을까요?

문학작품으로 만나기: 새로 쓰는 가족이야기들

싱글맘, 대안공동체의 가능성

공지영의 최근 소설 '즐거운 나의 집' 은 세 번 결혼했다 세 번 이혼한 엄마와 서로 다른 성을 가진 세 아이들이 꾸리는 가정 이야기다. 이 소설은 그 자체로서 이미 호주제 폐지를 알리는 서막 역할을 했으며, 딸이 싱글맘인 엄마의 가치관을 닮고 싶어 하는 모습을 통해 결손가정이라 불리는 모자가정이 즐거움으로 충만할 수 있다는 것을 보여준다.

윤성희의 '유턴지점에 보물지도를 묻다' 는 혈연이 아닌 식구들, 대안공동체의 가능성을 보여준다. 소설에서는 백수이거나 비정규직인 젊은이들이 모여 서로 아픔을 보듬으며 혈연관계를 배제한 일종의 식탁공동체를 이룬다. 정씨는 "'가족' 이 아버지의 기호를 통해 위계질서를 형성하는 혈연관계를 의미한다면 '식구' 는 권위의식 없이 함께 모여 앉아 음식을 매개로 서로를 위무하는 관계로 우연히 자발적으로 모였듯 언제든 쿨하게 작별할 수 있는 느슨한 관계"라고 평한다.

자료: 여성신문 북리뷰 970호, 2008. 2. 29

지금까지 우리는 결혼과 가족생활의 다양한 방식이 우리의 주체적인 선택이라는 관점을 가지고, 이를 둘러싼 여러 가지 영역들을 살펴보았다. 그런데 이러한 선택에서 중요한 것은 자유와 권리만큼 책임과 의무도 뒤따름을 인식해야 함이다. 결혼과 가족생활은 일견 지극히 개인적인 영역이라고 보여지지만, 실상 상당히 사회적인 의미도 내포하고 있기 때문이다. 내 개인적인 선택이 얼마나 내가 속한 사회의 일원으로서 바람직한 것인지를 성찰하고 바람직한 가치관을 확립해 나가려는 태도는 개인적인 선택만큼이나 중요한 가치를 가진다는 것을 잊지 말아야 할 것이다.

● 토론거리 ●

1. 한 마을에 다섯 가구가 살고 있다고 가정해 봅시다. 첫째 집은 독신이고, 둘째 집은 동성애 가족이고, 셋째 집은 한부모 가족이며, 넷째 집은 재혼 가족이고, 다섯째 집은 무자녀 부부로 구성되어 있다. 이처럼 각기 다른 차원에서 전형적 가족이라고 볼 수 없는 다섯 가족이 마을을 이루고 살 때, 이들은 서로를 보듬으며 평등하게 살지 아니면 제각기 남들을 낯설어 하고 서로를 '비정상' 이라고 여기면서 따로따로 살아갈 가능성이 높을지 토론해 봅시다.

2. 위의 마을에 남녀가 결혼해서 아들과 딸을 낳아 키우는 가족이 이사 왔다고 가정해보자. 새로 이사 온 가족은 미리 살고 있던 다섯 가족에 대해 '비정상'이라고 생각할까? 원래 살고 있던 다섯 가족은 새로 이사해 온 여섯 번째 가족을 '정상'이라고 생각하고 부러워할까? 결국 이들 여섯 가족은 어떻게 상호작용하며 살아갈지 토론해 봅시다.

볼거리

가족다양성시대 위기인가? 선택인가?, EBS 똘레랑스.
가족을 꿈꾸는 사람들, 〈그것이 알고 싶다 313회〉, 2006년 8월 12일.
대한민국 여성은 행복한가? 희망과 절망 사이, 2006년 5월 4일.
입양-가족으로 살아가기 위하여, EBS 똘레랑스, 2006년 5월 11일.
트렌스젠더, 그들의 인권은 있는가, EBS 똘레랑스, 2006년 10월 18일.

참고문헌 REFERENCES

가족실태조사연구(2007), 2007 연구보고서, 여성부.
김태현 · 이성희(1996), 결혼과 사회, 성신여대출판부.
김승권(2006), 전국출산력 및 가족보건/복지실태조사, 보건복지가족부.
김정옥 외(1999), 새로 보는 결혼과 가족, 학지사.
김혜경 외 6인(2006), 가족복지론, 공동체.
김혜영 외 3인(2007), 비혼1인가구의 가족의식 및 생활실태조사, 한국여성정책연구원 2007 연구보고서.
공선희(2008), 서울시 미혼남녀의 일 · 가족생활 세계와 출산의식, 서울시여성가족재단.
구명숙 · 홍상욱(2004), 독신생활에 대한 대학생의 인식, 여성연구 67호, 한국여성정책연구원.
류현수 · 이정숙 · 김주아(2007), 가족관계와 복지, 동문사.
박숙자(1994), 직업과 가족, 현대가족과 사회, 한국가족학회 편, pp.212-231.
변화순 외(2003), 다양한 가족출현에 따른 쟁점과 가족관련법의 방향정립에 관한 연구, 여성부.

성정현 · 여지영 · 우국희 · 최승희(2004), 가족복지론, 양서원.
옥선화(2000), 결혼과 가족, 하우.
옥선화 · 정민자(1992), 결혼과 가족, 하우.
유영주 · 김경신 · 김순옥(2008), 가족관계학 개정3판, 교문사.
이민규(2006), 끌리는 사람은 1%가 다르다, 더난출판.
임인숙(1999), 미국 학계의 가족 변화 논쟁, 가족과 문화.
이영숙 · 박경란 · 전귀연(2008), 가족문제와 복지, 신정.
이원숙(2004), 가족복지론, 학지사.
장혜경 외(2005), 가족실태조사, 여성부.
정현숙 · 옥선화(2008), 가족관계, 한국방송통신대학교 출판부.
정현숙 · 유계숙 · 최연실(2003), 결혼학, 하우.
조추용 · 오정옥 · 한성심 · 이채식(2008), 가족복지론, 창지사.
조흥식 · 김인숙 · 김혜란 · 김혜련 · 신은주(2006), 가족복지학, 학지사.
최규련(1993), 맞벌이 부부의 결혼만족도와 우울증에 관한 연구. 대한가정학회지 제31권 1호
최정혜(2005), 맞벌이부부의 가족스트레스, 대처전략 및 직업만족도, 대한가정학회지 제43권, 10호, p.181.
한국보건사회연구원(2006), 전국 출산력 및 가족보건복지실태조사.
한국여성민우회(2001), 한부모가족지원사업, 어떻게 할 것인가?
한국여성정책연구원(2003), 2003 연구보고서, 한국여성개발원.
함인희(2002), 한국가족의 위기: 해체인가 재구조화인가?, 가족과 문화.
Dahl, A S., Cowgill, K M. Asmundsson, R.(1987), Life in remarriage families, *Social Work, 32*, 40-44.(p.174)
Duvall, E. M.(1980), *Marriage and family development*(5th ed.). Philadelphia: Lippincott.
Gilbert, L. A.(1993), Two careers, one family: The promise of gender equality. Beverly Hills, CA: Sage.(p.183)
Madleyn Cain, 이한중 역(2003), 무자녀 혁명, 북키앙.

참고자료

경향닷컴, 2007년 2월 27일자.
동아일보, 2008년 12월 29일자.

매일신문, 2009년 1월 5일자.
세계일보, 2003년 3월 15일자.
여성신문 968호, 2008년 2월 15일자.
여성신문 970호, 북리뷰, 2008년 2월 29일자.
연합뉴스, 2008년 1월 23일자.
우먼타임즈, 2003년 4월 4일자.
조선일보, 1997년 11월 11일자.
조선일보, 2006년 10월 2일자.
조선일보, 2007년 9월 11일자.
조선일보, 2008년 12월 30일자.
중앙일보, 2009년 1월 12일자.
통계청, 인구센서스 자료 분석 결과(1985-2005).
통계청(1993), 1992 인구동태통계연보.
통계청(2001), 한국의 사회지표.
통계청(2008), 주제별 통계: 사회편.
통계청, 인구주택총조사보고서, 각 연도.
한겨레신문, 2003년 2월 15일자.
한겨레신문, 2007년 2월 27일자.
한겨레신문, 2007년 11월 11일자.

Chapter 07

결혼 갈등과 건강한 가족

> 불행한 가정은 각각의 생김새가 다르고 행동 역시 각자가 마음 내키는 대로 하지만 모든 행복한 가정은 가족이 모두 닮아 있다.
>
> -톨스토이-

다양한 가족생활의 형태가 가지고 있는 의미는 무엇일까? 어떤 가족형태이든지 가족생활을 통해 충족하고 싶은 '행복과 건강성'에 대한 최종 목표는 같을 것이다.

최근 한 신문자료를 인용(동아일보, 2008. 12. 26.)해 보면, 인터넷 설문조사에서 새해 소원을 묻는 질문에 10명 중 3명이 "가족의 건강과 화목"을 최우선으로 꼽았고, 또 소비 트렌드 분석센터가 전망한 내년의 10대 트렌드에 따르면 주로 집에 머물며 가족과 함께 재미와 위안을 찾는 '신 코쿤(cocoon, 누에고치)족'이 늘어날 것이라고도 했다. 이는 가족이 가지는 정서적 충족지로서의 기능이 여전히 중요하며 때론 확대될 수 있음을 의미한다. 그러나 행복한 결혼이 대부분의 사람들이 생각하는 주요한 목표라고 할지라도 결혼과 가족생활에서 행복을 지속, 증진시키는 방법에 대해서는 무지하거나 일치되지 못하고 있다. 행복한 결혼은 주관적이고 계속 변화하며 다양한 요인에 의해 영향을 받기 때문이다. 따라서 본 장에서는 가족 내의 심리적 측면의 상호작용에 초점을 맞추어 가족 내에서 발생하는 갈등의 특성들에 대한 이해와 건강성과 만족을 위해 필요한 요건들에 대해 살펴보기로 한다.

제1절 결혼 갈등

인간의 욕구가 좌절되거나 거부당했을 때 느끼는 정서상태를 욕구불만이라 하고 둘 내지 둘 이상의 욕구가 동시에 존재하여 해결에 곤란을 느끼는 상태를 갈등이라 한다. 갈등은 우리의 일상생활에서 가족 간에 혹은 타인과의 관계에서 빈번히 발생하고 있다. 그래서 갈등은 마치 우리의 일상생활과 인간관계의 변화를 혹은 지난 날의 생활들을 그래도 나타내 주는 듯하다. 그리고 갈등은 우리의 보다 조화로운 생활에의 염원을 방해하기도 하고 나아가서는 이에 대처하려는 노력을 함에 따라 우리들을 새로운 지각과 자의식의 세계로 끌고 가기도 한다.

따라서 갈등을 없애려고 하기보다는 갈등을 다루는 긍정적 방식에 대한 훈련이 필요하다. 이를 위해서 부부 간 갈등의 발생원인, 해결방안 등에 대한 정보가 유익할 것이다.

1 갈등발생의 원인

터만(Terman)의 결혼적응 연구에 의하면 행복한 부부집단과 그렇지 못한 부부집단 모두가 그들의 결혼생활에 대해서 불만을 토로했다고 한다.

그러나 불만의 영역에서는 큰 차이가 존재하고 있었다. 즉 행복한 집단에서의 불만내용은 주로 친척관계, 친구선택, 여가활동에 관한 것이고, 행복하지 못한 집단에서의 불만내용은 상대방이 논쟁적이다, 신랄하다, 애정적이지 못하다, 신경질적이다라는 내용으로 주로 상대방의 성격이나 인격에 관한 불만이 많았다.

또한 가트만(Gottman, 1994)은 원만한 부부생활의 비결은 부부가 의견차이나 문제가 있더라도 일상생활에서 서로가 상대방에 대한 배려를 어떻게 표현하느냐가 중요한 열쇠라고 하였다. 건강한 부부는 갈등의 근본적인 차이를 받아들이고 서로를 인정해 주고 수용하며, 서로에 대한 긍정적인 감정이 다섯 번이라면 부정적인 감정은 한 번 정도로 나타나는 특성을 가지고 있다고 하였다.

이와 같이 불만내용 상과 표현하는 방법론에 있어서는 중요한 차이가 존재하고 있긴 하지만, 결혼생활에서는 필연적으로 갈등을 내포하고 있으며, 충돌 없이 함께 살 수는 없다고 하겠다. 즉 결혼생활에서의 얼마간의 갈등은 정상적이고 예측할 수 있는 것이라 하겠다. 블루드(Blood)도 결혼생활이 갈등을 내포할 수밖에 없다고 하면서 그 이유로 다음과 같은 부부 간의 네 가지 특징을 제시하였다.

첫째, 친밀감이다. 일반적으로 공적 생활에는 자신의 바람직한 특성만을 나타내려고 노력하는 사람도 부부관계에서는 친밀하다는 이유로 개인의 모든 특성을 노출하게 된다. 따라서 배우자의 단점을 알게 되고 비난을 하게 되는 경우도 있다.

둘째, 항구성이다. 아무리 참기 어려운 일도 며칠은 참을 수 있다. 그러나 그것이 계속될 경우 참을 수 없게 된다. 결혼이란 며칠 만에 끝나는 일이 아니므로 자극적인 일이 노출된다고 볼 수 있다.

셋째, 경쟁성이다. 부부는 그들의 애정에 대해서뿐만 아니라 충분하지 못한 자원, 특히 금전사용에서 많은 경쟁을 하게 된다. 예를 들면, 일정한 금액에서 한 사람이 많이 차지한다는 것은 상대방이 상대적으로 적게 차지하는 것을 의미한다.

넷째, 가변성이다. 부부가 어떤 상황에 잘 적응하는 방법을 익혔다 하더라도 결혼생활의 내용은 매일 변화한다. 따라서 결혼생활에서 갈등이 일어나는 것은 당연하고 정상적인 과정이라고 볼 수 있다.

한편, 클레머(Klemer, 김태현 외, 1996 재인용)는 결혼갈등 발생원인을 기대의 문제로 집약하였다. 즉, 과대한 기대, 혼돈된 기대, 충분하지 못한 기대, 부부 간의 기대차이가 결혼 갈등의 원인이 된다는 것이다.

한편, 결혼생활에 있어서 대립이나 갈등은 배우자 개인의 퍼스낼리티에 의할 뿐 아니라 그들이 만들어내는 독특한 '관계'에 바탕을 두고 있다. 그러므로 결혼생활의 갈등을 이해하기 위해서는 각 가족원의 정신내적인 세계에 바탕을 둠과 동시에 대인관계에도 원인이 있으므로 관계를 이해하는 틀을 확립할 필요가 있다.

참고자료: 보편적인 결혼갈등 요인

1. 기대: 결혼에 대한 비현실적인 기대
2. 역할수행: 파트너가 기대하는 역할기능을 수행하지 못함
3. 외적 스트레스: 직장 스트레스, 질병, 환경변화, 가족문제
4. 이질혼: 배우자와의 유사성 부족
5. 자존감: 낮은 자존감은 부정적 대처전략을 초래
6. 집안과 관련된 것: 친정과 시댁 사이의 갈등
7. 의사소통: 부적절하거나 불성실한 대화기술
8. 자녀문제: 자녀에 대한 시간과 돈의 투자
9. 정신건강: 배우자에 대한 정신건강의 유무
10. 자기개발의 조화: 자기개발로 인한 문제해결의 어려움

출처: Scoresby, 1977, 김정옥 외, 1999 재인용

2 갈등의 해결

결혼과 가족생활에서 얼마간의 갈등이 발생하는 것이 당연하고 정상적이라는 말은 갈등이 그대로 존재해도 좋다는 것은 아니다. 그것이 해결되지 않은 채 존재한다면 갈등의 긍정적 결과는 기대할 수 없다. 갈등은 그것이 해결되는 방식에 따라 가족관계에 치명적일 수도 있으며 혹은 더 친밀한 관계로 발전하기도 한다. 갈등의 해결과정을 통해 긍정적 결과를 가져올 때 건설적 갈등이라고 한다. 가트만(Gottman)도 갈등을 해결하는 과정에서 중요한 부분은 부부 간 '화해시도' 라고 하였다. 불행한 부부일수록 화해시도가 자주 일어나나, 늘 실패하기 때문에 부부관계가 악화되기 쉽다고 하면서 갈등을 어떻게 처리할 것인가를 강조하고 있다.

1) 갈등해결의 방해요인

부부 간의 갈등은 자신이나 상대방의 변화, 환경의 변화로 약화 또는 개선시킬 수 있다. 그러나 다음과 같은 조건일 때는 갈등해결이 어렵게 된다.

- 미성숙: 미성숙한 사람은 혼란된 정보에 휩싸이게 된다. 불완전한 지식으로는 만족스러운 해결방법을 찾을 수 없다.
- 의견의 불일치를 참을 수 있는 능력의 부족: 의견의 불일치를 참지 못하고 분노나 비난 등의 부정적인 감정을 심하게 노출하거나 관계를 끊어 버리게 되면 갈등은 해결되기보다 오히려 더 악화된다.
- 무의식적 왜곡: 자기도 모르는 사이에 상대방을 왜곡하거나 사건을 올바르게 인식하지 못하는 상태에서는 갈등해결이 가능하지 않다.
- 과음: 음주한 상태에서 갈등을 해결하고자 하는 의논은 언쟁으로 변화되기 쉽다.
- 피로: 대부분의 사람들은 피곤하면 자제력을 잃기 쉽기 때문에 다투게 된다.

한편, 골만(Goleman, 1985, 김정옥 외, 1999 재인용)은 방어기제의 사용이 갈등해결의 방해요소가 된다고 하였다. 방어기제는 자존감을 보호하려는 행동으로 방어기제 자체를 사용하는 데는 문제가 없으나 방어기제가 현실을 왜곡하거나 관계 내에서

원하는 목표에 방해되면서 광범위하게 사용될 때는 위험하다. 갈등을 지연시키거나 왜곡시킬 수 있는 다섯 가지의 방어기제는 다음과 같다.

- 회피: 문제를 피해 가거나 또는 주제를 바꾸려고 하는 것으로 문제의 중요성을 무시하거나 부인하게 되는 경우이다.
- 합리화: 자신의 행동을 위한 인지적 정당화이며 행동 뒤에 있는 진실한 욕구를 차단하는 것으로 행동의 거짓된 정당화는 실제의 이유가 자존감을 위협할 때 나타난다.
- 투사: 특정행동에 죄의식을 갖는 한쪽 배우자가 같은 행동을 하는 다른 배우자를 무의식적으로 비난할 때 일어난다. 예를 들면 외도를 하고 있는 부인이 오히려 남편이 자신에게 충실하지 못하다고 비난할 수 있다.
- 전이: 한쪽 배우자가 다른 역할관계에서 경험한 것일 수도 있는 좌절이 다른 배우자에게 옮겨가는 것이다. 어떤 상황에서 아무 관련이 없는 사건에 대해 감정이나 불만을 옮기는 것이다.
- 감정적 고립: 감정적 고립을 사용함으로써 관계는 소원해지고 멀어지게 된다. 이러한 분리 게임은 관계에 대한 개입을 줄여감으로써 그 관계가 끝나더라도 감정적 상처로 고통받지 않는 데에는 도움을 준다.

또한 윌리엄 글라써(William Glasser)은 오랫동안 계속되면 어떤 결혼이라도 파괴해버리는 일곱 가지 부부관계에서의 치명적인 습관으로 비난하기, 탓하기, 불평하기, 잔소리하기, 위협하기, 처벌하기, 매수하기 등을 들고 있다.

2) 갈등의 해결방안

갈등에 수반되는 부정적인 감정을 어떻게 긍정적인 방법으로 표출시키느냐 하는 것이 갈등해결의 결정적인 실마리가 될 수 있겠다. 여기에서는 결혼생활에서 나타나는 갈등을 건설적인 방법으로 표현하는 데에 도움이 되는 몇 가지의 방법들을 살펴보기로 한다.

(1) 갈등을 다루는 기본원칙

- 갈등의 표현은 감정을 근거로 한 언어행동으로 표현된다. 불만이 있을 때는 감정을 누르고 이성적인 언어로 명확히 표현한다.
- 갈등의 원인과 요인을 먼저 파악하고 나서 그 문제에 대한 이해와 느낌을 정확히 전달한다.
- 항상 문제 중심으로 다루며 상대방의 약점이나 인격을 공격해서는 안된다.
- 한 번에 한 상황에 대하여만 논의한다. 과거의 일이나 사소한 일까지 모두 동원하면 이것을 해결이 아니라 전쟁의 시작이다.
- 갈등의 표출방법이나 시간과 상황을 고려한다. 예를 들어 식탁이나 자녀들 앞에서의 부부갈등이나 부부싸움은 좋지 않다.
- 갈등의 해결을 위해서는 관용이나 화해, 회피, 타협, 양보, 의견 접근, 적응 등의 여러 방법이 있을 수 있다. 갈등의 주제에 따라 다양한 방법을 사용한다.
- 갈등의 시작과 끝을 명확히 한다. 예를 들어 싸우다가 집을 나간다든가, 싸움을 일방적으로 끝내는 것은 바람직하지 않다. 항상 감정을 정리하고 갈등의 해결 실마리를 가지고 끝낸다.
- 문제를 논쟁하기 전에 자신과 상대방의 입장을 다시 한 번 재구성해 본다. 즉, 상대방의 겉으로 드러나는 부정적 행동방식보다는 상대방의 내적인 느낌, 감정을 이해하도록 하며, 또한 현재 내가 가지고 있는 상대방에 대한 부정적 느낌에 압도당하지 말고 내가 상대방에게 보인 행동방식을 점검해 보는 시간과 여유를 가지도록 한다.
- 어떤 경우라도 부부 간의 갈등 표출방식으로 폭력을 사용해서는 안된다. 신체적 폭력뿐만 아니라 언어적 폭력도 사용해서는 안된다. 폭력은 상처를 남기기 때문에 후유증이 크다.
- 부부싸움에는 결코 승리자가 없다는 점을 인식한다. 단지 친밀감이 손상되거나 혹은 더욱 친밀해질 수 있을 뿐이다.
- 가족 간에 나타나는 갈등과 문제는 한 개인만의 문제가 아니라 전체 가족의 상호작용에서 비롯된 것일 가능성이 더 크다. 때로는 전체 가족의 역동성을 바꾸려는 노력이 한 가족원을 비난하고 탓하는 것보다 유용하고 효과적이다.

(2) 결혼생활에서 분노 다루기

결혼은 가까운 사랑의 관계와 친밀감이라는 목표가 달성되지 못했을 때 실패로 끝나게 된다. 데비드 메이스(David Mace, 1982, 김정옥 외, 1999 재인용)는 결혼실패의 숨은 이유로 분노를 창조적으로 다루지 못하는 것이라고 하였다. 분노의 감정을 내면적으로 억누른다면 다정한 감정표현은 불가능해지고 사랑의 내부적인 중심도 시들어 버리게 된다.

행동건강학 연구자인 딕 티비츠(Dick Tibbiits, 2000)의 저서 「용서의 기술」(한미영 역, 2006)에서 분노 표출의 세 가지 형태를 제시하고 있다.

첫째, 수동적으로-외면하거나 무언가를 바라거나 움츠러들거나 순응하거나 피하는 행동으로 표출, 둘째 공격적으로-공격하거나 강압하거나 비난하거나 억누르거나 다른 사람을 해치는 행동으로 표출, 셋째 단호하게-직접 대면하고 숨김없이 앞날의 가망성을 이야기하고 확실한 경계를 긋고 선을 지키는 행동의 표출이 있다.

이 세 가지 방법 중 분노를 가장 효과적으로 표출하고 처리하는 것은 수동적이거나 공격적인 방법보다는 단호한 태도를 취하는 것이라 하였다. 단호한 태도는 꼭 과거에 일어난 일이 아니라 현재 그리고 앞으로 일어날 일에 책임을 지는 것이라 할 수 있는데, 건전하고 단호하게 분노를 표출하기 위해 그가 제시한 지침은 다음과 같다.

첫째 문제 상황에 정면으로 맞서기, 둘째 나-메시지로 감정 전달하기, 셋째 내가 원하는 것을 명확하게 전달하기, 넷째 얼마나 화났는가보다는 어떻게 상처받았는지에 초점두기, 다섯째 너와 나의 책임과 역할의 경계를 확실히 세우기, 여섯째 앞으로 닥칠 결과들에 대해 확실히 해두기 등이 있다. 이러한 태도의 핵심은 적절하게 분노 표현을 함으로써 갈등상황에서 문제를 확대하는 것이 아니라 문제를 명확하게 하고 해결을 위한 노력이라 하겠다.

또한 분노를 삭이거나 폭발시키는 극단적인 방법을 취하기보다는 이를 변화시켜야 할 증상으로 인식하여 그러한 증상을 초래한 원인을 찾고 이를 제거하는 것이 필요하겠다. 이를 위해 분노를 일으키는 사건과 생각을 하나하나 구체적으로 적어볼 수도 있다. 이렇게 해 보면, 자신의 반복되는 부정적 행동유형을 인식하게 되고, 자신이 늘 비슷한 이유로 화를 낸다는 것을 발견할 수 있다.

정신분석학에서 분노는 어린 시절에 엄마에게 표출하지 못한 억압된 분노가 가장 믿을 만한 사람에게 표출되어 친밀한 관계를 그르치고 생을 퇴행시키는 원인이 된다고 보고 있다. 분노는 사랑처럼 누구에게나 있는 지극히 정상적이고 당연한 감정으로 사랑이 생의 모든 문제의 근원이듯 사랑의 뒷면인 분노를 어떻게 처리하느냐에 따라 한 사람의 삶의 질이 좌우될 수 있는 것이다. 분노가 자신의 감정의 일부임을 정직하게 인정하고 분노의 근원을 직면하고 분노를 자신의 의식으로 통합시켜 체험하도록 하는 작업이 필요할 것이다.

참고하기: 부부가 싸울 때 자녀가 듣고 있다면

해도 되는 것

자녀에게 매일의 생활에서 일어나는 일상적인 싸움을 관찰하게 하라.
자녀에게 싸움이 해결되었을 경우 끝난 것을 보게 하거나 이야기해 주어라.
자녀의 잘못으로 인한 문제가 아니라는 것을 확신시켜 주어라.
자녀들은 싸움과 관련이 없다는 인식을 갖게 해주라.
자녀와 관련된 법적 문제일 경우 가족회의를 하라.
자녀에게 갈등만으로 이혼하지 않는다는 것을 확신시켜 주어라.
'공정한' 싸움의 규칙을 연습하라.

해서는 안 되는 것

자녀 앞에서 돈문제나 친척문제로 싸우는 것
자녀 앞에서 성적인 문제로 싸우는 것
자녀 앞에서 자녀양육의 결정에 관한 문제로 싸우는 것
자녀 앞에서 통제력을 잃은 싸움을 반복적으로 보여주는 것
자녀를 싸움의 중재자나 목격자로 이용하는 것
자녀를 싸움에 편들게 하는 것
언어적, 신체적 폭력을 사용하는 것

출처: 김정옥 외, 1999, pp.206-207

● 자기점검을 위한 질문 ●

1. 나는 어떤 상황에서 화가 가장 많이 나는지 점검하시오.
2. 이때 각자가 하는 습관적인 부정적 대응행동이 무엇인지 살펴보시오.
3. 이러한 부정적 대응행동을 긍정적이고 창의적으로 바꾸기 위해서 필요한 것들이 무엇인지 적어보시오.

(3) 갈등의 대응행동

대응행동이란 문제나 갈등에 직면해서 그것을 극복하는 효과적인 수단을 찾는 것을 말한다. 효과적으로 갈등에 대처하는 사람들은 정보추구, 적극적 행위, 부정적 행위의 억제, 숙고, 반성 등의 심리적 과정, 상황에 능동적으로 대처할 수 있는 유연성 등의 행동특성을 공통적으로 갖고 있다.

윌리엄 글라써(우애령 역, 2000)는 결혼 관계에서 불만을 느끼게 된다면 '상대방을 변화시키려고 시도하는 것' 이 아니라 '관계를 향상시키기 위해 우리가 무엇을 할 수 있는가?' 에 초점을 맞추어야 함을 강조한다. 이를 위해 먼저 결혼갈등을 다루는 방법으로써 서로가 배려하는 언어-경청하기, 지지하기, 격려하기, 존중하기, 신뢰하기, 수용하기, 타협하기 등-를 사용하면서 직접적으로 부부가 타협하는 법을 배워야 한다. 타협은 둘 다 이기는 양승타협으로 두 사람 다 원하는 것을 전부 손에 넣지는 못하더라도 서로 공정하다고 생각하는 합의점을 찾아내는 과정이다. 의사소통은 극히 중대하지만 만약 의사소통이 원활해지지 않을 때에는 즉시 대체할 수 있는 일이 바로 관계를 해치지 않는 '타협' 인 것이다.

또한 결혼관계가 갈등 속에 놓여 있을 때 발휘될 수 있는 힘이 창의성(새롭게 다르게 해보는 것)이다. 새로운 활동, 새로운 아이디어, 새로운 느낌 등이 이에 속할 수 있다. 갈등에 빠질 때 하는 극단적인 비창의적 행동이 흔히 우울해하거나 후퇴하는 것이다. 이런 보편적인 불행의 형태를 택하게 되면 감정 자체가 곤경에 빠지게 된다. 오래 된 관계에서 더 가까워지는 가장 좋은 방법 중의 하나는 결혼생활에서 서로에게 새로운 방식을 많이 찾아내는 것이라 하였다.

행복한 결혼생활을 위해서는 매일매일의 부단한 노력이 요구된다. 결혼의 행복은 함께 싸우고 변화하고 환경에 적응하는 능력과 관련 있는 것으로 계속적인 성장의 과정이라 하겠다. 이를 위해서는 상대방의 말에 귀 기울이는 태도, 솔직함, 신체적 애정표현 및 매력, 언어적 애정표현, 확고한 자아개념, 감수성, 지지, 문제해결 능력 등이 중요한 요소이다. 결혼이란 양자 모두에게 많은 애정, 시간, 노력을 필요로 하는 공통의 모험으로 부부관계의 원래의 목적도 한 쌍의 남녀가 고락을 함께 할 수 있는 관계를 형성하기 위한 긴 여정에서 서로에게 힘을 주기 위함이다.

행복한 결혼생활을 하는 부부들의 창의적 행동 목록들

1. 상대방이 존재하고 있는 것에 대한 기쁨을 하루에도 여러 번 표현했다. 자극적인 맞이함, 전화 걸 때 열정적인 어조로 말하는 것, 자주 사랑한다고 말하는 것, 상대방에 대한 노래를 부르는 것 등이다.
2. 아이를 양육할 때나 아주 바쁜 시간에도 창의적으로 데이트를 즐겼다.
3. 서로 상대방을 돌봐주었다. 상대방을 정서적으로나 신체적으로 지지해 줄 수 있는 방법들을 찾았다. 예를 들면, 좋아하는 음식을 해주는 것, 폭풍이 칠 때 차를 태워주는 것, 사업에 대한 자문을 해주는 것, 텔레비전을 볼 때 메시지를 보내는 것 등이다.
4. 원하는 것이 무엇인가를 두려움 없이 말하고, 당신이 옳지 않다고 생각하는 것을 상대방에게 위험을 무릅쓰고 말하는 것이다.
5. 조건 없이 상대방을 사랑하는 것, 상대방이 사랑의 양을 늘이고 줄이는 것에 대해 기대하고 요구하지 않는다. 사랑은 자유롭게 주어져야 한다.
6. 개인적인 자유를 준다. 두 사람에게 차이가 있다는 것을 받아들인다. 두 사람이 다른 개체라는 것에 대해 경계선을 둔다.
7. 서로를 가장 친한 친구로 본다. 날마다 서로 가장 가까운 친구로 행동하고 생각한다. 서로 함께 웃고 장난치고 즐거움을 나누면서 무안해하지 않는다. 예를 들어 노래를 만들거나 서로 만지고 콧노래를 한다.
8. 성을 신선하게 지키고 두 사람이 동의하는 성적인 실험을 해본다.
9. 리스트를 함께 만들기를 좋아한다.

출처: William Glasser 저, 「결혼의 비밀」, 우애령 역(2000) 발췌

결혼의 수학: John Gottman

존 가트만(John Gottman) 교수의 '이혼 연구'가 있다.

그는 매우 수학적인 방식으로 부부관계를 진단하고 이혼을 예측하는 시스템을 개발했다. 한 시간 동안 남편과 아내가 나눈 대화만 분석해도 그 부부가 15년 뒤에 여전히 부부로 살지, 아니면 이혼을 하게 될지 여부를 95% 정확도로 예측할 수 있다고 주장한다. 그는 지난 20년간 자신이 분석한 부부관계를 정리해 「결혼의 수학」(The Mathematics of Marriage, 2002)이란 책을 써 세상 사람들을 깜짝 놀라게 했다.

그렇다면 고트먼은 자신의 결혼 방정식을 통해 어떤 부부관계의 비밀을 밝혀낸 것일까? 가트먼이 쓴 〈결혼의 수학〉에 따르면, 세상의 모든 부부는 대화를 하고 감정을 교류하는 과정

에서 독특한 자신들만의 패턴을 가지고 있으며, 이를 자세히 살펴보면 불행한 부부에게서 공통적인 특징을 발견할 수 있다고 한다.

우선 결혼생활을 오래 지속하는 부부를 관찰해보니, 서로 대화를 할 때 상대에 대한 긍정적 감정과 부정적 감정의 비율이 최소 '5 대 1'은 되더라는 것이다. 대부분의 불행한 부부들은 부정적 감정의 비율이 40%가 넘었다.
게다가 불행한 부부들은(이들 중 상당수는 15년 내에 이혼을 했다) 방어적 자세, 의도적 회피, 냉소, 경멸 등이 대화에서 자주 발견됐다. 그 중에서 가장 심각한 요소는 '경멸'이었다. 부부 중 어느 한쪽이(또는 둘 다) 상대방에게 경멸의 감정을 보일 경우 그들의 결혼은 심각한 적신호를 보인다고 판단해야 한다. 두 번 이상 눈알을 빠르게 굴린다거나, 어처구니없다는 식의 표정을 짓거나, 무시하는 말을 내뱉는 경우가 여기에 해당한다. 배우자에게 상처를 주거나 항상 긴장하게 만드는 환경은 이혼으로 가는 지름길이라고 가트먼 박사는 지적한다.
방어적인 태도도 좋지 않은 신호다. '그래, 하지만' 화술을 사용해, 동의하는 것 같지만 이내 되받는 말투를 자주 사용하는 부부들은 오해의 골이 깊었다. 우리의 상식과는 달리, 차라리 '노골적인 적대감'을 나타내거나 '화'를 자주 드러내는 부부는 티격태격할지언정 이혼을 걱정할 정도는 아니라고 지적한 대목도 흥미로운 결과였다.
이 연구에서 우리가 특별히 주목해야 할 대목은 부부 갈등이 심화되는 것은 부부 간에 문제가 된 대화 내용 자체보다도 그런 대화를 나눌 때 부부가 보이는 태도 때문이라는 사실이다. 대화 내용도 중요하지만 그것을 어떤 방식으로 표현하고 있는지가 부부 사이에선 매우 중요하며, 대화 태도는 그들의 내면적 관계를 적나라하게 드러내는 숨길 수 없는 지표라는 사실에 우리는 주목해야 한다.

자료: 한겨레 21, 2008, 720호에서 발췌

제2절 건강가족과 정서적 체계로서의 기능적 가족

최근에는 가족에 대한 실천적 접근으로서 가족의 구조나 형태에 초점을 맞추기보다는 가족이 가지는 심리적 기능성으로서의 건강성에 관심을 가진다. 이들의 특성과 요건들에 살펴보기로 한다.

1 건강가족의 개념 및 요건들

건강가족에 대한 개념은 1960년대 미국에서 시작되었으며, 그동안 가족에 대한 연구가 가족문제의 원인이나 병리현상에 초점을 맞추었다면, 이제는 가족이 가진 긍정적인 측면에 초점을 맞추면서 가족의 강점을 보려고 하는 '건강가족적 관점' 이라고 볼 수 있다. 즉 '가족이 왜 실패하는가' 하는 것보다 '가족들이 어떻게 하면 성공적인 삶을 살아갈 수 있는가?' 라는 측면으로 모든 가족은 강점뿐만 아니라 도전과 잠재적 성장의 역량을 가지고 있어서 가족이 그들의 문제를 보려 한다면 문제만을 보게 되고 가족의 강점을 보려 한다면 강점을 찾게 된다는 것이다. 이러한 강점은 개발되어질 수 있고 미래의 긍정적 성장과 변화의 기초가 되며 나아가 인간은 건강한 가족에서 성장할 때 건강한 가족을 이루기가 더 용이하다는 것이다.

각 학자들이 여러 연구에서 밝히고 있는 건강가족의 특성들을 제시해 보면 다음과 같다.

1) 올슨(Olson)의 연구

(1) 응집성

헌신(신뢰, 정직성, 성실성)과 시간을 함께 보내기(질적인 시간, 좋은 여가활동, 가족원의 친구들과의 교류, 휴식시간, 오락시간)

(2) 융통성

스트레스를 다루는 능력(적응력, 위기를 도전과 기회로 봄, 위기를 통해 함께 성장함, 탄력성의 변화에 개방적임)과 정신적인 안녕(희망, 신념, 동정심, 윤리적 가치관의 공유, 인간에 대해 개방적임)

(3) 의사소통

긍정적인 의사소통(감정의 공유, 칭찬을 함, 비난하지 않음, 협상이 가능함, 불일치를 인정함)과 감사와 애정(상호 간의 보살핌, 우정, 개성의 존중, 쾌활함, 유머) 등

2) 스티넷(Stinnet)과 빔(Beam)의 연구

스티넷(Stinnet)은 잘 살고 있는 가족을 표현할 단어가 아주 많다고 하였다. 성공적인, 균형잡힌, 건강한, 기능적인, 좋은, 강한이라는 여러 표현 중에서 강한(strong)이라는 용어를 사용하기 시작하였다. 스티넷의 강한 가족에 대한 연구는 드프레인(Defrain) 박사와 함께 1974년부터 25여 년 동안 이루어졌다. 이에 대한 연구는 미국의 50개 주와 전 세계 25개국의 14,000여 가족에 대해 인터뷰, 관찰, 질문지법 등으로 진행되었다. 이후 스티넷은 그 동안의 연구결과를 바탕으로 결혼상담 및 부모교육을 담당하는 가족역학연구소의 설립자인 빔(Beam)과 함께 강점을 각 가정에서 잘 적용할 수 있도록 하는 프로그램을 개발하기도 하였다.

Nick & Nancy Stinnet, Joe & Alice Beam의 「환상적인 가족만들기」에서 제안하고 있는 강한 가족의 여섯 가지 특징을 살펴보기로 한다(제석봉 · 박경 역, 2004).

(1) 헌신: 강한 가족의 기초적 토대

헌신은 애정의 특별한 종류이며 흔들리지 않고 힘든 시간을 견뎌내는 사랑을 말한다. 헌신은 따뜻하고 애정이 넘치며 가족이 성장할 수 있는 환경을 만든다. 또한 헌신은 가족성원들이 두려움과 분노, 거절, 고독 같은 것으로부터 보호받을 수 있는 안식처가 되고 다른 모든 것의 토대를 이루게 된다.

(2) 감사와 애정의 표현: 지성과 정서의 조화

감사의 표현은 강한 가족의 전형적인 특징이다. 그러나 강한 가족에게는 그 이상의 것이 있었다. 감사의 표현은 감정 없이 순수한 지적 차원에서도 이루어질 수 있으나 여기에 애정이라는 정서적 요소가 포함되어진 감사의 표현은 더욱 강력한 힘을 발휘할 수 있게 된다. 가족의 강점에 대한 연구에서 강한 가족들은 이러한 지성과 정서의 멋진 조화를 보여주고 있었다. 감사와 애정의 표현은 가족들의 자아존중감을 높여 가족성원들을 성장시키고 삶을 풍요롭게 만들게 된다.

(3) 긍정적 커뮤니케이션

좋은 커뮤니케이션 유형은 갈등을 완화시키며, 또한 정신건강을 촉진하고 친밀감을 증대시킨다. 효율적인 커뮤니케이션은 헌신과 애정, 감사를 표현하게 하는 것이다. 부부치료 및 가족치료자들은 가족불행의 원천이 커뮤니케이션의 결여뿐 아니라 방법에도 있다는 사실을 지적하면서, 가정의 행복을 위해 가족들이 하는 건강한 커뮤니케이션의 기법을 위한 다섯 가지 규칙으로서, ① 충분한 시간을 주어라 ② 경청하라 ③ 이따금 점검해보라 ④ 상대방의 세계로 들어가 보라 ⑤ 비판이나 평가를 삼가라 ⑥ 항상 정직하라를 소개하고 있다.

(4) 함께 시간 보내기: 추억 만들기

가족이 함께 시간을 보내면, 행복한 추억을 만들게 될 뿐만 아니라 좋은 커뮤니케이션을 이끌어내는 단서가 된다. 또한 고독감과 소외를 막아주며 가족의 정체성을 발달시켜 준다는 이점이 있다. 사랑하는 사람에게 우리의 시간을 내어주는 것은 그야말로 가장 고귀한 선물이 될 것이 있다. 함께 하는 시간의 질적 향상을 위한 제안을 보면 다음과 같다. ① 함께 식사하며 담소를 나눈다. ② 집안일을 함께 한다. ③ 함께 논다. ④ 종교, 취미, 학교활동을 즐긴다. ⑤ 특별한 이벤트를 마련한다. ⑥ 특별한 일은 하지 않아도 함께 있는다.

(5) 영성적 성장

영성적 성장이란 반드시 신앙을 뜻하는 것이 아니다. 신앙만이 아니라 '영성' 과 '보다 높은 차원' 에 대한 깊은 관심을 가지고 있음을 의미하는 것이다. 자신을 초월한 어떤 힘에 대한 믿음과 의지는 가족을 묶어주고 튼튼하게 만드는 접착제와 같은 역할을 하는 것으로 강한 가족에서 나타난 예외 없는 특성이었다. 이의 측면은 삶에서 요구되는 도전과 시련을 영성적 자원을 통해 견딜 수도 극복할 수도 있게 할 것이며, 또한 가족이 고립과 절망감에서 벗어나 새로운 시각으로 희망과 신뢰를 얻게 하는 자원이 될 것으로 보고 있다.

(6) 스트레스와 위기대처

스트레스는 일상생활의 한 부분이기 때문에 대체로 그 심각한 결과를 무시하기 쉽다. 부정적으로 본다면 스트레스는 우리도 모르는 사이에 치명적인 영향을 미쳐 우리를 죽일 수도 있다는 것, 그것을 매일 겪어야 한다는 것, 그리고 그것으로부터 벗어날 수 없다는 점이다. 그러나 한편으로는 우리가 스트레스에 굴복당하지 않을 수도 있다는 희망적 측면으로 스트레스에 대처할 여러 가지 행동을 취할 수 있다는 것으로, 강한 가족에서는 이러한 스트레스에 대처할 소중한 통찰들을 가지고 있고 위기가 닥칠 때 한마음이 되어 마음을 열고 서로 헌신하는 특징을 지니고 있다는 것이었다.

3) 월시(Walsh)의 연구

월시는 기능적 단위로서의 가족 안에서 경험하는 대처와 적응의 과정으로 레질리언스의 개념을 제시하고 있다(권진숙 외, 2006). 정신건강분야의 대부분의 임상이론이나 훈련, 실천 및 연구들에서 강조하고 있는 결함중심적 시각이 아니라 강점지향적 관점을 강조한다. 강점지향적 시각은 가족이 어떻게 스트레스를 중재하고 위기를 극복하며 오랜 고통과 역경을 견딜 수 있게 하는지에 대한 틀을 레질리언스(탄력성)로서 설명한다. 가족 레질리언스의 주요 요소로 본질과 정신으로서의 가족신념체계(역경에 대한 의미부여, 긍정적 태도, 초월과 영성 등), 가족충격에 대한 완충장치로서의 조직유형(융통성, 연대성, 사회 및 경제적 자원 등), 가족기능의 촉진체로서의 의사소통(명료성, 개방적인 정서표현, 상호협력적 문제해결 등)의 세 측면으로 파악하고 있다.

● 토론거리 ●

1. 각자의 가정에서 발휘되는 강점(건강성)이 무엇인지 찾아보시오.
2. 이러한 강점들은 어떻게 형성되었으며, 나의 개인적 성장에 어떻게 기여할 수 있는지 점검해 보시오.

2 정서적 체계로서의 기능적 가족

기능적인 가족이란 가족체계가 각 구성원을 위하여 잘 운영되며 모든 구성원들을 위하여 충분히 효과적으로 움직인다는 것이다. 즉 가족 모두의 필요나 욕구에 대응하는 일과 가족들의 정서적인 요구에 대응하는 일 모두에 있어서 가족의 기능과 안정성이 유지되는 가족이 기능적인 가족이라고 할 수 있다(강문희 외, 2006). 가족은 집단이며, 제도로서의 의미인 동시에 특히 정서적인 관계로 얽혀 있다. 가족 속에서 태어나 성장하여 결혼하고 자녀를 낳아 양육하게 되는데 이러한 과정을 거치면서 가족은 공동체적 성격을 가지게 된다. 이처럼 가족은 서로 영향을 주고받을 수밖에 없는 존재로 정서적인 측면에서는 보다 많은 영향을 받고 있는데, 특히 현대사회에서는 가족의 정서적 기능이 그 어느 때보다도 강조된다.

어떤 가족치료자는 가족의 특징을 한 조각이 흔들리면 줄에 매달린 모든 모형들이 흔들리는 속성을 가진 모빌에 비유하기도 한다. 이는 가족이란 가족성원 모두의 정서적 애착과 충성으로 서로 묶여 있다는 것을 단적으로 표현해주는 것으로, 가족은 이와 같은 특유의 상호작용을 통하여 갈등유형이 형성되기도 한다.

가족을 서로 영향을 주고받는 정서적 체계로 이해하면서, 많은 가족 임상학자들이 제시하고 있는 가족의 기능성을 파악하는 데에 도움이 되는 몇 가지 개념들을 소개해 보기로 한다.

1) 가족항상성

모든 체계는 일정한 상태나 바람직한 균형을 유지하려고 노력하는 경향이 있으며 체계가 어떤 일정한 상태를 유지하는 데는 피드백 망이 큰 역할을 하게 된다. 바람직한 목표를 가진 가족은 가족성원이 서로 건전한 성장을 도모하는 상호교류를 통하여 관계의 균형을 유지하게 된다. 서로가 서로에 대한 적절한 기대와 여기에 걸맞는 역할을 충실히 함으로써 체계의 항상성은 유지된다. 그러나 어떤 가족의 경우는 유연한 피드백 과정을 가지지 못하고 가족의 기존관계 유형을 유지하기 위해 가족 내에 증상을 가진 누군가를 필요로 하는 경우가 있다. 가족이 정서적인 균형을 유지하기 위해 어떤 가족성원에게 해가 되는 역할을 하게 하는 경우가 있다.

2) 가족삼각관계

가족성원이 맺게 되는 정서적 관계에서 두 사람 사이에 수용하기 어려운 문제가 생기면 이런 체계는 증상을 줄이려는 희망으로 제삼자나 제삼의 문제를 끌어들여 삼각관계를 형성한다. 가장 보편적으로 인식되는 삼각관계에는 아버지와 어머니와 자녀 세 사람의 삼각관계를 들 수 있으며, 때로는 부부와 알코올이라는 문제로 삼각관계를 형성하기도 한다. 때에 따라서는 긴장된 정서적 관계를 가진 부부가 교회활동과 같은 가족 이외의 활동에 관심을 가짐으로써 가족 이외의 활동에서 긴장을 해소함으로써 오히려 친밀한 부부관계를 발전시키는 데 도움이 될 수 있을 것이다.

3) 격리와 밀착

이는 가족이 서로 얼마나 관여되어 있는지의 여부를 파악하는 개념이다. 이는 가족성원의 개인적 정체감의 강도와 가족의 친밀함의 수준을 알려주는 중요한 지표가 되기도 한다. 가족성원이 모든 문제에 관해서 서로가 지나치게 얽혀 필요 이상으로 관여하게 되는 밀착된 가족이 있으며, 반대로 가족성원이 지나치게 흩어져 있는 격리된 가족이 있다. 이러한 가족에서는 부모와 연합하는 정도가 낮아서 부모에 대한 존중감이 낮게 된다. 이처럼 부모와의 밀착 정도가 낮으면 다른 강력한 연합을 추구할 수 있다.

4) 가족규칙

가족성원은 서로 조직화되고 반복적인 상호작용 유형으로 행동한다. 가족이라는 체계 내에서 규칙은 상호작용하는 역동적인 역할을 하게 된다. 어떤 가족규칙은 논의하고 협의와 변화의 가능성을 개방적으로 수용하여 성립된 것이지만 때로는 경직된 가족규칙이 가족 내에 존재하여 가족을 구속하는 경우가 있다. 대부분의 역기능적인 가족의 경우에는 가족규칙이 한정되어 있으며, 역기능의 정도가 심할수록 가정이 적은 수의 규칙에 의해 운영되는 경우가 많다.

5) 가족신화

가족신화는 한마디로 가족의 전반적인 이데올로기에 관한 것이다. 가족신화는 가족구성원 개개인 그리고 그들 사이의 관계에 대한 기대와 공유된 믿음으로 구성된다. 가족신화의 특징은 모든 가족성원이 아무런 의심 없이 공유하는 믿음과 기대라는 점이다. 이러한 가족신화는 때로는 가족항상성을 유지하는 데 기여하기도 하나 때로는 가족관계를 파괴할 정도로 위협적이고 강도가 높은 긴장을 유발시키기도 한다. 가족신화에 집착하면 가족은 새로운 시도보다는 오히려 관계가 저하되는 것을 저해하며 가족이 습관적으로 기능하도록 조장한다.

6) 가족의례

의례란 가족문화의 핵심적 요소로서 대부분 세대를 통하여 전수된다. 이는 가정에서 보이는 일상적인 상호작용 양상과 생일날, 명절, 제사, 결혼식 등에 전형적으로 보여주는 활동이 포함된다. 가족의례에서 나타나는 표면적인 의식뿐만 아니라 혼란스럽거나 포기한 의례에 대한 가족원의 감정적 반응 측면의 파악 또한 중요하다.

7) 부모화

일반적으로 부모화란 어떤 자녀가 가족 내에서 부모나 배우자의 역할을 대신 수행하는 것을 의미한다. 부모화된 아이는 체계가 잘 기능하지 못하는 가족에서 자신의 나이에 걸맞지 않게 지나친 책임감, 능력, 자율성 등을 발전시킬 수가 있다. 이러한 경우는 대부분 자신들에게 기대되는 역할이 그 자녀가 아이로서 가지고 있는 욕구와 서로 상충될 수 있으며, 이러한 요구는 그가 가진 능력으로는 달성할 수 없을 때도 있을 것이며, 결과적으로 심리적 압박감을 느끼게 되며, 아이가 달성해야 할 다른 측면의 발달과업은 제대로 수행하지 못하게 되는 위험성을 가진다.

8) 의사소통

가족이 효과적으로 기능하기 위해서는 분명한 커뮤니케이션 채널을 마련하여 유지시킬 수단과 방법이 발달되어야 한다. 언어는 사실적인 정보를 교환할 수 있는 가장 효과적인 수단이지만 사람들 사이의 정서적 상호작용은 비언어적 메시지-제스처, 어조, 안면표정, 나아가 대화하는 사람의 물리적 공간까지-를 통해 표현된다. 역기능적 가족에서는 서로 대화 대신에 연설을 하고 상대방이 말을 할 때 고개를 돌리거나 시선을 마주치지 않으려는 것이 공통적인 현상이며, 분명하고 직접적인 커뮤니케이션보다 이중구속 메시지, 가성상호소통, 위장 등을 교환한다.

이를 기초로 정서적 기능체로서의 가족의 특성을 요약해 보면, 가족원 각자 자신들의 역할을 정확하게 이해하고 있으며, 각 개인의 자율성이 존중되면서 전체로서의 가족이 유지되는 특징이 있다. 그리고 가족 간의 비밀과 신화가 적으며 구성원 간의 의사소통이 자유롭고 직접적이고 명확하며 가족규칙은 가족상황에 따라 변할 수 있는 융통성을 지니고 있지만 명확하며 공정하게 이루어진다.

점검해 보기: 결혼과 가족관계에 대한 마지막 10가지 질문들

<질문들>

Q1. 결혼관계에서 나타나는 갈등과 분노는 관계에 문제가 있다는 징조이다?
Q2. 부부 간에 흥미나 선호, 배경 등에 차이가 있게 되면 이혼 가능성이 더 높다?
Q3. 건강한 관계에서는 중요한 불일치들이 시간이 지남에 따라 해결된다?
Q4. 건강한 결혼관계에서 배우자끼리는 사랑의 의미를 동일하게 정의한다?
Q5. 사랑이라는 것은 시간이 지나면 저절로 식는 것이다?
Q6. 자녀의 존재는 부부 간의 친밀감을 증진시킨다?
Q7. 외도 때문에 결혼생활을 망치게 해서는 안 된다. 때론 외도가 결혼생활에 도움이 된다?
Q8. 행복한 부부는 일심동체이다?
Q9. 실수를 통해 배웠기 때문에 재혼한 사람들은 대부분 더 행복하다?
Q10. 사랑의 궁극적인 목적은 결혼이다?

<참고할 안내들>

A1. : 결혼에는 대부분 굴곡이 있으며, 오랜 시간 서로 갈등 없이 같이 살 수 있는 사람은 없다.

A2. : 연구결과 이혼한 부부와 행복하게 사는 부부 간 유사성에서는 차이가 없다. 중요한 차이는 갈등과 차이를 다루는 방식에 있다.

A3. : 연구에 따르면 부부가 다투는 문제의 60%는 해결할 수 없는 것들이라고 한다. 그러나 이러한 문제를 다루는 방식들은 시간에 따라 변화되고 성숙시킬 수 있다.

A4. : 배우자가 사랑받는다고 생각하는 것과 내가 사랑받는다고 느끼는 내용에는 차이가 있을 수 있다. 이는 성장배경, 문화, 성, 인생경험이 차이가 있기 때문이다. 따라서 이런 측면들에 대한 이해가 필요할 것이다.

A5. : 배우자들이 서로 사랑하지 않기 대문에 이혼한다고 하지만, 연구에 의하면 이혼의 첫 번째 사유는 함께 시간을 보내지 않기 때문이라고 한다. 결혼관계를 당연시하며, 부부가 함께 기간을 보내는 것보다 일과 자신의 친구관계가 더 중요하다고 생각한다면 갈등이 생겨 헤어지게 된다. 따라서 사랑이 식는 데는 이유가 있는 것이다.

A6. : 자녀양육으로 인한 역할과 책임으로 인한 스트레스가 부부 간의 관계를 더 악화시킬 수 있다.

A7. : 배우자의 외도만큼 관계를 황폐하게 하는 것은 없다. 서로 간의 유대, 친밀감, 신뢰감 등은 매우 개인적이면서도 관계에 가장 중요한 요소이다.

A8. : 두 사람 간의 진정한 관계는 각자의 자율성이 보장되어야 한다. 두 사람 간의 공통적 영역뿐만 아니라 각자의 개성이 보장되지 않은 관계는 시간이 지날수록 공허해지고 무의미해진다.

A9. :이런 사람들도 있지만 재혼의 이혼율이 더 높다. 첫 번째의 잘못된 관계습관을 재혼관계에 그대로 가지고 가는 경향이 있으면, 계부모관계가 어렵기 때문이다. 더욱 중요한 것은 관계에서의 행복은 개인적 · 관계적 문제에서 나오기 때문에 자신의 삶에 만족하는 것이 중요하다. 초혼관계에서의 실수에 대한 검토가 이루어지지 않는다면 파트너가 바뀐다고 해서 재혼에서의 성공이 보장되는 것은 아니다.

A10. : 사랑의 궁극적인 목적은 두 사람의 성장이다. 결혼제도는 이를 실현하기 위한 하나의 과정으로 선택될 수 있는 개인적 대안이다.

영화로 보는 가족학

인생은 아름다워, 쉘 위 댄스, 마빈스 룸-가족의 의미, 부성 역할.
돌로레스 클레이븐-가족폭력 (성, 세대, 계층 간의 갈등 그리고 해결).
크레이머 대 크레이머, 미세스 다웃 화이어-이혼가족.
해피투게더, 바운드, 패왕별희, 필라델피아-동성애.
싱글즈-싱글여성들의 이야기.
스텝 맘-재혼가족(스탭 바이 스탭, 하나가 되기까지).
결혼은, 미친 짓이다-연애와 결혼(연애 그리고 결혼, 세상에서 가장 어려운 교환방식).
아메리칸 뷰티-가족의 자화상(우리 시대 가족의 자화상, 건강한 가족의 모습은?).
가족의 탄생-비혈연으로 구성된 가족(가족의 기준은 어디까지?).

참고문헌 REFERENCES

강문희 · 박경 · 강혜련 · 김혜련(2006), 가족상담 및 심리치료, 신정.
권진숙 · 신혜령 · 김정진 · 김성경 · 박지영(2006), 가족복지론, 공동체.

김정옥 외(1999), 새로 보는 결혼과 가족, 학지사.

김태현 · 이성희(1996), 결혼과 사회, 성신여자대학교 출판부.

김한곤(1993), 전국 출산력 변화의 원인과 전망, 영남대학교 출판부.

김혜영 외 6인(2008), 가족복지론 2판, 공동체.

류현수 · 이정숙 · 김주아(2007), 가족관계와 복지, 동문사.

옥선화 · 정민자 · 고선주 (2000), 결혼과 가족, 도서출판 하우.

유영주 · 김경신 · 김순옥(2008), 가족관계학 개정3판, 교문사.

이원숙(2007), 가족복지론 2판, 학지사.

정현숙 · 옥선화(2008), 가족관계, 한국방송통신대학교 출판부.

정현숙 · 유계숙 · 최연실(2003), 결혼학, 하우.

조추용 · 오정옥 · 한성심 · 이채식(2008), 가족복지론, 창지사.

최규련(2007), 가족관계론, 공동체.

Dick Tibbiits(2000), 한미영 역(2006), 용서의 기술, 알마.

Goleman, D.(1995), *Emotional Intelligence*. New York: Bantam.

Gottman, J. M.(1994), *Why marriage succeed or fail and how you can make your last*. NY.: Simon & Schuster.

Nick & Nancy Stinnet, Joe & Alice Beam, 제석봉 · 박경 역(2004), 환상적인 가족만들기, 학지사.

Olson, D. H. & Cromwell, R. E.(1975), *Power in families*. N.Y: Halsted Press.

Paul Hegstrom, 이남종 역(1999), 가정폭력치유교과서, 글샘.

Stinnett, N. & DeFrain, J.(1985), *Secrets of strong families*. Boston: Little, Brown.

Stinnett, N., Scanders G., DeFrain J., Parkurst, A.(1979), A nationwide study of families who perceive, themselves as strong. *Family Perspectives, 16*.

Walsh, F.(1998), *Strengthening Family resilience*. New York: Guilford Press.

참고자료

동아일보, 2008년 12월 26일자.

한겨레 21, 2008년 8월 1일자, 720호, 한겨레 신문사.

PART

III

여성과 가족에 대한 쟁점

상처를 숨기지 말라.
상처를 가리지 말라.
아픔에 직면하라.
잊어버리려 하지 말라.
천을 벗겨내고 아픔에 대해 알아내서
파괴할 수 있는 방법을 찾아야만 한다.
아픔을 잊어버리려고 하지 않고 적극적으로 아픔을
파괴하고자 하는 사람만이 삶의 신비를 알 수 있다.

- 오쇼 라즈니쉬의 「명상의 길」 중에서 -

여성과 가족에 대한 쟁점에서 다루고자 하는 내용은 가정폭력, 성폭력, 성매매, 이혼에 대한 부분이다.

각기 다른 유형이지만, 가족과 여성이라는 관점에서 공통적으로 가지는 부분과 특성들을 지닌다. 가정폭력과 성폭력은 폭력의 피해자라는 점에서, 성매매는 성과 관련된 여성의 인권차원에서, 이혼 역시 여성의 또 다른 선택이라는 점에서 공통점을 가지고 있다.

이를 위해 관련된 내용의 이론적 틀을 정리하고, 실질적이고 구체적인 자료를 통하여 살펴보도록 한다.

Chapter 08

가정 폭력

> 당신에게 선의를 가지고 정성을 들이는 사람이 이 세상에 백이 있어도
> 그대 맘을 알아보고 그대에 맞게 배려하는 사람을 만나는 것은 쉬운 일이 아니다.
> 나를 알아주는 사랑이 아니라면 당신은 그들의 사랑에 상처 받으리.
>
> \- 유성용의 「여행생활자」 중에서 -

가정폭력은 다른 장소보다도 가정에서, 타인보다는 가족에게 폭력을 행사하는 것이다. 그러나 우리 중 어느 누구도 가정을 폭력적인 장소라고 생각하지 않는다. 가족들은 서로 사랑하며, 배려하고, 스트레스를 해소해 주는 안식처라고 생각하기 때문에, 어떤 상황에선 어느 정도의 폭력을 가족이라는 이름 아래 묵인해 버리는 경향이 있다. 따라서 본 장에서는 가정폭력의 이론적인 내용을 다루고, 폭력에 대한 근본적인 변화와 대책에 대하여 살펴본다.

제1절 가정폭력의 개념 및 유형

1 가정폭력의 개념

어떤 폭력행위가 합법적이고 비합법적인지를 누가 결정할 것인가? 만약 아이를 신체적인 상처자국 없이 때리는 것은 물리적 행위인 반면에 때려서 멍든 자국이 생기게 하는 것은 폭력행위인가? 그 결정을 맞는 사람에게 맡겨야 하는가, 때리는 사람에게 맡겨야 하는가, 또는 경찰, 사회복지사, 판사와 같은 사회통제기관에 맡겨야 하는가? 결국 어떤 행위가 폭력행위이고 어떤 행위가 신체적이지만 비폭력적인 행위인지를 규정하기 어려운 이유는 특정 행위의 수용 가능성이 문화적 또는 하위 문화적 관점에 따라서 다르기 때문이다. 신체적 고통은 찰싹 때리는 것과 같은 가벼운 고통

에서 살인까지 광범위하다(Richard J, Gelles,1997; 이동원 외, 1998 재인용).

가정폭력학자인 스트라우스(Straus, 1979)는 ① 물건을 던지는 것 ② 밀치는 것 ③ 뺨을 때리는 것 ④ 발로 차거나 주먹으로 치는 것 ⑤ 몽둥이 같은 것으로 때리거나 때리려고 위협하는 것 ⑥ 마구 두들겨 패는 것 ⑦ 칼 같은 흉기로 위협하는 것 ⑧ 칼 같은 흉기를 사용하는 것에 이르기까지 다양한 등급의 폭력을 제시하였다.

이에 대해 겔스(Gelles, 1980)는 학대의 개념을 보다 광범위한 의미로 정의하면서 폭력과 구별하고 있다. 즉 폭력은 신체적인 힘으로 다른 사람을 공격하는 행위이며 학대는 해를 입힐 수 있는 신체적 공격과 그 이외의 부당한 행위를 모두 포함하는 행위라고 정의하고 있다. 그러나 아내학대와 아내폭력이 모두 아내에 대한 남편의 의도적 공격을 의미하듯이 학대와 폭력은 서로 구별되지 않고 상호교환적으로 사용되기도 한다.

현재 우리나라의 [가정폭력범죄의 처벌등에 관한 특례법] 제2조 1항에 의하면 가정폭력은 가정구성원 사이의 신체적, 정신적 또는 재산상 피해를 수반하는 행위라고 정의하고 있다. 여기에서 가정구성원은 사실상 혼인관계에 있는 배우자 또는 배우자관계에 있었던 자, 사실상 양친관계를 포함하는 자 또는 배우자의 직계존비속 관계에 있거나 있었던 자, 계부모와 자의 관계 또는 적모와 서자의 관계에 있거나 있었던 자, 동거하는 친족관계에 있는 자 등이라고 규정하고 있다(제2조 2항). 즉 혼인관계를 전제로 현재 혹은 과거에 그러한 관계에 있었던 사람들과의 사이에 일어나는 폭력을 가정폭력으로 정의하고 있다. 이와 같이 가정폭력은 가해자와 피해자가 매우 밀접한 관계에 있으며, 함께 생활하고 있다는 측면에서 일반적 폭력과는 다르다고 볼 수 있다.

가정폭력은 학자마다 정의는 다르지만 넓은 의미에서의 폭력으로 생각해야 할 것이다.

토론해 보기: 폭력을 어떻게 볼 것인가?

신체적 고통은 찰싹 때리는 것과 같은 가벼운 고통에서 살인까지 광범위하다. 볼기짝을 때리는 것은 아내나 자녀에게 흉기를 사용하는 것과 다르게 봐야 한다는 상식적인 가정을 적절히 다루기 위해서는 통상적인 폭력(normal violence)과 학대성 폭력(abusive violence)이라는 두 가지 범주를 고려하는 것이 유용하다.

통상적인 폭력(normal violence)

통상적인 폭력이란 자녀를 키우거나 배우자와 상호작용하는 과정에서 일어날 수 있는 통상적이고 용인될 만한 것으로 간주되는 행위, 즉 손바닥으로 찰싹 때리기, 밀기, 힘을 주어 밀치기, 볼기짝을 때리기 등을 말한다. 매를 아끼면 애를 망친다, 나는 볼기짝을 맞았고, 내겐 그것이 필요했다, 만일 내가 그 녀석 볼기짝을 때려서 마시지 말아야 할 것과 먹지 말아야 할 것을 가르치지 않았다면 그 녀석은 벌써 죽었을 것이다. 이러한 주장은 그와 같은 행위를 한 사람들이 개진한 것인데, 그것은 모두 우리가 통상적인 폭력이라고 간주하는 신체적 행위에 초점을 맞추고 있다.

학대성 폭력(abusive violence)

보다 위험한 폭력행위를 학대성 폭력이라고 부른다. 그러한 행위는 당한 사람이 상해를 입을 가능성이 큰 행위로 규정된다. 그러한 정의에는 주먹질, 발차기, 물어뜯기, 목조르기, 후려치기, 총으로 쏘기, 뾰족한 것으로 찌르기, 쏘거나 찌르려고 시도하는 것 등이 포함된다.

왜 단지 신체적 폭력만을 다루는가?

아동학대 연구자들은 유기, 정서적 학대, 성적인 학대, 교육적 유기, 의료적 유기, 양육의 태만 등을 아동학대의 유형들로 간주하였다. 페미니스트들은 음란물과 일부 광고도 여성에 대한 폭력행위라고 주장하기도 한다. 또한 임상학자들은 정서적 심리적 폭력의 영향이 신체적 피해의 영향보다 더 크고 깊다는 것을 발견하였다. 또한 성적인 학대는 더욱더 해로운 결과를 낳는다.

출처: Richard J. Gelles(1997), pp.21-23.

● 토론을 위한 질문 ●

1. 가정폭력이 발생한 경우 만약 술을 다시고 기억이 나지 않는다고 하면, 폭력으로 인정해야 하나요?
2. 만약 평생 살면서 한 번 정도 강도가 높은 폭력이 발생했다면, 폭력으로 보아야 하나요?

2 가정폭력 유형

가정폭력은 친밀한 관계에서 발생하는 폭력으로 그 대상의 폭이 확대되었을 뿐 아니라 내용 면에서도 가정폭력의 범위가 확대되고 있다. 즉 과거에는 가정폭력을 흔히 신체적 폭력에 초점을 두고 접근하였는데, 오늘날에는 신체적 학대 이외에 성학대, 정서적 학대, 심리적 학대 그리고 경제적 학대까지 논의되고 있다. 보다 구체적으로, 미국 사법부의 여성폭력국에서는 가정폭력에 신체적 학대, 성학대, 정서적 학대, 경제적 학대 및 심리적 학대를 포함시켜서 모든 유형의 폭력을 포괄하는 용어로 확대 해석하고 있다(이원숙, 2007).

따라서 다음에서는 일반적으로 다루어지는 가정폭력을 피해자와 가해자 사이에서 발생하는 신체적 학대, 정서적 학대, 성적 학대로 구분하여 살펴보기로 한다.

1) 신체적 학대

가정에서의 신체적 학대는 결코 부부 간의 '칼로 물베기'가 아니며 심각한 신체적 · 정신적으로 손상을 주는 학대행위이다. 신체적 학대는 뺨을 때리고 물건을 던지는 데서부터 살인까지 포함되는 아내학대의 가장 흔한 유형이다. 말하자면 발로 차는 것, 때리는 것, 밀어내는 것, 목을 조르는 것, 침뱉기, 꼬집고 물기, 머리채를 잡아 끌거나 삭발, 감금, 담뱃불로 지지는 등의 신체적 고통을 주는 고문 등이 해당된다(이용란, 2006).

대부분의 아내들은 남편의 첫 손찌검에 대해 실수로 간주하려는 경향이 있으나 신체적 학대는 일단 한 번 일어나면 반복적 · 습관적이 되기 쉬우며 가해의 정도가 점점 깊어지면서 규칙적이고 반복적인 주기성을 띤다는 특성이 있다. 따라서 처음 폭행을 당했을 때 단호한 대처로 학대가 반복되고 습관화되는 것을 막는 것이 중요하다(임정빈 외, 1997).

이와 같이 신체적 학대행위는 전형적인 학대유형으로 피해자를 영원히 치료 불가능한 불구로 만들거나 목숨까지 잃게 하는 일이 종종 있기 때문에 다른 유형의 학대들에 비해서 가장 위험하고 심각하다고 볼 수 있다.

2) 정서적 학대

정서적 학대는 지속적이고 반복적인 학대 행위와 관련되기도 하며 단일 학대 형태로 나타날 수도 있다. 신체적으로 가학적인 남편은 아내를 지배하기 위한 방안으로 정서적 학대를 함께 행하는데 자녀학대를 통한 공포 분위기조성, 위협, 협박, 고함지르기, 가구 부수기, 가두기, 내쫓기, 소외시키기, 망신주기, 공공연한 모욕, 비난, 강한 비판 등 다양한 행동으로 여성에게 분노와 증오감을 갖도록 한다. 정서적 손상은 불안, 공포, 수면장애, 위축감, 좌절감, 고립감, 심한 자존감 손상, 무기력증, 자살 충동, 자아상실감, 우울증 등의 형태로 나타날 수 있는데 특히 우울증과 불안은 매우 일반적인 증세이다. 이러한 결과 정서적으로 침묵하고 분노의 감정을 억눌러 혼돈상태가 되며 독립심이 상실되어 맞아 죽더라도 남편에게 의지하고 살 수밖에 없다고 체념한다(한국여성개발원, 1993). 따라서 많은 전문가들은 정서적 학대가 신체적 학대보다 오히려 피해자에게 더 큰 영향을 미친다고 한다(김운회, 2006). 즉 한 여성이 우둔하고 쓸모없고 못생겼다는 말을 계속해서 듣는다면 그녀는 자존심과 자신감을 잃어 버려 또 다른 유형의 가정폭력 피해자가 될 가능성이 한층 높아지기 때문이다.

3) 성적 학대

성적 학대는 성적 만족이나 지배를 목적으로 성적 접촉을 포함하여 다른 사람에 대해 부적절하게 사용하는 것을 말한다(김운회, 2006). 성적 학대와 신체적 학대는 남성의 주된 폭력행위로 상호 연결되는 경우도 매우 많은 것으로 보고 있다. 부부 간 성적 학대가 일어날 때 부부강간이라고 한다. 폭행 후 강제적으로 강간하거나 원치 않는 성적 행동을 강요하는 등의 행위, 그리고 물건이나 흉기 등을 사용한 강제적 성 학대 등이 있다. 무엇보다 성적 학대는 학대받는 여성에게 특히 자괴감과 모멸감을 느끼게 한다(도미향 외, 2008).

이렇듯 가정폭력에는 다양한 형태의 폭력이 발생하게 되는데, 초기에는 폭력이라고 생각하지 않는 행동들이 시간이 갈수록 강도가 높아지면서 아주 심각한 수준까지 나타나게 되는 일련의 과정을 포함하고 있다.

다음은 가정폭력의 가장 경미한 행동에서부터 심각한 행동까지를 포함하는 '학대의 연속성' 을 나타낸 것이다.

학대의 연속성

학대의 연속성이라 일컫는 모형들은 가장 경미한 것에서부터 가장 심각한 것까지 하나의 연속선상에 배열되는 학대적 행동을 나타내는 것이다. 세 가지 공통적 연속성은 신체적 학대 연속성, 성적 학대 연속성 및 심리적 학대 연속성이다.

가정폭력의 학대 연속성

신체적	정서적 또는 심리적	성적
꼬집기	무시하기	성적 대상으로 다루기
비틀기	품위 떨어뜨리기	성적 욕구 경시하기
밀치기	사랑 안 주기	성욕 비판하기
흔들기	감정 경시하기	강박적 질투
구석에 몰아넣기	비웃기	원치 않는 접촉
감금하기	소리지르기	성적 명칭 부르기
물건 던지기	소외시키기	성 요구하기
뼈 부러뜨리기	조롱하기	억지로 벗기기
내적 상처	비난하기	성적 난잡함
의료치료 거부	굴욕적 창피주기	성 강제로 보게 하기
무기 사용하기	귀중한 물건 망가뜨리기	원치 않는 행동 강제하기
병신 만들기	정신이 온전한지 문제제기	구타 후 성행위하기
신체손상	애완동물 상처낸다고 위협하기	강제 성행위하기 위해 무기 사용하기
불구자 만들기	버린다고 위협하기	
살해	폭력을 쓰겠다고 위협하기	성행위 중 상처 내기

출처: Alam Kemp, 이화여자대학교 사회사업연구회 역(2001), 재인용, p.38

다음의 체크리스트는 실제 배우자 관계에서 학대나 폭력에 대한 가능성을 미리 예측해 보는 척도이다.

파트너 학대척도

이 척도는 당신의 현재 관계에서의 폭력과 학대에 대한 가능성을 예측하기 위해 고안되었다. 옳고 그른 대답은 없다. 각 문장을 주의 깊게 읽은 후 적절한 숫자에 동그라미를 하시오.

1. 결코 아니다(Never) 2. 드물게 그렇다(Rare)
3. 가끔 그렇다(Often)
4. 자주 그렇다(Frequently) 5. 매우 자주 그렇다(Very Frequently)

	N	R	O	F	VF
1. 나는 쉽게 짜증을 낸다.	1	2	3	4	5
2. 적어도 나의 부모 중 어느 한쪽이 상대방에게 학대적이다.	1	2	3	4	5
3. 어린 시절에 학대받았다.	1	2	3	4	5
4. 나의 파트너를 때리고 싶은 욕구를 가지고 있다.	1	2	3	4	5
5. 나는 때때로 자신을 통제할 수 없음을 느낀다.	1	2	3	4	5
6. 나는 늘 많은 압박을 받고 있다.	1	2	3	4	5
7. 나는 술을 많이 마신다.	1	2	3	4	5
8. 술을 마실 때 자제력을 잃어버린다.	1	2	3	4	5
9. 나는 파트너를 때리고 싶은 강한 충동을 느낀다.	1	2	3	4	5
10. 나의 기분을 통제하는 것이 어렵다.	1	2	3	4	5
점수					

점 수 : 동그라미 친 숫자를 전부 더한다. 1은 학대할 가능성이 가장 낮은 것을 나타내고, 5는 학대할 가능성이 가장 높은 것을 나타낸다. 당신의 전체점수가 낮으면(10이 가장 낮은 점수이다) 당신의 관계에서 학대의 기회가 낮은 것이고, 점수가 놓으면(50이 가장 높은 점수이다) 학대의 기회가 높은 것을 나타낸다. 30점은 학대와 비학대 관계의 중간을 의미한다.

출처: 김정옥 외(2002), 재인용, p.249

제2절 가정폭력의 실태 및 특징

가정생활에서 발생하는 폭력의 독특한 특성을 살펴보고, 가정폭력 중 부부폭력의 실태와 일반적으로 나타나는 피해자 특징과 가해자 특징에 대하여 살펴봄으로써 가정폭력의 전반적인 이해를 돕고자 한다.

1 가정생활과 폭력과의 관계

가정폭력연구에서 가장 중요한 문제는 '누가 폭력적인 가족구성원이며 그들이 학대하는 이유는 무엇인가?' 라고 생각하고 있지만 '왜 가족관계나 친밀한 관계가 그렇게 폭력적인가' 라는 문제도 그만큼 중요하다. 다양한 유형의 가정폭력의 실태에 대한 검토 결과, 전쟁 시의 군대를 제외하고 가정이 가장 폭력적인 사회제도라는 결과들이 있으며, 겔스와 스트라우스(Gelles & Straus, 1979)는 가정을 폭력적인 제도로 만드는 데 원인으로 작용하는 가정의 독특한 특성을 밝혀냈다. 나중에 스트라우스는 가정을 폭력적으로 만드는 것으로 보이는 동일한 특성들이 한편으로는 가정을 온화하며 구성원 간에 도움을 주는 친밀한 환경으로 만드는 데 기여한다는 아이러니를 지적하였다. 이러한 요인들을 간략하게 정리하면 다음과 같다(Gelles, 1997, 이동원 외, 1998 재인용).

1) 위험에 노출된 시간

가족구성원들 간에 상호작용하는 시간의 비율이 가정생활의 주기에 따라서 차이가 있지만 타인과 상호작용하는 시간의 비율을 훨씬 능가한다.

2) 활동과 이해관심의 범위

가족구성원들은 서로 많은 시간을 보낼 뿐 아니라 가족 이외의 사람들과의 상호작용보다 그 범위가 훨씬 더 넓다.

3) 관여의 강도

가족 간 상호작용의 질 또한 독특하다. 가족 간의 상호작용에 있어 전념의 정도가 보다 강하다. 가족구성원 간의 신랄한 언사는 다른 상황이나 타인의 동일한 언사보다 더 큰 영향을 미친다.

4) 활동의 침해

가족 간 상호작용의 많은 부분은 내적으로 구조화된 갈등이고 "제로섬"의 측면을 갖는다. 어떤 TV 프로그램을 볼 것인가 혹은 어떤 차를 살 것인가를 결정하는 것을 포함해서 어떤 문제이든 간에 승자와 패자가 있다.

5) 영향을 미칠 권리

한 가정에 소속되면 암묵적으로 다른 구성원들의 가치나 태도 및 행동에 영향을 미칠 권리를 가지게 된다.

6) 연령과 성차

가족은 상이한 연령과 성으로 구성되어 있다는 점에서 독특하다. 따라서 가정 내에는 세대차와 성차에 따른 불화의 가능성이 있다.

7) 귀속지위

세대차와 성차의 문제 이외에도 가정은 이해관심이나 능력보다 연령이나 성에 기초하며 역할과 책임을 할당하는 유일한 사회제도이다.

8) 프라이버시

현대가정은 보다 넓은 사회의 눈과 귀 그리고 규칙으로부터 단절된 사적인 제도이다 . 프라이버시가 높은 곳에서는 사회통제의 정도가 낮다.

9) 구성원 자격의 비자발성

가족은 배타적 조직이다. 출생관계는 비자발적이며 끊을 수도 없다. 전처나 전남편은 있을 수 있지만 자식이나 부모는 그렇게 할 수 없다. 한 가족 내에 있다는 것은 개인적, 사회적, 물질적, 법적으로 구속되고 묶이게 된다는 것을 의미한다. 갈등이 제기되었을 때 그것을 중지시키기 위해 그 장소로부터 도망간다거나 그 집단을 포기하는 것이 쉽지 않다.

10) 스트레스

가족구성원들은 스트레스를 받기 쉽다. 이는 부분적으로는 쌍방관계가 불안정하다는 이론적 견해 때문이다. 더욱이 가족구성원들은 지속적으로 변화와 과도기를 경험한다. 아이의 출생, 아이의 성장, 노화, 퇴직 그리고 죽음은 가족학자들이 인정하는 변화이다. 더욱이 가족구성원 한 사람이 느끼는 스트레스(실직, 질병, 학업성적불량 등)는 가족구성원들에게 전이된다.

11) 구성원의 일대기에 대한 광범위한 지식

가족구성원들 간의 친밀성과 정서적 관여로 인하여 서로 간에 정체성이 적나라하게 드러난다. 강점과 약점, 좋아하는 것과 싫어하는 것, 사랑과 두려움은 가족구성원들에게 모두 알려져 있다. 이러한 지식들이 관계를 유지하는 데 도움을 줄 수 있지만 한편으로 그러한 정보는 친밀한 사람을 공격하는 데 이용되거나 갈등을 야기할 수 있다.

이는 가족이라는 사회조직이 결과적으로 갈등을 유발하기 쉬운 제도나 집단으로 될 수 있다는 것을 의미하는 것이지, 위의 11가지 특성이 총괄적인 답을 제공하는 것은 아니다. 덧붙여서 중요하게 고려해야 할 사항은 문화적 규범, 사회심리적 요인, 개인적 요인들의 복합적인 요인이다. 즉, 폭력을 허용하며 인정하며 심지어 요구하는 문화적 맥락 등이 가족 간에 사랑이 넘치고 서로 도움을 주면서도 폭력적일 수 있는 이유를 이해하는 데 도움을 주는 결정적 요인이다. 아이를 기를 때 체벌을 인정하는 것은, 가정이라는 제도가 아이들에게 사랑하는 사람을 때리거나, 강자가 약자를 때리거나, 어떤 결과나 목적을 달성하기 위해 폭력을 사용하거나 때리는 것 자체가 목적이 될 수 있다는 것을 가르치는 훈련의 장으로 기여하는 상황을 만들어낸다.

2 부부폭력의 실태

부부폭력은 피해자에게 가벼운 상처나 고통을 주는 경우도 있지만, 상황에 따라서는 심각한 고통이나 살인까지 이어질 수 있는 위험이 도사리고 있다.

부부폭력의 실태를 조사한 선행연구를 살펴보면 다음과 같다. 여성부가 2007년도 전국 1만 가구를 대상으로 조사하여 발표한 〈2007 전국 가정폭력 실태조사 보고서〉 중 배우자 폭력을 중심으로 살펴보면, 2007년도 1년간 우리나라의 부부폭력 발생률은 40.3%로, 부부 2.5쌍 중 1쌍이 최근 1년간 배우자로부터 가정폭력을 경험한 것으로 조사되었다. 이는 2004년 44.6%에 비해 4.3% 감소한 수치이나, 여전히 높은 수준이라 하겠다([그림 8-1]).

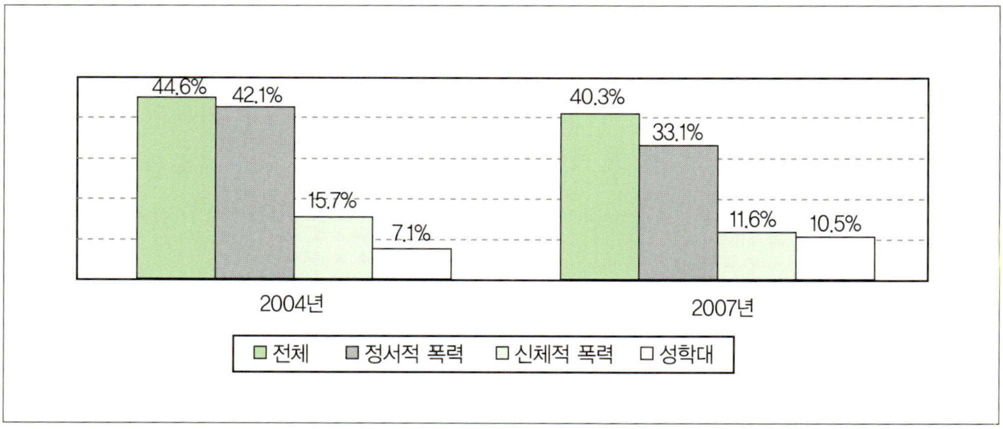

[그림 8-1] 부부폭력 발생률 변화 추이(2004년, 2007년)

구체적으로 부부폭력을 유형별로 살펴보면, 부부폭력 유형 중 정서적 폭력이 33.1%로 가장 높았고, 신체적 폭력은 11.6%로 9명 중 1명, 부부 간 성학대는 10.5%로 조사되었다. 2004년 결과와 비교할 때 신체적 폭력은 4.1% 감소하였으나, 성학대는 오히려 3.4% 증가하였다(여성부, 2008).

김승권 외(2002)의 연구에서는 부부 간 가정폭력 중 신체적 학대 30.8%, 정서적 학대 66.9%, 기타 방임의 형태로 나타났다. 신체적 폭력 중에서는 물건을 던지는 경우가 13.2%로 가장 많고, 정서적 학대의 유형으로는 욕설이나 모욕적인 말 또는 행동의 발생이 54.9%로 높게 나타났다. 이 경우 성적 학대는 별도로 조사되지 않았다. 또한 발생횟수에 있어서는 월 1회 이상이 전체의 43.3%를 차지하였다.

김경신(2004)의 연구에서도 가정폭력 유형을 심리적, 신체적, 성적 학대로 나누어 그 실태를 조사한 결과를 보면, 심리적 학대에서는 '고함을 지르거나 소리지르기', '발을 세게 구르거나 문을 세게 닫기' 등의 순으로 빈발하며, 신체적 학대는 '잡아당기거나 밀침', '다치게 할 수 있는 물건 던지기' 등이 비교적 높게 나타났다. 성적 학대는 '원하지 않을 때 성행위 강요'가 가장 높게 나타났으며 전체 발생률에 비하여 빈도는 비교적 높은 것으로 나타났다. 한 번 이상 폭력이 발생한 경우를 기준으로 한 발생률을 보면, 심리적 학대가 85.2%로 가장 높으며 성적 학대 55.4%, 신체적 학대 41.1%의 순으로 나타났다.

한국가정법률상담소(2008)에서 실시한 가정폭력의 유형별 실태를 중복 응답한 결과를 보면, 심리적 폭력이 85.8%로 가장 높게 나타났고, 신체적 폭력 84.0%, 상해 68.1%, 성폭력 25.4%, 경제적 폭력 22.0%의 순으로 나타났다. 가정폭력의 발생원인을 중복 응답하게 한 결과 '행위자 자신의 분노조절 능력 상실'이 44.6%로 가장 높은 비율을 보였고, '성격차이' 43.8%, '폭언 등 대화기술 부족' 31.4%, '나의 음주문제' 25.6%, '경제적 문제' 25.6% 등의 순으로 나타났다. '행위자 자신의 분노조절 능력 상실', '성격차이', '폭언 등 대화기술 부족' 등은 결국 가부장적 가치관을 전제로 한다는 점에서 여전히 가부장적 사고가 가정폭력의 주요원인이라는 점이 확인되었다. 또한 폭력을 행사하는 원인이 한 가지만이 아니라 여러 가지 원인으로 피해자를 구타함을 알 수 있다.

이상의 연구에서 보면 일반적으로 신체적 폭력과 더불어 성적, 정서적 폭력이 함께 발생됨을 알 수 있다. 이는 '권력과 통제의 수레바퀴'라고 알려진 강제적 통제모델(coersive control model: Pence & Paymar, 1993)로 설명될 수 있다. 즉, 남편들이 아내들을 통제하기 위해서 아내를 협박하거나 겁주며, 정서적으로 학대하거나 아내를 외부세계로부터 고립시키며, 경제적으로 학대하거나 남성으로서의 특권을 이용하고, 자녀를 이용하거나 자신의 학대를 최소화 또는 부인하는 방법 등을 이용하며 이러한 통제행위는 결국 신체적 및 성적, 정서적 폭력과 연결된다.

다음은 부부폭력에 얼마나 노출되어 있는지 파악하고자, '폭력성향' 을 점검해 볼 수 있는 체크리스트이다.

부부폭력성향 체크리스트

아래 문항들은 결혼 이후 당신의 가정이 '가정폭력' 에 얼마나 노출되어 있는지를 파악하고자 하는 질문입니다. 해당되는 항목을 선택해주시기 바랍니다. 아래의 범주에서 "거의 없다"는 1년에 1번, "가끔 있다"는 1년에 2~3번 정도, "종종 있다"는 1년에 4~5번 정도, "늘 있다"는 1년 6회 이상을 의미합니다.

문항	전혀 없다	거의 없다	가끔 있다	종종 있다	늘 있다
1. 배우자가 물건을 던지면서 위협적인 분위기를 조성했다.	0	1	2	3	4
2. 배우자와의 싸움으로 뺨을 맞는 등 상처나 타박상을 입었다.	0	1	2	3	4
3. 배우자가 발로 차거나 주먹으로 때렸다.	0	1	2	3	4
4. 배우자가 흉기를 사용하여 때렸다.	0	1	2	3	4
5. 배우자가 지르는 고함소리에 위협을 느꼈다.	0	1	2	3	4
6. 배우자가 아이들 앞에서 자신을 비난했다.	0	1	2	3	4
7. 배우자가 말하지 않고 밖으로 나가버렸다.	0	1	2	3	4
8. 배우자에게 욕이나 인격적으로 무시하는 말을 들었다.	0	1	2	3	4
9. 배우자가 경제권을 쥐고 생활비를 주려 하지 않았다.	0	1	2	3	4
10. 배우자가 원하지 않는 성행위를 강요했다.	0	1	2	3	4

〈평가방법〉

전혀 없다(0), 거의 없다(1), 가끔 있다(2), 종종 있다(3), 늘 있다(4)의 점수를 합산하여 2.5를 곱해 폭력성향 점수를 계산한다.

- 0점: 타인의 의견을 존중하고 합리적 방법으로 문제를 해결할 줄 아는 성숙한 타입이다.
- 1~25점: 배우자가 효과적이지 않은 방법으로 문제를 해결하려는 타입이다. 대화와 타협의 합리적 문제 해결법을 부부가 함께 의논하고 연습하는 것이 필요하다.
- 26~50점: 배우자가 자신도 모르는 사이에 정신적 폭력을 가하고 있다. 문제해결을 위해 상담이 필요하다.
- 51~75점: 배우자는 이미 가정폭력의 가해자이다. 문제해결을 위해 전문가의 상담이 필요하며, 경찰 신고도 고려해 보아야 한다.
- 76~100점: 위험수위이다. 경찰에 신고해야 하는 수준이다.

출처: 가정폭력 체크리스트, 여성부

3 부부폭력의 특징

1) 부부폭력 피해자 특징

(1) 피해자의 일반적 특징

가정폭력의 피해여성들은 자신이 좋아했던 과거 남편의 이상적인 모습에 집착하는 경향이 있다. 그래서 학대받는 여성은 외부에서의 새로운 변화가 없으면 자신의 힘으로는 폭력의 순환에서 벗어나기 힘들게 된다. 따라서 부부폭력 피해여성들은 오랜 기간 동안 폭력에 시달리면서 이로 인한 충격으로 일정한 특징을 보이는 것으로 나타나고 있다.

폭력을 당하는 경우 피해 여성들이 나타내는 일반적 특징은 다음과 같다(Paul Hegstrom, 1999, 이남종, 2008 재인용).

- 아주 낮은 자존감을 갖고 있다. 특히 스스로 할 수 있는 자신의 능력을 과소평가한다.
- 폭력을 행하는 남편의 행동에 대해서 자신이 죄의식을 가지며, 만일 자신이 변하게 되면 그의 행동도 변화될 것이라고 믿는다.
- 폭력적 부부 관계와 관련된 신화를 모두 믿는다.
- 가정에 대해서 보수적이다. 즉 가족이 깨어져서는 안 된다는 기준을 신봉하고 있으며 여성으로서의 역할에 대해 규정대로 따른다.
- 폭력을 가하는 남편의 행동에 대한 책임을 자신이 지려고 한다.
- 고통을 당하면서도 남편에 의해 잘못 형성된 죄의식으로 인해 당하고 있는 공포심이나 분노감을 인정하지 않으려 한다.
- 세상에 대해서는 수동적인 모습을 갖고 있지만 심한 폭력을 막고 피해를 당하지 않도록 하는 환경을 만드는 일에는 매우 적극적인 자세를 취한다.
- 심리적, 육체적으로 불만을 품고 심한 신경질적 반응을 보인다(예: 피곤, 두통, 우울, 염려, 의심 등).
- 섹스를 친밀함을 유지할 수 있는 방법으로서 사용한다.
- 자신을 제외한 그 누구도 자신의 곤경을 해결하는 데 도움을 줄 수 있다고 생각

하지 않는다.

- 아주 잘 속으며 다른 사람들에게 잘 의지한다.

그러나 이와 같은 피해자의 일반적 특징 외에도 지속되는 남편의 폭력으로 인해 결국 견디다 못해 남편을 살해하는 경우도 종종 일어난다. 다음의 사례는 남편이 폭력을 사용했을 때, 가만히 있다가는 죽을 것 같아 남편을 살해한 경우이다.

> 남편을 살해한 여성들이 사건이 일어날 당시를 회상하면서 공통적으로 떠올리는 것은 그 당시 제정신이 아니었던 것 같다는 것이다. 남편에게 맞다가 더 이상 가만히 있으면 죽을 것 같아서 옆에 있던 칼을 남편에게 꽂거나 술 먹고 난동을 부리다 잠든 남편을 보니 죽여야겠다는 생각에 목을 조르는 등 그때는 무슨 정신에 그런 일을 벌였는지 모르겠다며 사건 당시를 털어놓았다(김영희, 2008에서 발췌).

위의 사례에서 보듯이 가정폭력의 피해자였던 여성들이 다시 남편을 살해하는 가해자가 되는 폭력의 악순환을 설명하고 있다.

(2) 피해자의 희생화 과정

워커(Walker, 1989)에 따르면 학대당하는 여성들은 반복적이고 예측 불가능한 학대로 인하여 자신을 둘러싼 내/외적 환경에 대해서 무기력하다는 신념이 발달된다고 한다. 따라서 외부에 도움을 요청하는 것과 같은 적극적인 대응보다는 그 속에 머물면서 고통을 참는 소극적인 대응을 하게 되고, 계속적인 폭력의 순화과정에 빠져들게 된다는 것이다. 이와 같이 폭력이 반복될수록 피해자는 서서히 모든 것을 자포자기하기에 이르게 되는데, 이러한 전 과정을 피해자의 '희생자화 과정(victimization process)' 이라고 하며, 다음과 같이 진행된다(김문희, 2006 재인용).

① 제1기 (분노의 시기)

여성이 남성으로부터 폭력을 당하는 초기에는 분노와 수치심을 느끼며 자존심이 크게 상한다. 학대당하는 여성은 상대방 남성에 대해서 극도의 적개심과 분노를 가진다.

② 제2기 (공포의 시기)

남성에 의한 폭력이 반복되면 또다시 폭력을 당할까 봐 공포와 두려움에 떤다. 보복이 두려워 어디에 가서 함부로 하소연도 하지 못하고 침묵을 지킨다. 이 시기부터 '공포의 재경험' 이 일어나는데, 폭력상황 혹은 가해자와 관련된 상황을 회상하거나 기억이 떠오를 때에 공포에 휩싸인다. 그 밖에 불면증, 호흡곤란 같은 자율신경과민이 생기면서 정신이 멍해지는 현상도 일으켜 전형적인 '외상후 스트레스 장애(PTSD)' 가 생긴다.

③ 제3기 (무기력의 시기)

매일같이 폭력에 계속 시달리면 자존심의 손상과 공포 때문에 독립심이 전혀 없고 아주 무기력하게 된다. 남편의 폭력에 대처할 아무런 힘도 없고 맞아 죽더라도 남편에 의지해서 살 수밖에 없다는 처절한 체념 속에서 산다. 이 시기에 어떤 사람은 자살을 하거나 일시적인 정신착란 상태에서 남편에게 대항해 남편을 살해하는 경우도 있다.

이상에서 본 바와 같이 피해여성은 폭력 발생 시 초기엔 분노와 수치심을 느끼다가 시간이 갈수록 배우자에 대한 두려움과 폭력에 대한 공포를 경험하면서, 결국 배우자가 폭력으로 자신을 통제하는 상황에서 무력감을 느끼며, 스스로 결정하는 능력의 상실을 경험한다. 상황에 따라서는 극단적으로 폭력에 대항하는 방법으로 피해자 스스로 자살하거나 배우자를 살해하는 경우도 발생하게 된다.

(3) 피해자 전략

여성들이 남편의 폭력을 중단시키기 위해 사용한 방법들을 보면 다음의 3가지 형태로 나눌 수 있다고 밝혔다(Bowker, 1983, 이동원 외, 1998 재인용).

- 개인적인 전략: 대화, 약속, 위협, 숨기, 수동적인 방법, 적극적인 방법, 회피
- 비공식적인 구조자원의 활용: 가족구성원, 인척, 이웃, 친구들, 피신처
- 공식적인 구조자원의 활용: 경찰, 사회 서비스 기관, 변호사 및 검사

개인적 전략 중에서 가장 흔히 사용되는 기법은 수동적인 방법이다. 즉 팔이나 손, 발로 몸을 가리는 것이다. 비공식적인 전략 중 가장 흔히 사용되는 것은 친구이며, 사회적 서비스는 가장 보편적인 공식적 구조자원이었다.

어떤 기법이 가장 효과적인지는 간단하게 대답할 수 없다. 보커(Bowker)의 보고에 따르면, 폭력의 근절을 보장할 수 있는 단일전략은 없지만, 거의 모든 전략과 구조자원이 궁극적으로 효과적일 수 있다고 한다. 중요한 것은 지금 폭력이 근절되어야만 한다고 여성이 단호한 결정을 내보이는 것이다. 물론 실제적으로 폭력을 중단하겠다는 결정과 책임은 남성의 몫이지만 여성의 단호한 결정 없이는 남편의 폭력이 근절될 가능성은 적은 것으로 보고 있다.

2) 부부폭력 가해자 특징

일반적으로 가해자는 자존감이 낮고 과도하게 피해자에게 의존하며 지나칠 정도로 질투심과 소유욕을 보인다. 거의 항상 상대방에게 잘못이 있는 것처럼 상대방을 비난한다. 또한 공적인 장소에서 하는 행동과 집에서 하는 행동이 매우 다른 이중적인 면을 가지고 있다. 스스로에 대한 자신감이 없으며 종종 심각한 우울증상을 보이기도 한다. 가해자는 정서적으로 냉정하고 폭력적인 가정환경에서 자란 경우가 많기 때문에 사람들에 대한 불신이 강하다(김운회, 2006).

(1) 가해자의 일반적 특징

폭력적인 남성들의 일반적 특징은 다음과 같다(Paul Hegstrom, 1999, 이남종, 2008 재인용).

- 낮은 자존감을 갖고 있다.
- 폭력적 부부관계에 관한 모든 미신을 믿고 있다.
- 남성적 우위와 가정에서의 고정 관념적 남성 역할을 신뢰하고 있는 보수주의자이다.
- 자신의 행동에 대해 조언하는 다른 사람들을 오히려 비난한다.
- 지나친 질투심을 갖고 있다(예: 늘 아내를 감시, 의심되는 사건에 언어적 폭력 등).
- 이중적 인격을 나타낸다.

- 심한 스트레스의 반응을 보이는데, 이 때 술을 마시고는 아내를 때리거나 괴롭힌다.
- 자신의 자존감을 높이기 위한 공격적 행위로서 성관계를 이용한다.
- 자신의 폭력적 행동이 어떠한 부정적인 결과를 가져올 것이라고 믿지 않는다.
- 자기 부부가 문제를 가지고 있다는 사실은 부정하고 만일 자기 아내가 이 사실을 바깥에 알리면 격노한다.
- 과잉 행동의 모습을 보여준다.
- 폭력 가정 출신이다.
- 인격은 왜곡되어 있다.
- 종종 다른 사람이 이룰 수 없는 큰 업적을 성취하기도 한다.

다음의 사례를 통해 가해자인 남편의 특징이 다양하게 나타나고 있음을 알 수 있다.

부인에 의해 살해당한 남편의 어린시절 가정환경이 '비존속살인' 이나 '절도/사기' 범주에 속한 가정에 비해 갈등이 더 많았으며 부모님과의 관계가 더 나쁘고 형제 관계도 나쁜 것으로 나타났다. 남편살해 여성의 남편의 성격은 내향성이 높으며 타인에 대한 신뢰성이 더 낮은 것으로 나타났다. 또한 강박적 성격이 높고 공격성은 다른 재소자들의 남편들과 별 차이가 나타나지 않아서, 내향성과 알코올 남용이 결합하여 아내 학대나 부부관계의 파탄에 영향을 미치는 것으로 해석할 수 있다. 면담 중 많은 재소자들이 '술을 마시지 않을 때는 조용하고 온순하나 술을 마시면 돌변하여 공격적이고 포악해져 폭력을 휘두른다' 고 보고하였다(김영희, 2008에서 발췌).

(2) 피해자에 대한 가해자의 반응단계

한편 남편의 폭력에 견디지 못하여 떠나는 경우도 있는데 이러한 아내에 대한 남편의 반응은 시간의 경과에 따라 다음과 같은 단계를 거친다(Anderson et al., 1991).

- 오만한 믿음 단계로 폭력을 가하는 남편은 전형적으로 아내가 다시 기죽어 들어올 것이라는 오만한 생각을 한다.
- 정신없이 찾는 단계로 아내가 간 곳을 찾아내기 위해 명렬히 찾는데 여기에는 공포와 망설임 증상이 따른다.
- 거래 단계로 아내에게 소식을 전하며 변하겠다고 약속하고 사랑이나 헌신을 약

속한다.

- 애원 단계로 남편의 거래가 이루어지지 못하면 또 다른 기회를 노려 애원한다. 이러한 행동으로 인하여 아내는 남편이 변할 것이라고 생각하게 된다.
- 위험 단계로 앞의 단계에서 아내가 돌아오지 않으면 아내를 죽이겠다거나 아이를 유괴하겠다거나 또는 가족을 괴롭히겠다는 등의 위협을 한다. 이러한 위협으로 아내는 공포를 느끼며 어느 경우엔 돌아가기도 한다.
- 복수를 하려는 단계로 마침내 위협은 강해지고 남편은 아내나 아내와 관련된 사람들에게 복수를 할 계획을 세우는데 이것은 때때로 실행되기도 한다.

이처럼 가해자인 남편이 피해자인 아내에 대한 반응단계는 시간이 지나면서 더 폭력적으로 변하고 때론 위험한 상황까지 나타나게 된다.

제3절 가정폭력에 대한 이해를 방해하는 사회적 통념과 논쟁

가정폭력에 대한 수많은 사회적 통념과 논쟁이 일반인들의 인식과 효율적이고도 전문적인 실천을 방해한다는 것이다. 다음에서 가족폭력에 대한 우리들의 이해를 방해하는 주된 사회적 통념과 논쟁에 관하여 겔스(Gelles, 1997, 이동원 외, 1998 재인용)의 자료를 인용하여 살펴보고자 한다.

1) 가정폭력은 중요한 사회문제이며 일반인의 중요한 복지의 대상이지만 가족관계의 불가피한 측면이다

가정폭력은 중요한 사회문제이며 일반인의 중요한 복지의 대상이지만 가족관계의 불가피한 측면이 아니다. 매년 가정폭력으로 수백만의 피해자가 생기고 수천 명이 사망하지만 상해를 입히는 심각한 가정폭력은 여전히 상대적으로 발생빈도가 적은 행위이고 이는 집단과 문화에 따라서 차이를 보이고 있다.

2) 가정폭력의 가해자는 정신장애자나 정신병자에게 국한된다

학대자는 병든 사람이라고 단정해 버리는 태도는 정신병의 구성요건을 손상하는 것이다. 우리는 '여성과 아동을 학대하는 사람은 병든 사람이다' 라는 말을 듣는다. 그들이 병든 것을 어떻게 아는가? "그들이 여성과 아동을 학대하기 때문이다." 이러한 설명은 학대라는 단어를 병이라는 단어로 대체한 것에 불과하다. 질문의 핵심은 '그가 자신의 배우자와 아이에게 무엇을 했는지를 알지 못한 채 당신은 어떻게 그를 정신병자라고 정확하게 진단할 수 있는가?' 라는 것이다. 대부분의 경우 이것은 불가능하다. 사회학자 머레이 스트라우스(Murray Straus)가 주장한 바에 의하면, 정신병이나 기타 정신질환에 의해서 발생한 가정폭력은 전체 가정폭력의 10% 미만이라고 한다.

3) 가정폭력은 하층계급에 국한된다

대체로 많은 사람들은 폭력 특히 가정폭력이 하층계급과 소수민족의 가정에 국한된 것으로 믿고 있다. 연구자들은 하층계급에서 폭력과 학대가 더 많이 보고된다는 것을 발견하고 있다. 아동학대에 대한 보고에서도, 하층가정에서 발생한 아동학대의 경우에서도 그 가정을 학대자라고 정확하게 낙인할 가능성뿐만 아니라 잘못 낙인할 위험성도 커진다. 아내학대와 자녀학대가 하층계급에 국한된 것이라고 믿는 것은 여전히 자신의 행위는 정상적인 것으로 보고 타인의 행위는 일탈적인 것으로 보려는 또 다른 방식일 뿐이다.

4) 가정폭력은 모든 집단에서 발생한다 - 사회적 요인은 관련이 없다

최초에 의사들이 아동학대 사례를 인지하고 진료하기 시작하면서 그들이 받은 충격 중의 하나는 그러한 아동이 거의 모든 형태의 사회집단, 인종집단, 경제집단, 연령집단의 출신이라는 점이었다. 매맞는 여성문제의 관계자들 역시 문화, 인종, 직업, 소득수준에 상관없이 모든 집단의 여성이 매를 맞고 있다고 지적한다. 가정폭력의 가해자와 피해자가 사회의 모든 집단에서 나타난다는 것은 사실이다. 또한 가정폭력이 사회집단에 따라서 차이가 있다는 것도 역시 사실이다. 그러므로 가정폭력을 설명하는 데 사회적 요인이 관련되어 있다.

부유층과 빈곤층 모두에서 학대가 발견되지만 빈곤층에서 발견될 가능성은 더 크다. 더불어 사회적 요인의 역동적인 성격을 지적하는 것이 중요하다. 실직이나 경제적 문제의 봉착과 같은 사회적 상황의 변화가 가정폭력과 학대의 위험성을 증가시킬 수 있다.

5) 학대받은 아동은 성장하여 학대자가 된다

이것은 상당부분 진실이라고 평가받는 사회적 통념이다. 아내학대와 아동학대 연구의 대부분은 학대하는 성인이 그렇지 않은 사람에 비해서 어린 시절에 학대를 받았거나 가혹한 대우를 받았을 가능성이 크다는 점을 발견했다. 학대를 경험한 사람이 폭력적인 성인이 될 가능성은 크지만 마치 미리 짜여진 프로그램대로 되는 것은 아니다.

이러한 통념이 가지는 두 가지 부정적인 영향이 있다. 첫째, 어려서 학대를 경험한 사람들에게 자신이 성장하여 폭력적으로 될 것이 뻔하다는 생각을 가지게 할 수 있다. 둘째, 아동학대를 발견하고 처리할 책임을 가지고 있는 사람들은 아동에게서 특이한 상처를 발견하고 또 그 부모가 어린 시절에 학대를 받았다고 들으면 그 상처가 부모때문이라고 생각할 수 있다. 폭력의 세대 간 전수에 대한 믿음으로 학대자가 아님에도 학대자로 낙인찍는 잘못된 진단을 할 수 있다. 학대와 폭력은 복잡하게 상호 관련된 일련의 요인들로부터 발생하는 것이다. 따라서 상식적인 요인 하나에 매달리게 되면 인과적 설명을 정확하게 제시하지 못하고 잘못을 저지를 수 있다.

6) 알코올과 약물남용이 가정폭력의 진짜 원인이다

가정폭력이 악마 같은 술 때문이라는 설명은 정신병 때문이라는 설명만큼 널리 퍼져 있고, 사회계급과 관련이 있다는 사회적 통념보다도 더 널리 퍼져 있다. 대부분의 연구들은 음주와 폭력이 상당히 관련되어 있다는 것을 발견하고 있다. 폭력과 학대 사례의 절반 정도가 알코올이나 약물과 관련되어 있어 매우 강한 관련이 있는 것으로 보인다. 그렇다면 약물과 알코올이 폭력행위를 억제치 못하게 하는 물질인가? 약물과 음주의 문제가 해결되면 폭력은 근절될 것인가? 상식적으로 대답하면 '그렇다' 이지만 연구결과에 따르면 그렇지 않다.

이러한 억제중단물 이론에 대한 반대되는 증거들이 있다. 어떤 사람들이 음주를 하고 나면 폭력적으로 되며 어떤 사람들은 더욱 소극적으로 변화하기도 한다. 또한 알코올 남용과 가정폭력 간에 강한 관계가 있긴 하나 극단적인 수준의 알코올 남용이나 심각한 수준의 폭력과는 관계가 없기도 하였으며, 거의 항상 술에 취하는 경우에는 가정에서의 신체적 폭력이 실질적으로 감소하기도 하였으며, 과도한 음주가 심각한 수준의 아내학대와 관련이 있다는 것을 발견하기도 하지만 대부분의 가정에서 알코올은 폭력에 대한 직접적인 선행요인이 아니었다(Murray Straus). 알코올이나 기타 약물이 폭력에 조금이라도 관련이 있다면 그것은 복잡하게 얽혀 있는 개인적 요인, 상황적 요인, 사회적 요인들을 통해서 관련이 있을 것이다.

7) 매맞는 아내들은 맞는 것을 좋아하고(하거나) 폭력에 대한 책임이 있다. 그렇지 않다면 그들은 떠났을 것이다

매맞는 여성에 대하여 가지는 공통적인 의문은 "왜 매맞는 아내들은 곧바로 짐을 싸서 떠나버리지 않는가?" 이다. 매맞는 여성들이 매맞는 아동에게 향하는 것과 같은 관심과 동정을 받을 수 없는 이유는 첫째, 여성이 그 폭력을 유발했고, 둘째 최초 폭력 이후에 떠나지 않았다면 그것을 좋아하기 때문이라고 생각하기 쉽다.

교육수준이 높고 좋은 직업을 가지고 있으며 광범위한 사회적 네트워크를 가진 사람들이 이러한 견해를 신봉하는 경향이 있다. 그들은 사회적으로 법적으로 그리고 신체적으로 결혼이란 덫에 빠져서 헤어나지 못하는 사람들이 있을 수 있다는 것을 상상하지 못한다.

8) 가정 내에서 폭력과 사랑은 공존하지 않는다

사람들은 어떤 가정이 폭력적이라고 믿게 되면 그 가정 내에서 항상 폭력이 발생한다고 생각하는 경향이 있고, 가족구성원들이 폭력적이라면 틀림없이 서로 사랑하지 않은 관계이라는 믿음이 강하게 지배한다. 학대받은 아내, 학대받은 아동들은 매를 맞음에도 불구하고 배우자, 부모를 사랑하기도 한다. 사실 가정폭력 피해자의 대다수는 자신이 맞을만 하고 따라서 때리는 사람에게 문제가 있는 것이 아니라 자신에게 있다고 배운다. 가정에서 폭력과 사랑이 공존할 수 있다는 사실은 가정폭력의 가장 교활한 측면이다. 왜냐하면 우리들은 사랑하는 사람을 때리는 것이 있을 수 있는 일이라고 배우면서 성장하기 때문이다.

이러한 사회적 통념과 논쟁을 통해 가정폭력에 대해 잘못 이해하고 있는 부분은 어떤 것인지 스스로 점검해 보도록 한다.

제4절 가족폭력의 대책

가족폭력에 대한 대책을 개인적 차원과 사회구조적인 차원에서 살펴보고, 폭력에 대해 근본적으로 대처하기 위해서 어떠한 것들을 고려해야 할지 살펴보고자 한다.

1 개인적 대처방안

학대받는 여성에 대한 대처에서 최우선적인 목적은 여성 자신과 자녀들의 안전이므로 위기개입은 신속하고 신중하게 해야 한다(김태현 외, 2007; 함미화, 2008).

1) 폭력행사 이전

위기의 사태에 대비해서 안전 계획을 세운다. 즉 경찰이나 응급전화(여성긴급전화, 1366 등의 상담기관의 전화, 친구나 쉼터의 전화번호)를 가까운 곳에 확보해 두고, 누구든지 가정 폭력 사건을 신고할 수 있으므로 주위 사람들에게 알려 폭력의 상황에서 대신 신고해 주도록 부탁한다. 평상시에 1366이나 상담소에 상담을 하여 관계를 맺어 놓고 급한 경우 도움을 얻도록 한다.

2) 폭력행사 시

우선 자신을 방어하고 보호하면서 경찰에 신고하거나, 여성긴급전화 1366이나 가족 · 친구들에게 알리고 위기의 상황에서 구조를 요청한다.

3) 폭력행사 후

안전한 곳으로 피신을 한 후에 전문상담기관 등의 상담을 통해 어떻게 할 것인지를 대책을 세우도록 한다. 또한 즉시 의사에게서 의료적인 처치를 받도록 하며, 필요한 경우 증거를 보존하여 법적 대응 준비를 한다.

2 사회구조적 대처방안

사회구조적 대처방안으로 가정폭력의 사회적 심각성을 고려하여 근본적으로 사회적, 제도적 변화가 이루어져야 하고, 실질적인 정책에 대한 홍보를 강화시키고, 궁극적으로는 가정폭력에 대한 예방 프로그램이나 관련교육 등이 강화되어야 한다(여성부, 2008).

1) 사회문화적 규범개선

가정폭력의 발생은 성에 따른 불평등의 사회화가 여성폭력을 유발하고 있으며, 다른 한편 부부폭력, 아동학대 등 가정폭력을 사적인 문제로 바라보는 시각이 팽배하여 경찰을 비롯하여, 이웃과 지역사회가 전혀 개입하지 않는 경향이 강하다.

따라서 가정폭력은 '가정 내 개인문제' 가 아니라 심각한 '사회문제' 임을 인식해야 하며, 이를 위하여 첫째 폭력문화 제거, 양성평등의식 제고를 위해 범국가적으로 의식개혁교육 및 운동을 전개한다. 둘째, 초등학교부터 대학에 이르는 각급 교육내용에 여성학을 포함시켜 남녀평등의식을 고취시킨다.

2) 가정폭력정책 홍보 강화

가정폭력방지법에 대한 지속적인 홍보 · 계몽을 강화할 필요가 있다. 이를 위하여 홍보물(안내책자), 대중매체, 전광판, 캠페인 등을 활용한다.

3) 사회적 유대망 형성

친 · 인척 및 친구 · 이웃, 지역사회 관계의 강화를 통해 사회적 유대망을 형성하여 가정폭력을 예방한다.

4) 가정폭력 후유증의 심각성에 대한 인식강화

가정 내에서 발생하는 가정폭력을 심각한 사회문제로 통찰하는 인식전환을 위하여 홍보 및 교육을 강화하고, 이를 통해 가정폭력 발생신고를 제고한다. 이를 위하여 첫째, 지역사회내 상담소, 보호시설, 사회교육기관 등을 중심으로 가정폭력에 대한 인식전환 교육프로그램을 개발하여 실시한다. 둘째, 일반국민을 대상으로 홍보 및 캠페인을 통하여 가정폭력의 신고의식을 제고하여 신고를 유도한다. 셋째, 아동학대의 경우 신고의무자들을 대상으로 인식교육을 통하여 적극적인 신고자세를 확립하고 인센티브제를 보완하여 아동학대에 대한 활발한 신고를 유도한다.

5) 일반국민 대상의 가정폭력 발생 시 대처방안 교육 강화

가정폭력이 발생할 경우 어떻게 대처하는 것이 바람직한지에 대한 교육이 제공될 필요가 있다. 구체적으로 제시하면 다음과 같다.

첫째, 폭력발생 시 대처방안의 교육은 아동 · 청소년, 여성, 남성, 노인 등에 따라 차별화되어 실시되어야 한다. 둘째, 가해자의 특성과 폭력상황에 따라 대처하는 방식을 다양하게 개발하여 교육한다. 셋째, 폭력의 유형(정서적 폭력, 신체적 폭력, 경제적 폭력, 방임, 성학대 등)과 개별 폭력행위에 따라 차별화된 대처방식이 제공되어야 한다.

6) 가정폭력 예방프로그램의 강화

프로그램의 장기적인 효과를 볼 때에는 가정폭력대처교육, 가족 또는 부부단위의 상담이나 교육 등도 가정폭력 예방의 차원에서 중요하게 다루어져야 할 프로그램이다. 이러한 프로그램은 예방적인 차원, 그리고 관계 개선이 가능한 부부를 대상으로 효과를 기대할 수 있을 것이다. 교육을 통하여 가해 남성들의 가부장적인 태도를 교정하는 것과 의사소통 기술을 개선하는 것이 중요하다는 피해자들의 지적을 고려할 필요가 있다.

가정폭력 절반 40대 부부서 발생 : 가정폭력예방상담프로그램 필요

40대 부부들이 갈등을 '폭력'으로 해결하는 경향이 가장 높은 것으로 나타났다. 가정폭력의 절반 가량은 40대 부부 사이에서 발생했다. 한국가정법률상담 실태조사에 따르면 가정폭력 가해자는 46.5%가 40대였으며 피해자 역시 43.5%가 40대였다. 가해자의 경우 50대(27%), 30대(16.3%)가 뒤를 이었다. 각 가정 혼인기간 역시 '10년 이상 20년 미만 동거한 경우'(29.3%)와 '20년 이상 30년 미만 동거한 경우'(27%) 순이었다. 상담소는 이런 조사 결과에 대해 "부부갈등이 오랜 기간 쌓이면서 갈등을 극복하려는 노력보다는 극단적으로 폭력을 행사하는 경향이 증가하는 것"으로 분석했다. 가정폭력 가해자들은 성장기에 폭력을 경험한 경우가 많았다. 가해자들의 경우 절반 이상(53.5%)이 성장기에 부모에게 맞은 경험이 있었고, 부모 간 폭력을 행사하는 것을 목격한 경우도 59.9%나 됐다. 형제나 친구 간에 폭력을 행사한 경험도 각각 24.8%, 33.7%였다. 배우자에게 폭력을 휘두르는 경우 자녀에게도 폭력을 가하는 경향이 높았다. 58%는 자녀에게 폭력을 행사한 적이 있다고 답했다. 또 배우자에게 폭력을 당한 피해자들의 73.5%가 자녀에게 폭력을 행사한 적이 있었다고 조사돼 폭력으로 인한 스트레스가 폭력적인 양육태도로 이어졌음이 드러났다. 상담소는 이 같은 결과에 근거해 "부부관계에 초점을 두고 있는 가정폭력 상담 프로그램을 아동 및 청소년 대상으로 한 예방적 차원의 상담 프로그램으로 점차 확대해나가야 한다"고 제안했다.

자료: 경향신문, 2007. 11. 22.

한편, 가정폭력으로 인한 현재와 미래의 피해자의 삶을 보호하고 그들의 복지를 위하여 처우는 필수적이다. 그러나 효과적인 처우 프로그램의 시행이 이루어진다고 해도 가정폭력과 친밀한 사이의 폭력원인으로 작용하는 문화적 규범과 가치의 악순환을 근절할 수는 없을 것이다. 특정관계가 폭력적, 학대적으로 될 위험성을 증가시키는 사회적 특성이나 가정적 특성을 처우프로그램만으로는 변화시킬 수 없다. 가정폭력에 대한 프로그램과 정책의 중심적인 목표는 폭력을 예방하는 것이다. 가치와 신념에 근본적인 변화가 일어나지 않으면 친밀한 관계에서 나타나는 폭력의 감소 효과를 볼 수 없을 것이다(Gelles, 1997, 이동원 외, 1998 재인용).

피해 여성이 피해 여성에게 주는 편지: 저는 오늘 꽃을 받았어요

저는 오늘 꽃을 받았어요.
제 생일이거나, 무슨 다른 특별한 날이 아니었어요.
우리는 지난밤 처음으로 말다툼을 했지요.
그리고 그는 잔인한 말들을 많이 해서, 제 가슴을 아주 아프게 했어요.
그가 미안해하는 것도
말한 그대로를 뜻하지 않는다는 것도 전 알아요.
왜냐하면, 그는 오늘 저에게 꽃을 보냈거든요.

저는 오늘 꽃을 받았어요.
우리의 결혼 기념일이라거나, 무슨 특별한 날이 아닌데도요.
지난밤, 그는 저를 밀어붙이고는 제 목을 조르기 시작했어요.
마치 악몽 같았어요.
정말이라고 믿을 수가 없었지요.
온몸이 아프고 멍투성이가 되어 아침에 깼어요.
그가 틀림없이 미안해할 거예요.
왜냐하면 오늘 저에게 꽃을 보냈거든요.

저는 오늘 꽃을 받았어요.
그런데 어버이날이라거나, 무슨 다른 특별한 날이 아니었어요.
지난밤, 그는 저를 또 두드려팼지요.
그런데, 그전의 어떤 때보다 훨씬 더 심했어요.
제가 그를 떠나면 저는 어떻게 될까요?
어떻게 아이들을 돌보죠?

돈은 어떻게 하구요?
저는 그가 무서운데 떠나기도 두려워요.
그렇지만 그는 틀림없이 미안해할 거예요.
왜냐하면 오늘 저에게 꽃을 보냈거든요.

저는 오늘 꽃을 받았어요.
오늘은 아주 특별한 날이었어요.
바로, 제 장례식날이었거든요.
지난밤 ,그는 드디어 저를 죽였지요.
저를 때려서 죽음에 이르게 했지요.
제가 좀 더 용기를 갖고 힘을 내서 그를 떠났더라면,
저는 아마 오늘 꽃을 받지는 않았을 거예요.

출처: 정희진(2001), 또하나의 문화에서 발췌
원제: I got flowers today, 지은이 : Peaulette Kelly(폴레트 켈리)
폴레트 켈리는 13년간 남편에게 맞고 살다가 탈출한 미국여성으로 현재 폭력가정에서 벗어난 피해자들을 돕는 일을 하고 있다. 1992년 어느 날 인터넷에 '저는 꽃을 받았어요' 라는 시를 올렸다. 우리나라 여성단체 '한국 여성의 전화' 에 보내온 이메일에서 인용하였다. 옮긴이는 신혜수.

● 토론거리 ●

1. 가정 내 남편과 아내의 역할을 담당하면서 '맞을 짓' 이 어떻게 구성되는가요?
2. 결혼 후 1년 안에 배우자로부터 따귀 한대를 맞았다면 어떻게 할지 토론해 봅시다.
3. 남편의 지속적인 구타로 인해 결국 우발적인 살인을 하게 된 여성은 '정당방위인가', '살인인가' 에 대해 토론해 보시오.

볼거리

가정폭력예방교육 동영상, 2007, 여성부 자료실.

가정폭력피해자치유를 위한 영상물, 2005, 여성부 자료실.

영화: 개같은 날의 오후, 적과의 동침, 인디안 썸머, 피고인.

참고문헌 REFERENCES

김경신(2004), 가정폭력 실태 및 상담기관 현황분석을 통한 지역상담사업 체계화방안(아내학대를 중심으로), 한국가족관계학회지, Vol.9, No.1.

김운회(2006), 가정폭력범죄-그 이론과 실제-, 백산.

김영희(2008), 여성재소자의 심리적 특성과 치료, 가정폭력전문상담원 제4기 교육자료, 전북가족복지교육원.

김승권 · 조애저 · 김유경 · 김연수(2002). 가정폭력 · 성폭력 상담소 및 보호시설의 기능 · 역할강화 방안, 여성부.

김정옥 외(2002), 새로 보는 결혼과 가족, 학지사.

김태현 외(2007), 여성복지론, 교문사.

도미향 외(2008), 여성학의 이해, 양서원.

이용란(2006), 가정폭력 재발억제 요인에 대한 사례연구: 가정폭력 행위자 집단상담 프로그램 수료자를 중심으로, 대전대학교 석사학위논문.

이원숙(2007), 가족복지론, 학지사.

임정빈 · 정혜정(1997), 성역할과 여성, 학지사.

여성부(2008), 전국가정폭력실태 조사, 연구보고, 2008-02.

정희진(2001), 나는 오늘 꽃을 받았어요, 또하나의 문화.

한국여성개발원(1993), 한국가족폭력의 예방과 대책에 관한 연구.

한국가정법률상담소(2008), 가정폭력행위자의 음주문제에 관한 조사연구 결과 발표, 2008. 10. 22 여성부 보도자료.

함미화(2008), 가정폭력의 실태와 대책, 제4기 가정폭력전문상담원 교육자료, 전북가족복지교육원.

Alam Kemp /이화여자대학교 사회사업연구회(2001), 가족학대, 가족폭력, 나남.

Anderson, S. M., Boulette, T. R., & Schwartz., A. H.(1991), Psychological maltreatment of spouses. In Ammerman, R. T. & Hersen, M.(Ed), *Case Studies in Family Violence,* Plenum Press.

Bowker, L. H.(1983), *Beating wife-beating.* Lexington, MA: Lexington Books.

Gelles, R .J.(1980), Violence in the family: A review of research in the seventies. *Journal of Marriage and the Family, 42.*

L. E.Walker(1989), *Terrifying Love: Why Battered Woman Kill and How Society Responds,* N.Y: Harper & Row, pp.42-63.

Paul Hegstrom (1999), 이남종 역(2008), 가정폭력 치유교과서, 글샘.

Richard J. Gelles(1997), 이동원, 김지선(1998) 역, 가정폭력의 허상과 실상, 길안사.

Straus, M.A.(1979), Measuring conflict and violence: The conflict tactics scale, *Journal of Marriage and the Family, 40*(1), 75-88.

참고자료

경향신문, 2007. 11. 22.

여성부 홈페이지.

Chapter 09

성폭력

마지막으로 네게 해주고 싶은 말이 있다.
릴리야, 사랑한다.
나는 네가 어떤 인생을 살든 너를 응원할 것이다.
그러니 아무것도 두려워하지 말고 네 날개를 마음껏 펼치거라.
두려워할 것은 두려움 그 자체뿐이다.

- 공지영의 「네가 어떤 삶을 살든 나는 너를 응원할 것이다」 중에서 -

최근 우리나라는 성폭력이 양적으로 증가하고 있을 뿐만 아니라 질적으로도 극단적인 형태를 띠어 심각한 사회문제로 대두되고 있다. 따라서 본 장에서는 성폭력의 기본적 개념과 실태, 피해자와 가해자의 특징을 살펴보고, 근본적으로 성폭력을 예방하고 대처할 수 있는 방안에 대하여 살펴본다.

제1절 성폭력의 개념 및 유형

1 성폭력 개념

일상적으로 사용되는 '성폭력' 이라는 의미는 너무 포괄적이고, 그 한계가 모호해서 그 정의가 다양하게 달라진다.

우리나라의 현행법과 여러 연구(한국성폭력상담소, 2007; 최선화, 2007; 조흥식 외, 2008)들에서 보면 성폭력을 상대방의 동의 없이 강제적으로 성적 행위를 하거나, 성적 행위를 하도록 강요하거나, 위압하는 행위 및 성행위를 유발시키는 언어로 보고 있다. 따라서 성폭력은 다양한 형태의 강간(근친 강간, 데이트 강간, 아내 강간) 뿐만 아니라 성적 추행(신체일부를 접촉하거나 집적거리기, 키스, 음란한 행위), 성적 희롱(상대방의 의사에 관계 없이 성적인 언동을 함으로써 상대방에게 정신적 · 경제적 피해를 주는 행위), 성기노출(피해자 또는 가해자의 성기를 노출시키는 행위), 성적 가혹행위(가해자의 성적 만족을 위해 상대방에게 신체적 상해를 입히는 행위) 등 여성뿐만 아니라 남성에게도 가해지는 모든 신체적 · 언어적 · 정신적 폭력을 포함하는 광범위한 개념이다.

현행 성폭력범죄의 처벌 및 피해자보호 등에 관한 법률에서는 이와 같은 유형의 대부분을 성폭력으로 규정하고 있으며, 아내 강간이 포함되지 않고 있는 상황에서 여성계에서는 아내 강간도 포함시킬 것을 요구하고 있는 실정이었다. 그러나 최근(2009. 1. 17) 부부 간의 강간죄를 처음으로 인정하는 판례가 나오면서 또 다른 논란이 일어날 것으로 보인다.

'부부강간죄 인정' 여성계 반색

부부 간의 강간죄를 처음으로 인정한 16일 부산지법의 판결은 부부 사이라 하더라도 아내의 '성적 자기결정권'을 부당하게 침해해서는 안된다는 점을 분명히 한 것이다. 성적 자기결정권은 성관계를 맺을 때에 상대방의 능동적인 의사를 존중해야 한다는 것이다.

물리적인 약자인 아내로서는 폭력을 앞세운 일부 남편의 성폭력으로부터 법의 보호를 받을 수 있는 판례가 마련된 셈이다. 법조계와 여성계는 이날 판결에 대해 '환영한다'는 반응을 보였다.

자료: 동아일보, 2009. 1. 17.

점검해 보기: 내 안의 성폭력 정도는?

1. 애인이나 아내라면 배려하지만, 보통 다른 여성들에게는 그럴 필요를 별로 안 느낀다.
2. 괜찮은 남자란, 여성을 보호하고 챙겨주는 남자라고 생각한다.
3. 화가 나거나 괴롭고 힘들 때, 이런 감정을 말로 표현하기 힘들다.
4. 노출이 심한 옷을 입는 여자는 성관계에 대해서도 개방적일 것이라고 생각한다.
5. 성관계에서는 남자가 리드해야 한다.
6. 키스나 스킨십 전에, 상대에게 동의를 구하는 것은 창피하고, 무드를 깨는 일이다.

7. 성폭력 피해 중에는 피해자에게도 일정 정도 책임이 있을 것이라고 생각된다.
8. 여성이 밤에 여관이나 집에 따라왔다는 것은 섹스를 허락한다는 의미이다.
9. 성경험이 많다고 자랑하는 친구를 보면서 부러움을 느낀 적이 있다.
10. 적극적으로 섹스 의사를 표현하는 여성은, 성관계 경험이 많을 것 같다.
11. 여자들은 은근히 터프하고 박력 있는 남자에게 매력을 느끼는 것 같다.
12. 여자가 싫다고 해도, 꾸준히 애정을 전달하여 사랑을 얻어내는 것은 낭만이고 순정이다.
13. 나는 여자들을 잘 이해할 수 없다. 여자들과 소통하는 데 어려움을 많이 느낀다.
14. 화가 난 대상에게 직접 표현하지 못하고 다른 대상에게 짜증을 내거나 화풀이를 할 때가 있다.
15. 자신보다 나를 더 배려하고, 내 말을 믿고 따라와 주고, 나를 존경하는 여자가 좋다.

출처: 한양대학교 양성평등센터 홈페이지

● 토론을 위한 질문 ●

1. 위의 문항에서 어떤 부분이 나의 생각과는 다르다고 느껴지는지 토론해 보세요.

2 성폭력 유형

성폭력 유형에 따른 개념들과 특성들을 다음과 같이 정리할 수 있다(여성부, 2007).

1) 아동 성폭력

아동 성폭력이란 만 13세 미만의 아동에게 가해지는 성폭력으로, "아동 성학대(child sexual abuse)"라는 용어로 정의되기도 한다. 아동 성폭력의 약 70% 이상은 아는 사람에 의해서 발생한다. 피해 장소는 피해자 집, 가해자 집, 공동거주지, 공원, 놀이터, 엘리베이터 등에서 발생하며, 주로 안전하다고 생각되어지는 장소에서 많이 일어나고 있다. 유인방법으로는 폭력적인 방법(위협, 흉기, 구타, 납치, 침입)과 비폭력적인 방법(유인, 질문, 놀이, 금품 등)을 비슷하게 사용하지만 모르는 사람인 경우 폭력적인 방법이 많다.

2) 청소년 성폭력

청소년 성폭력이란 만 13세 이상 19세 이하의 청소년에게 발생하는 성폭력을 의미한다. 청소년 성폭력의 경우, 어린이나 성인의 성폭력 피해에 비해 윤간이나 강도강간 등 특수강간의 비율이 높다. 청소년 피해자들은 가해자와 관계에 있어 동년배나 선배 등 평소에 알고 지내던 사람들, 또는 미팅, 채팅으로 만난 사람들과의 만남에서 원치 않는 성적 피해를 당하는 경우가 많다.

3) 친족 성폭력

친족 성폭력은 친족에 의해 일어나며 성추행에서 강간까지 포함하는 성폭력을 말한다. 친족 성폭력은 보통 어린 시절부터 시작되어 성인기까지 지속된다. 어린이 성폭력 피해의 약 30%가 친족 성폭력으로 피해자의 연령이 대부분 학령기(8~13세)이다. 주요 가해자는 친부에 의한 성폭력이 제일 많고 성폭력 피해를 당한 경우에는 배신감과 상실감이 크지만 주변에 알려 도움을 받는 것이 어려워 그 피해가 지속적인 경우가 많다.

4) 데이트 성폭력

넓은 의미로는 아는 사람에 의한 성폭력으로 데이트 강간은 14세 이상의 남녀 쌍방이 이성에의 감정이 있거나 그 가능성을 인정하고 만나는 과정에서 일어나는 성폭력을 말한다. 일반적으로 '이성 간의 데이트 중에 상대방으로부터 강요나 조종에 의해 일어나는 성폭력으로 동의 없이 성관계를 하는 것' 으로 정의된다.

5) 직장 내 성폭력

직장 내 성폭력이란 '채용과정이나 근무기간에 직장상사, 동료, 계열사 혹은 거래처 직원들이 상대방의 의사에 반하여 행하는 성적인 언어나 행위' 라 할 수 있다. 이때 '근무기간' 이라 함은 단순히 근무시간만을 말하는 것이 아니라, 고용주와의 계약에 의하여 피고용인으로 되어 있는 전체기간을 말한다. 따라서 그 외의 것은 '의사에

반한 것' 으로 볼 수 있다. 근무 중 혹은 채용과정에서 일어나는 강간, 불쾌한 성적 언어나 행위로써 여성(남성)에게 굴욕감이나 정신적 고통을 느끼게 하는 것을 말한다.

제2절 성폭력 실태 및 특징

1 성폭력의 실태

성폭력에 대한 공식 통계로는 성폭력의 실태를 정확하게 파악하기가 힘들다. 왜냐하면 성폭력 피해여성들이 실제 성폭력을 사건화하거나, 노출시키지 않기에 현재 조사된 실태보다 높을 것으로 추측하고 있다. 그러나 성폭력상담기관이나 연구조사에서 나타난 성폭력 실태에서 보면 많은 여성들이 다양한 형태의 성폭력을 경험한다는 것이다. 다음에서는 한국성폭력상담소(2007)의 성폭력상담 현황 관련자료를 통하여 우리 사회에서는 성폭력이 어느 정도 발생하고 있는지 살펴보고자 한다.

1) 피해자 성별, 연령별 상담현황

2007년 성폭력 상담건수 1,948건 중 성폭력피해자의 성별분포는 여성이 1,881건(96.6%), 남성이 61건(3.1%), 미상이 6건(0.3%)이며, 연령별로는 성인 피해가 1,258건(64.4%), 청소년 312건(16.0%), 어린이 234건(12.0%), 유아 110건(5.6%), 미상 34건(1.7%)으로 나타났다. 여전히 성폭력 피해자는 여성이 높게 나타났고, 연령별로 성인 피해자가 많지만 어린이, 유아 피해자에 대해서도 관심을 가져야 할 것이다(〈표 9-1〉).

〈표 9-1〉 성별 연령별 피해자 현황

단위: 건(%)

연령별 / 성 별	성인 (20세 이상)	청소년 (19~14세)	어린이 (13~8세)	유아 (7세 이하)	미상	총계
여	1,226(62.9)	300(15.4)	221(11.3)	104(5.3)	30(1.5)	1,881(96.6)
남	29(1.5)	12(0.6)	13(0.7)	6(0.3)	1(0.1)	(3.1)
미상	3(0.2)	0(0.0)	0(0.0)	0(0.0)	3(0.2)	6(0.3)
총계	1,258(64.6)	312(16.0)	234(12)	110(5.6)	34(1.7)	1,948(100)

출처: 한국성폭력상담소(2007), 성폭력상담통계

2) 피해 유형별 상담현황

피해 유형별 상담현황을 살펴보면 성추행이 772건(39.6%)으로 가장 많은 분포를 보이고, 그 다음으로 강간이 689건(35.4%), 성희롱 201건(10.3%), 스토킹 91건(4.7%), 강간 미수 73건(3.7%), 통신매체이용음란이 41건(2.1%), 카메라이용촬영이 23건(1.2%) 순으로 나타났다(〈표 9-2〉).

〈표 9-2〉 피해유형별 피해자 현황

단위: 건(%)

유형 / 계	강 간 689(35.4)				강간 미수	성 추행	성 희롱	통신 매체 이용 음란	카메라 이용 촬영	스토킹	음화 등의 제조 유포	간접 성 폭력	미상	기타
	단순 강간	준 강간	특수 강간	강간 치상										
1,948 (100)	516 (26.5)	65 (3.3)	66 (3.4)	42 (2.2)	73 (3.7)	772 (39.6)	201 (10.3)	41 (2.1)	23 (1.2)	91 (4.7)	1 (0.1)	1 (0.1)	49 (2.5)	7 (0.4)

출처: 한국성폭력상담소(2007), 성폭력상담통계

3) 가해자 성별, 연령별 상담현황

가해자 성별/연령별 상담현황을 살펴보면, 남성 1,902건(97.6%), 여성 26건(1.3%), 여/남 1건(0.1%), 미상 19건(1.0%)으로 대부분의 성폭력이 남성에 의해 일어난다는 것을 알 수 있다. 이는 대부분의 성폭력이 남성에 의해, 여성을 대상으로 일어나는 범죄라는 인식이 반영된 것으로 보인다. 연령별로는 성인 1,607건(82.5%), 청소년 166건(8.5%), 어린이 47건(2.4%), 유아 16건(0.8%), 미상 112건(5.7%)으로 나타났다. 또한 어린이, 유아 가해자는 적은 비율이지만, 연령을 고려한다면 간과할 수 없는 부분이다.

4) 성폭력 피해자와 가해자와의 관계

성폭력 피해를 피해자와 가해자의 관계로 살펴보면, 아는 사람 1,392건(71.5%), 모르는 사람 242건(12.4%), 미상 41건(2.1%)의 분포를 보이고 있다. 피해자와 가해자의 관계가 아는 사람인 경우, 직장 내가 490건(25.2%)으로 가장 많았으며, 다음으로는 친족, 친/인척 273건(14.0%), 친밀한 관계 174건(8.9%), 초 · 중 · 고 · 대학 149건(7.6%), 주변의 지인 118건(6.1%) 등의 순으로 나타나고 있다. 이러한 결과에서 보듯이 아는 사람에 의한 성폭력이 여전히 높게 나타났고, 그 중 직장 내 관계에서 성폭력이 가장 높게 나타나 직장 내 성희롱예방교육이 더욱 강화되어야 함을 알 수 있다(〈표 9-3〉).

〈표 9-3〉 피해자/가해자 관계

단위: 건(%)

<table>
<tr><th colspan="11">아는 사람
1,665 (85.5)</th><th rowspan="3">모르는 사람</th><th rowspan="3">미상</th><th rowspan="3">총계</th></tr>
<tr><th colspan="2">친족, 친/인척
273 (14.0)</th><th rowspan="2">직장 내</th><th rowspan="2">친밀한 관계</th><th rowspan="2">채팅 /소개로 만난 사람</th><th rowspan="2">동네 사람</th><th rowspan="2">서비스 제공자</th><th rowspan="2">초중고 /대학</th><th rowspan="2">학원 /유치원</th><th rowspan="2">주변인의 지인</th><th rowspan="2">기타</th></tr>
<tr><th>친족</th><th>친/인척</th></tr>
<tr><td>149
(7.6)</td><td>124
(6.4)</td><td>490
(25.2)</td><td>174
(8.9)</td><td>69
(3.5)</td><td>92
(4.7)</td><td>74
(3.8)</td><td>149
(7.6)</td><td>61
(3.1)</td><td>118
(6.1)</td><td>165
(8.5)</td><td>242
(12.4)</td><td>41
(2.1)</td><td>1,948
(100)</td></tr>
</table>

출처: 한국성폭력상담소(2007), 성폭력상담통계

5) 피해/가해 유형별 · 연령별 상담현황

피해 유형별로 피해자의 연령 분포를 보면, 성인과 어린이, 유아의 경우 성추행 피해가 가장 많았고, 청소년의 경우 강간 피해가 더 많았다. 성희롱 피해의 경우 대부분 성인에게 일어나지만, 청소년, 어린이, 유아 피해도 보고되고, 통신매체이용음란이나 카메라이용촬영, 스토킹 피해의 경우 성인과 청소년에게 주로 일어난다는 것을 알 수 있다.

가해 유형을 보면, 전체 상담 중 성추행이 772건(39.6%)으로 가장 많았고, 강간이 581건(29.8%), 성희롱이 201건(10.3%) 순으로 나타났다. 성추행과 강간 피해의 경우 성인과 청소년 가해자에 의해 일어난 피해가 가장 많았다.

2 성폭력 피해자 특징

성폭력 피해자들은 피해과정에서 신체적인 고통뿐만 아니라 정서적, 행동적으로 상당한 수준의 고통을 경험한다. 구체적으로 성폭력 피해는 다음과 같다(채규만, 2004; Stout & Mcphail, 1998, 김태진, 2007 재인용).

1) 정서적 피해

성폭력을 경험한 여성은 두려움, 치욕감, 당황함, 걱정, 공포, 혼란, 정신적 충격 등을 호소한다. 또한 분노, 보복감, 증오를 느끼며, 자존감의 훼손을 경험한다. 특히 아는 사람으로부터 강간당한 경우에는 자기 비난이 심하며, 우울, 성폭행 기억으로 인한 고통, 무감각, 남성불신, 배신감, 또 다른 성폭력에 대한 두려움을 느낀다. 많은 경우에 외상 후 스트레스 장애를 나타낸다.

구체적인 성폭력 피해여성의 정서적 피해반응을 보면, 첫번째 반응은 침묵이다. 피해자들은 성폭력 피해를 어떻게 인식하고 처리해야 할지 몰라 침묵과 혼돈의 상태에 빠진다. 두 번째로 나타나는 반응은 자신이 경험한 사건을 무조건 부정하려는 방향으로 나간다. 세 번째 반응은 순결 상실감으로 인해 이성관계나 결혼과 관련하여 심리적 불안감을 나타낼 수 있다. 네 번째로 나타나는 반응은 남성혐오다. 다섯 번째로 피해자들이 나타내는 반응으로는 분노를 들 수 있다. 이러한 반응은 자신의 행복이 다른 사람으로 인해 파괴된 데서 오는 고통과 절망의 표현이다. 따라서 근본적으로 성폭력 피해여성들이 다양하게 표출하는 정서와 감정을 세심하게 다루어야 할 것이다.

다음 사례는 성폭력 피해자가 근친 성폭력을 당한 경우 나타나는 증상(잠자는 척하기) 중의 하나이다. 즉 성폭력을 당하고 나서 그 상황을 기억하기보다는 모든 것을 잊고 싶은 마음에 '잠자는 척' 하는 전략을 사용한다.

어떤 근친 성폭력 생존자는 성폭력을 당할 때마다 자는 척했다고 한다. 눈도 귀도 코도 막고 자신의 신체의 감각을 마비시켜서 그냥 모르는 척하면서 근친 성폭력의 고통을 참기도 한다. 잠자는 척하기는 친족 가해자들에 의해 성추행이나 강간을 당할 때 피해자들이 많이 사용하는 전략인데, 이들의 증언에 의하면, 너무나 당황스러워서 소리를 지를 엄두도 못 내고 그냥 당하는 수밖에 없었는데, 즉 잠자는 척할 수밖에 없었다고 한다(채규만, 2004에서 발췌).

2) 신체적 피해

신체적 피해는 일반적인 성폭력 피해의 후유증의 하나이며 이는 외적으로 드러나는 신체적 상처가 거의 없거나 전혀 없는 경우에도 신체적 반응을 초래하게 된다. 따라서 대다수 성폭력을 경험한 여성은 다양한 신체적인 상해를 겪으며, 두통, 메스꺼움, 소화기장애, 수면장애, 악몽 등을 호소한다. 성병에 감염되거나 임신하는 경우도 발생한다.

3) 행동적 피해

성폭력을 경험한 여성은 성행위에 대한 회피를 보이거나, 성적 문제의 야기, 성폭력을 상기시키는 남성과 상황에 대한 회피, 거주지와 전화번호 변경, 자살행동, 약물중독 등의 행동을 나타내기도 한다. 또한 여러 남성과 관계를 갖고 과도하게 성행위를 추구하는 등 성적으로 난잡한 행동을 하며 가출하여 성매매를 하는 여성도 있다.

성폭력 피해자들이 삶을 긍정적으로 변화시키기 위한 시도

나의 몸이 보내는 신호에 귀 기울이면서 나의 몸을 아끼고 사랑하기
피해상황을 견딘 나 자신의 힘과 용기를 칭찬하기
내가 듣고 싶은 따뜻한 말을 나 스스로에게 해주고, 주변사람들에게도 요구하기
떠오르는 감정을 종이에 적어보기, 떠나보내고 싶은 감정이라면 찢거나 태워보기
나의 경험에 공감과 지지를 보낼 수 있는 사람들과 이야기하기
치유에 도움이 되는 상담이나 교육, 각종 프로그램에 참여하기
여행, 음악듣기, 산책 등 내가 좋아하는 것들을 좀 더 자주 하기
내가 성폭력에 대해 가지고 있었던 고정관념, 나의 성인식을 돌아보기
나의 성에 대한 역사 쓰기
가해자에게 하고 싶은 말이 무엇인지 써보고, 전달해보기

편견을 가지고 나에게 상처를 주었던 주변인에게 하고 싶은 말을 써보고, 전달해보기
성폭력 피해에 대한 잘못된 편견을 없애는 데 기여하기
성폭력 피해 경험에 공감하는 여성들과 연대하기

출처: 한국성폭력상담소 홈페이지, '여성주의 상담' 중 발췌

3 성폭력 가해자 특징

성폭력 가해자들은 의도적으로 다른 사람들을 조정하면서, 피해자들에게 접근하기 위한 복잡한 계획을 세운다. 이는 고의적이고 상당히 잘 조정된 행동들이다. 이와 같이 성폭력 가해자들은 고의적으로 성폭력 행위를 저지르고 발견되지 않으려 하며, 피해자가 범죄를 고발하지 못하도록 하기 위해 사회적 통념과 자신의 왜곡된 인지체계를 적극적으로 활용한다(김혜경, 2006).

성폭력 가해자의 몇 가지 주요 특징을 살펴보면 다음과 같다(김혜경, 2006; 이성희, 2008).

1) 낮은 자아 존중감

성폭력 가해자들은 사회적 대인기술, 자기주장 기술, 분노관리 기술이 미비하여 자신의 감정표현을 잘 하지 못한다. 또한 자신에 대한 만족 및 수용정도가 낮아 열등감을 갖고 있다. 따라서 평소에 자기 방어적이고 충동적이고 현실 회피적인 상태에서 스트레스가 쌓이면 잠재된 분노나 적개심이 폭발한다.

2) 성폭력행위에 대한 부인

(1) 사건의 부인

성폭력 가해자는 "자신이 술에 만취되어 전혀 행위사실이 기억나지 않으며, 피해자와 경찰, 검찰이 사건을 날조한 것이다. 또한 본인은 성행위를 하지 않았으며, 다만 공범들이 윤간을 했을 뿐, 만류하지 못했을 뿐이다."라고 주장한다. 즉 '자신은 폭력만 행사했을 뿐 성폭력은 자행하지 않았다', '상대여자가 동의한 관계였다',

'내가 안 그랬다, 친구가 그랬다' 등으로 나타나고 있다. 이렇듯 성폭력 가해자들이 자신의 범죄를 부인하는 데에는 성폭력에 대한 잘못된 생각이 크게 영향을 미치고 있다.

(2) 책임의 부인

성폭력 가해자들은 성폭력 행위는 피해자가 강하게 거부하지 않았거나, 피해자의 동의하에 한 행동이었고, 피해자가 노출이 심한 옷을 입었거나, 함께 술을 마시고 성적인 농담과 스킨십에 거부감을 느끼지 않아 성관계 의사가 있는 것으로 알았다고 주장한다.

가해자들이 성폭력행동에 대해 부인하든, 인정하든 자신의 행동을 합리화하기 위해 최대한 피해자의 결점을 부각시키고 있었다. 따라서 술집에 나가는 여자, 성관계 경험이 많은 여자, 다리 벌리고 있는 여자, 이러한 여자들은 모두 성폭력을 당할 만한 여자로 생각하고, 언제 어느 때나 성관계를 할 수 있는 여자들로 인식하고 있었다. 그들과의 강제적 성적 접촉은 단지 성관계일 뿐 성폭력은 절대 아니라는 것이다.

3) 왜곡된 사고

대부분의 성폭력 가해자들은 자신의 성폭력 행위에 대해서 정당화하는 등 인지왜곡을 가지고 있다. 즉 성폭력 가해자들은 성폭력행위에 대해서 피해자, 술, 사회적 책임으로 전가시키고 이를 정당화, 합리화시키는 경향이 강하다.

가해자들의 사회적 통념

- 성폭력은 강간범이 강제적으로 칼이나 흉기 등으로 위협하면서 하는 것인데, 나는 칼도 안 들었고, 강제적으로 요구하지도 않았다. 그렇기 때문에 성폭력으로 인정할 수 없다.
- 여자가 술에 만취되어서, 여관까지 왔다는 것은 이미 자기방어를 포기한 것이다. 아니면 성관계의 암묵적인 동의가 전제된 것이므로, 성폭력이 아니다.
- 그때, 그 여자는 자기 발로 침대 위에 누웠고, 내가 그녀의 가슴을 만질 때 그녀는 그냥 가만히 있었다. 그녀는 저항하지 않았다. 가만히 있었다는 것은 동의가 아닌가?
- 그녀는 유흥업소에 종사하는 여성이므로, 성폭력이 성립될 수 없다. 그녀는 전문이니까. 그리고 싫다고 하지 않았고 아파하지도 않았다.

- 여성은 '예' 라고 말하고 싶을 때조차 '아니오' 라고 말한다. 또한 여성들은 자기가 좋아도 관습적 역할 때문에 싫다고 얘기할 수밖에 없다. 그러므로 남성들은 여성들이 자기들이 무엇을 원하는지 모르기 때문에 약간의 강제를 해야 하며 여자들이란 밀어붙이면 굴복한다. 그 다음에는 그로 인해 아주 만족한 것 같아 보인다.
- 남자가 엄청나게 요구하면 원하지 않던 여자가 반항하다 지쳐서 결국 '예' 라고 동의한다.
- 여자와 단둘이 있으면, 어느 남자라도 그 여자를 만지고 싶어진다. 여자를 강간하는 상황이 주어지면 남자들에게 일어날 수 있는 것이다. 어떻게 될지는 확신할 수 없다.

출처: 한국여성상담센터 홈페이지, '성폭력 발생의 이해 중' 발췌

● 토론을 위한 질문 ●

위의 가해자의 사회적 통념 중 나는 성폭력에 대하여 어떤 통념을 가지고 있는지 점검해 보고, 서로의 생각에 대해 토론해 보시오.

제3절 성폭력에 대한 잘못된 통념

성폭력 문제는 그 피해가 심각함에도 불구하고, 자신이나 주변인이 피해를 당하기 전까지는 자칫 남의 문제로 인식하기 쉽다. 더욱이 성폭력에 대한 잘못된 통념 때문에 사람들은 피해자의 말을 믿기보다는 오히려 피해자를 의심의 눈초리로 바라보고 비난하기까지 하는 것이 현실이다. 다음에서는 성폭력에 대한 잘못된 통념과 올바른 인식을 살펴보기로 한다(한국성폭력상담소, 1991; Sydney Rape Crisis Center, 1995).

1) 나에게는 일어날 수 없는 일이다

성폭력은 나이와 인종, 계급, 종교, 직업, 교육 정도, 신체적 매력 등과 상관없이 누구에게든 일어날 수 있다. 실제로 한국성폭력상담소의 상담사례를 보면 3개월 된 유아부터 71세 할머니, 그리고 성인 남성들도 피해를 당하고 있음을 알 수 있다.

남성 성폭력 피해자 증가세

성폭력을 당하는 남성 비율이 해마다 늘어나고 있는 것으로 나타났다. 경찰청이 민주당 신학용 의원에게 제출한 자료를 보면 올해 상반기(2008)에 발생한 성폭력 피해자는 모두 7,543명으로 이 가운데 남성은 전체의 7.3%인 551명에 달했다.

이는 지난 3년간 남성 성폭력 피해자의 비율인 2005년 3.5%, 2006년 4.9%, 지난해 6.8%에 비해 증가한 것이다. 또 올 상반기 전체 성폭력 피해자 가운데 60대 이상의 노인이 차지하는 비율은 전체의 1.6%인 118명인 것으로 집계되었다.

자료: YTN 문자뉴스, 2008. 9. 16.

2) 강간은 폭력이 아니라 조금 난폭한 성관계다

많은 생존자들은 피해 당시 자신의 몸이 하나의 물건처럼 대상화되는 경험을 했다고 이야기한다. 그리고 어떤 가해자들은 실제 무기를 갖고 죽인다고 협박을 하기도 한다. 무엇보다 강간은 여성의 뜻과는 전혀 관계 없이 강제적으로 일어난 행위이기 때문에 '성관계' 가 아니라 '폭력' 이다. 따라서 강간당한 여성들은 '순결' 을 잃은 것이 아니라 '폭력' 을 당한 것이며, 성적 자기 결정권을 침해당한 것이다.

3) 대부분의 성폭력은 '컴컴한 골목' 에서 '낯선 사람' 에 의해 우연히 일어난다

대부분의 성폭력은 아는 사람에 의한 경우가 전체의 70%가 넘는다. 특히 어린이 성폭력의 경우 78%가 주변인으로 평소에 신뢰관계에 있는 사람이다. 또 성폭력은 피해자나 가해자의 집, 주변 놀이터 등 피해자와 친숙한 공간에서 일어나는 경우가 많다.

4) 여성들의 야한 옷차림과 정숙치 못한 행동이 성폭력을 유발한다

눈에 띄는 옷차림을 하고 다니는 여자만이 피해를 당하는 것은 아니다. 이러한 사실은 여름에만 피해가 일어나는 것이 아니고, 무엇보다 피해자 중 어린이가 25% 이상이라는 점에서도 증명된다. 그리고 어떤 옷을 입고 어느 장소에 가느냐 하는 것은 사람마다의 개성이고 자유이지, 폭력을 당하고 경멸받기 위해 하는 것은 아니다. 물론 여성들이 어떻게 주의해야 할 것인가는 알아야 하지만, 이와 같은 '피해자 유발론' 으로 사건의 책임을 가해자가 아닌 피해자에게 돌리는 것은 부당하다.

5) 가해자들은 정신이상자다

가해자 중에는 남달리 포악한 사람도 있지만 대부분의 가해자는 일반인과 다를 바 없는 사람들이다. 직업이나 계층의 특수성도 나타나지 않고 도리어 성실한 직업인으로 혹은 착실한 사람으로 평판받는 사람도 있다. 이들은 자신의 소외감, 열등의식, 상대적 박탈감, 분노 등을 표출할 대상으로 사회적 약자인 그리고 성적인 공격에 무력하다고 생각되는 여성과 어린이를 택했을 뿐이다.

6) 여자가 끝까지 저항하면 불가능하다

그 누구도 범죄 앞에서 공포심 없이 힘껏 저항하기를 바랄 수는 없다. 더구나 자라면서 '여성다움' 을 주입받아 온 대다수의 여성들은 이 경우 저항하기보다는 무기력해지기 쉽다. 그리고 대부분 가해자들은 말로 위협하는 정도에서 그치지 않고 때리거나 흉기로 위협하기도 한다.

7) 여성이 스스로 조심하는 것 말고는 강간을 방지할 수 있는 뾰족한 방법이 없다

스스로 조심하는 것은 최소한의 임시방편이지 근본적인 대책은 못 된다. 여성들이 안전하고 자유롭기 위해서는 법적, 제도적 장치들을 마련해야 하고, 우선적으로 성폭력에 대한 잘못된 인식을 바로잡는 일이 중요하다. 먼저, 나 자신의 편견부터 점검하는 일이 그 출발점이 될 것이다.

이상에서 성폭력에 대한 잘못된 통념에 대해 살펴보았는데, 앞으로 성폭력 피해자의 인권보호차원에서 성폭력의 예방과 대처는 매우 중요하다.

제4절 성폭력에 대한 대책

만약 성폭력 피해를 당했다면 가장 먼저 안전한 곳으로 피한 후 친구나 가족의 도움을 구하고, 될 수 있으면 빨리 의료적인 처치를 받도록 한다. 고소를 할 예정이라면 사소한 증거라도 수집해 두는 것이 중요하다. 그리고 전문 상담 기관에 가면 심리적, 의료적, 법적 도움을 받을 수 있다. 이러한 과정들은 두렵고 혼란한 마음을 정리하고 심리적 안정을 찾아가는 데 도움이 될 것이다. 또한 피해를 최소화하고 후유증을 치유하는 방법이기도 하다.

이제는 피해를 당하고도 오히려 죄인처럼 혼자서만 고통스러워 하지 말고 적극적으로 피해를 극복해 나가는 노력을 해야 한다(이미경, 2001).

1 개인적인 대처방안

성폭력이 발생한 경우 개인적으로 대처할 수 있는 방안들은 다음과 같이 제시되고 있다(한국성폭력상담소, 1991; 이미경, 2001).

(1) 안전한 장소로 피한다.

피해 직후엔 아무것도 생각할 수 없을 정도로 혼란스럽고 힘든 상황이겠지만, 일단은 피해장소를 벗어나 마음을 진정시켜야 한다. 또한 어느 누구도, 어떤 상황에서도 성폭력을 당하도록 취급되어질 수 없는 인간으로서 존엄성을 갖고 있으므로 "왜 거길 갔었나?", " 왜 끝까지 반항하지 못하였나?" 등의 죄책감에서 벗어나야 한다. 따라서 수치심이나 순결상실감에 괴로워 할 것이 아니라, 상해를 입은 몸을 추스르고 돌보는 것이 시급하다.

(2) 믿고 의지하는 친구나 가족에게 도움을 요청한다.

물론 자신에 관한 일은 스스로 결정하고 행동하겠지만, 때로는 주변의 도움을 요청하는 것이 현명하다. 특히 꿈에서도 생각조차 하지 못했던 피해를 입고 나면 모든 것이 다 싫어지고 부정적으로만 생각될 수 있다. 친구나 가족은 피해자의 말을 전적으로 신뢰하고, 힘든 상황을 가슴으로 이해하며, 심리적 안정을 도와줄 것이다. 또한 그들은 문제를 객관적으로 볼 수 있도록 조언을 해 줄 것이며, 병원 등에 갈 때도 동행하면서 큰 힘이 되어 줄 것이다.

(3) 병원(산부인과)에 꼭 간다.

어떤 상처를 입었는지 알아보기 위해 병원에 가는 것은 필수이다. 병원에 가는 시기는 피해직후가 가장 바람직하고 빠를수록 좋다. 그 순간에는 정신적인 충격 때문에 몸의 상처를 미처 느끼지 못하는 경우도 있지만 외상의 치료가 필요하고, 나아가 임신이나 성병을 미리 예방하는 조처를 취해야 한다.

지금 당장 고소할 의사가 없다고 하더라도 나중에 고소를 결심하게 되는 경우도 있으므로 되도록 증거를 수집해 두는 것이 좋다. 더욱이 정액체취 등은 48시간 이내에 신속하게 해야 한다. 그러나 성폭력은 다른 피해와 달리 피해자 자신이 가장 많이 그 증거를 스스로 인멸해 버리곤 한다. 가령 피해 후 샤워를 하거나, 입었던 속옷을 세탁 또는 버리는 것은 가해자를 식별하고 유죄를 증명할 수 있는 중요한 증거를 없애는 것이다. 전문가들은 목욕이나 질세척은 물론 심지어 손도 씻지 말고, 화장실도 가지 말고 바로 병원으로 가서 의료조치를 받으라고 권한다.

(4) 고소여부를 신중하게 검토한다.

경찰서나 법정에서 피해사실을 진술하고 증언하는 것이 힘에 겨울 수도 있고, 증거가 불충분하면 기소가 안 될 수도 있으며 수사나 재판과정에서 경제적으로나 정신적으로 지칠 수 있다. 하지만, 만약 고소를 하게 되면 가해자의 제2, 제3의 범죄를 미리 예방할 수 있을 뿐만 아니라, 본인도 심리적으로 불필요한 죄책감이나 자기불신, 자포자기 등에서 벗어날 수 있다. 그러므로 고소를 통해 어떤 의미와 효과를 얻을 수 있을지, 그리고 어려움은 무엇인지를 살펴보고 준비한 후에 결정해야 한다. 주변인 누구라도 고소를 강요해서는 안 되며, 본인 스스로 그 여부를 결정한다.

(5) 성폭력상담소 등 전문기관에 상담을 한다.

성폭력은 나만의 문제가 아니다. 따라서 보다 적극적이고, 적절한 방법으로 도움을 받기 위해서는 전문적인 상담기관에 도움을 요청해야 한다. 이러한 상담기관에서는 수많은 피해여성들의 상담을 통해 구체적인 문제점, 대응요령, 극복경험, 관련기관과의 긴밀한 협조체계들이 축적되어 있어서 실질적인 도움을 받을 수 있다.

성폭력 치유를 위하여: 생존자말하기 대회

성폭력 피해자를 위한 생존자말하기를 통하여 많은 피해 여성들이 자신의 피해경험을 함께함으로써 스스로 치유되는 부분도 있다.

'언중유희-이리 오너라, 씹고 놀자!' 라는 주제로 좀 더 신나고 통쾌한 장으로 꾸며지는 것으로, 생존자들의 경험과 힘은 '말' 로만이 아니라 영상이나 음악, 몸의 움직임을 통해서도 표출되고 공유될 수 있다. 말하기대회에서는 생존자들이 원하는, 또는 생존자들의 감정을 가장 잘 풀어낼 수 있는 다양한 이야기 방식을 시도한다.

자료: 생존자말하기 대회: www.sisters.or.kr/speakout/

2 사회구조적 대처방안

성폭력을 근본적으로 예방하고 대처하기 위한 사회구조적 방안에 대해 관련자료(김태진, 2007; 최선화, 2007; 한국성폭력상담소, 2007)를 통해 살펴보면 다음과 같다.

(1) 성평등 의식 전환

성폭력의 근본적인 원인은 남성이 여성에 대한 지배와 통제를 정당화하고 여성을 약자로 간주하는 성 차별주의라고 볼 수 있다. 따라서 성폭력 문제를 근본적으로 해결하기 위해서는 양성평등에 대한 의식이 확립되어야 할 것이다(김태진, 2007). 즉 성폭력의 원인이 여성들의 잘못이 아니라는 사회적 인식의 전환이 요구된다. 따라서 광범위한 성교육을 실시하고, 성폭력을 일으키는 근본원인이라 할 수 있는 남성중심의 가부장적 문화를 변화시키고 남녀 평등문화 정착, 여성의 인권을 존중하는 풍토를 형성하는 것이 근본적인 대책이 될 것이다.

(2) 피해자 지원체계 강화

피해자들을 위한 효율적인 지원체계가 필요하다. 즉 성폭력 피해자에게는 신체적, 정신적 손상에 따른 적절한 의료적 조치와, 법적 고소를 위한 법률적 지원이 확대되어야 한다. 또한 피해자 지원 연계망으로 각 상담소의 유기적인 연결은 피해자 지원을 위해서는 필수적인 기관들이다. 피해자를 지원하는 상담체계와 쉼터, 가정 및 사회생활로의 복귀를 돕는 프로그램 등 사회적 지원제도가 충분히 마련되어야 한다. 성폭력 피해자 보호 문제는 그 실태와 심각성에 비해 피해자에 대한 보호 절차가 미흡할 뿐만 아니라, 법률적으로 보장하고 있는 피해자 불이익 금지 조항에 대해서도 강제 규정이나 벌칙이 없기 때문에 실제로 지켜지지 않고 있다. 따라서 피해자가 이전의 자신의 생활로 빨리 복귀할 수 있도록 상담, 취업알선 등 충분한 사회적 지원을 해주어야 한다(최선화, 2007). 또한 성폭력 피해자가 정상적으로 사회에 재적응하는 것을 돕기 위해서는 피해자 가족에 대한 가족치료적 접근도 병행해야 한다.

(3) 가해자교육 · 치료 프로그램 활성화

우리 사회에서 그 동안 성폭력에 대한 접근은 주로 피해자에게만 초점을 두었으나, 성폭력의 재발을 방지하기 위해서는 무엇보다 성폭력 가해자의 처벌보다는 교육과 치료 프로그램의 실시가 시급하다.

현재 우리 사회에서는 '성폭력특별법' 이 제정 · 시행되고 있고, 성폭력에 대한 법적 처리가 증대되고 있으나 이들에 대한 사후 교육이나 치료 프로그램은 제대로 실행되고 있지 않은 실정이다. 따라서 가벼운 처벌을 받은 가해자이건 중형을 받은 가해자이건 간에 반드시 교육과 상담 및 치료를 병행하여(최선화, 2007) 성폭력 가해자가 정상적이고 건강한 사회생활을 할 수 있도록 도움을 주어야 할 것이다. 이러한 교육과 치료를 통하여 근본적으로 여성에 대한 성폭력이 범죄이며 인권침해임을 명시하고, 성에 대한 왜곡된 통념을 바꿔 주는 인식이 필요할 것이다.

10대 성폭력 가해자 교육, 효과 크다

성폭력에 대한 잘못된 인식이 재범 부추겨

채숙희 광주여성의전화 부설 상담소장은 그동안의 상담결과를 바탕으로, 아동과 십대 대상의 성폭력 가해자 교정교육이 큰 힘을 발휘한다고 말한다. 지난 16일 열린 2008 경남세계여성인권대회의 성폭력 분과 워크숍에서, 채 소장은 2007년 광주에서 있었던 여중생 집단성폭력 사건의 가해자들에 대한 교육사례를 발표했다.

소년원에 입소한 고교생 가해자들에게 10일 동안 20시간의 교육과 두 번의 개인상담을 실시했는데, 처음에는 억울한 감정을 호소하던 가해학생들이 점차 자신의 행동이 심각한 범죄라는 것을 알게 되고 뉘우치게 되었다고 한다. 진심으로 자신의 잘못을 깨닫게 되면 같은 행위를 반복하지 않게 된다는 점에서, 10대 가해자 대상 교육은 꽤 효과가 있었다는 것이다.

아동가해자에 대한 전문화된 치료기법 도입되어야

이수정 경기대학교 범죄학과 교수는 성폭력 아동가해자에 대해서 "지금 아이니까 무조건 용서해주는 것"은 문제를 절대 해결할 수 없다고 말한다. 대신, 이들에 대한 전문화된 치료기법이 도입되어야 한다고 주장한다.

이 교수에 따르면, 아동가해자들의 경우는 학교폭력의 연장으로 성폭력이 이루어지는 경우가 많고, ADHD(과잉행동장애증후군)와 같은 신경학적 문제를 보이는 경우가 많은 등 성인범죄와는 다른 특성이 있다.

자료: 여성주의 저널 일다, 2008. 7. 30. '아동 성폭력, 안전하지 않은 사회' ②

법무부, '성폭력범죄자 전담 치료시설' 운영

법무부는 15일 충남 공주 소재 치료감호소 내 시설 일부를 리모델링 해서 100명 수용규모의 성폭력 치료 · 재활센터 개청식을 거행했다.

이번 개청식은 소아성기호증 등 정신 성적 장애를 가진 성폭력범죄자에 대한 치료와 재활로 재범 억제력을 극대화시키자는 목적에서 건립됐다.

법무부에 따르면 향후 치료대상자가 연간 100여 명에 이를 것으로 예상되며 금년부터 내년까지 200명을 수용 · 치료 할 수 있는 시설을 추가 건립할 예정이다.

또한 정신의학계의 일반적인 의견으로 소아성기호증 등 정신 성적 장애자의 경우 재범위험성이 높은 반면 치료효과도 높아 이번 치료제도가 재범률을 낮출 것으로 기대했다.

센터 운영 예상 소요인력은 의사 3명, 보호직 3명, 간호직 10명, 직업훈련 2명 등 총 46명으로 예상했다. 치료프로그램은 정신과 치료, 특수치료, 의료재활 프로그램을 운영한다.

그 중 약물요법(SSRI, 호르몬치료), 정신요법, 환경요법, 성교육, 충동·분노 조절 프로그램 등 다양한 프로그램으로 진행된다.

자료: 메디컬투데이, 2009. 1. 16.

(4) 성폭력특별법 내용의 수정과 보완

성폭력 특별법은 두 번의 개정과정을 거쳐 현재에 이르고 있지만 여전히 성폭력을 폭력 또는 범죄로 인식하는 정도가 미약하고 피해자의 권리를 보장하는 데도 소극적인 측면이 있어 다양한 종류의 도착적 성폭력의 부정적인 결과들을 소홀히 하고 있다. 그러므로 성폭력의 개념과 범위를 확대해서 현재의 강간과 추행에 관한 죄가 아닌 성적 자기결정권 및 보호권에 대한 침해죄로 바꾸어야 한다. 또한 친고죄가 폐지되어야 한다. 성폭력을 친고죄로 규정하는 것은 아직도 성범죄를 사회적 범죄로 보기보다는 개인적 불행으로 보는 통념을 나타낸 것이며, 이로 인해서 많은 성폭력 범죄를 사실상 은폐하게 만든다(최선화, 2007).

'성폭력은 친고죄' 규정 폐지해야

특별법과 형법으로 분리된 법률 체계가 성폭력 범죄에 공정한 국가형벌권 행사를 저해하는 만큼 이를 형법으로 통합하고 친고죄 규정도 폐지해야 한다는 제안이 나왔다.

황은영 춘천지검 검사는 성폭력범죄에 대한 주제발표에서 특별법 위주 법률 체계가 범죄의 중대성에 대한 인식을 방해하고 국가형벌권 행사를 저해하고 있으며 성폭력을 남녀 개인문제로 평가하는 점, 성기 삽입만 강간죄로 보는 점, 강간죄 피해자를 '부녀'로 규정하면서 아내와 남성, 성전환자를 제외하는 점 등을 문제점으로 제시했다.

따라서 성범죄를 기본 형법으로 규정해 중대 범죄라는 인식을 확고히 하고 강간죄의 감경·가중 구성 요건을 둬 유형을 세분화하며 강간죄와 강제추행죄에 대해서는 친고제 규정을 폐지하고 13세 미만자에 대한 의제강간 및 의제강간추행도 친고제 제외를 고려해야 한다고 지적했다. 또한 16세 미만 아동과 장애인 상대 성폭력을 엄중 처벌하고 급증하는 청소년 성범죄와 가해자 재범 등을 막기 위한 대책이 필요하다고 덧붙였다.

이 밖에 성폭력 전담검사제를 철저히 시행해 2차 피해를 방지하는 동시에 성폭력 범죄의 저연령화·집단화·흉포화에 대응하고 이중조사 등을 막기 위한 검·경 광역수사기구' 도입이 절실하다고 역설했다.

자료: 연합뉴스, 2007. 10. 24.

성폭력사건 해결 지도

사건정황파악	피해일시, 장소, 내용, 피해자와 가해자의 관계, 현재 직면한 위험 등을 정리해봅니다.
피해자인 내가 원하는 것이 무엇인지 정리	피해로부터의 차단, 가해자처벌, 손해배상, 주변인들과의 관계 해결 등 원하는 바를 생각해봅니다.
다양한 사건해결 방법의 장점과 어려움 검토	내가 원하는 각각의 것들이 어떤 방법을 통해 이루어질 수 있는지 살펴보고, 나의 여건에 맞는 방법은 어떤 것이 있는지 생각해봅니다.
사건해결 방법 선택	다양한 사건해결 방법 중 취할 수 있는 방법을 선택하고, 우선순위를 정해봅니다.
피해자의 요구안 정리 검토	가해자에게 요구할 것, 소속 집단 또는 주변인에게 요구할 것 등을 나누어 되도록 자세하게 정리해봅니다.
가해자가 받아들이지 않을 경우 취할 수 있는 대응방법 예상	다양한 사건해결 방법 중 취할 수 있는 방법을 선택하고, 우선순위를 정해봅니다.
선택한 사건해결 방법 진행	선택한 사건해결 방법의 절차 및 주의할 점, 준비해야 할 점을 알아본 뒤 대응을 시작합니다.

가해자와의 개인적 해결방법	소속공간에서의 집단적 해결방법	소속공간에서의 제도적 해결방법	사법적 해결방법		정부기관을 통한 해결방법	
피해자 본인 또는 신뢰할 수 있는 주변인을 통해 가해자에게 요구안 전달	피해자를 지지하며 문제해결이 가능한 공신력이 가능한 집단을 구성하여 사건 처리방향 논의 후 대응	사내 노동조합 또는 고충처리기구, 대학 내 학생회 등 사건해결이 가능한 기구에 사건을 접수하여 규정에 따른 조사 후 대응	형사고소를 통한 가해자 처벌	민사소송을 통한 손해배상청구	국가인권위원회에 성희롱 진정	지방노동사무소 또는 지방노동위원회에 성희롱 및 불이익조치에 대한 구제 신청

출처: 한국성폭력 상담소 홈페이지.

생존자 지원 체계

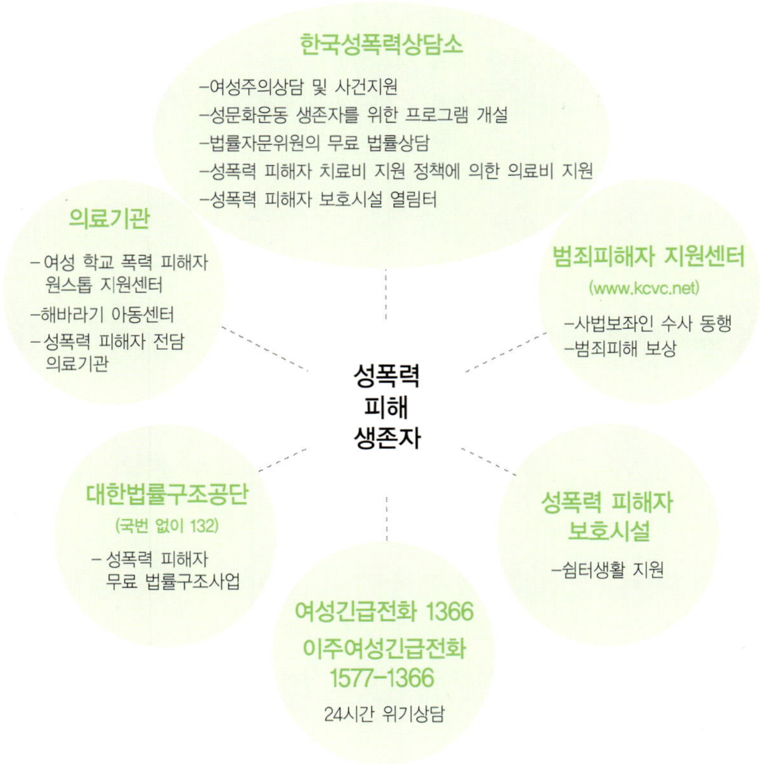

출처: 한국성폭력상담소 홈페이지.

● 토론거리 ●

1. 데이트 과정에서 술에 취한 남성이 파트너에게 억지로 성관계를 시도한다. 여성은 완강하게 거부했지만, 남성은 힘으로 밀어붙이면서 '사랑한다'는 말을 계속하였다. 이런 경우 연애를 하면서 나타나는 하나의 과정인가? 아니면 성폭력인가?

볼거리

여성부(2007), 감출 수 없는 진실(성폭력예방교육 영상물).

여성부(2005), 어떤 날(성폭력피해자 치유 영상물).

영화-노스컨츄리(미국에서 최초로 승소한 직장 내 성희롱 사건인 '젠슨 대 에벨레스 광산' 사건을 영화화한 것).

-피고인.

읽을거리

마리 프랑스 보트(2008), 가장 특별한 말: 가까운 사람들의 성폭력에서 벗어나는 이야기.

참고문헌 REFERENCES

김혜경(2006), 성폭력가해자의 심리와 특성, 제3기 성폭력전문상담원 교재, 전북가족복지교육원.

김태진(2007), 현대사회의 여성복지론, 대구대학교.

도미향 · 채경선(2008), 여성학의 이해, 양서원.

여성부(2007), 성폭력실태조사보고서.

이미경(2001), 성폭력의 실태와 대책, 생명연구, 생명문화총서 4집, Vol 4.

이성희(2008), 성문화와 Sexuality, 제5기 성폭력전문상담원 교재, 전북가족복지교육원.

조홍식 외(2008), 여성복지학, 학지사.

최선화(2007), 여성복지론, 학현사.

채규만(2004), 성피해 심리치료, 학지사.

한국성폭력상담소(1991), 나눔터(1호).

한국성폭력상담소(2007), 성폭력 상담 통계.

Sydney Rape Crisis Center(1995), *Surviving Rape*.

Stout, K. D., & Mcphail, B.(1998), *Confronting sexism and violence against women: A challenge for social work*. New York: Longman.

참고자료

동아일보, 2009. 1. 19.

메디컬투데이, 2009. 1. 16.

연합뉴스, 2007. 10. 24.

일다(여성주의 저널), 아동성폭력 안전하지 않은 사회, 2008. 7. 30.

생존자말하기 대회 홈페이지.

한국성폭력상담소 홈페이지.

한국여성상담센터 홈페이지.

한양대학교 양성평등센터.

YTN 뉴스, 2009. 9. 16.

Chapter 10

성매매

> 성매매는 본질적으로 여성에 대한 학대이다.
> 우리들 자신의 몸에 대해 생각하기를 촉구한다. 우리들의 몸이 그러한 방식으로 이용되어 반복, 반복, 반복될 때의 느낌을 느끼기를 촉구한다. 그것이 성매매의 실체이다.
>
> -안드레아 드워킨 -

제1절 성매매 개념 및 유형

1 성매매 개념

현대사회에서 성의 거래는 은밀하게 이루어지고 있고, 은밀한 성의 거래나 매매에 대한 유혹은 우리의 모든 일상생활 속으로 파고 들었다. 성의 거래를 위해 알선되는 만남도 다양해졌을 뿐만 아니라 성이 동원되고 있는 형태도 가지각색이다. 즉 광고나 매체에서도 성은 반드시 끼워 팔아야 하는 상품이 되었으며, 휴식과 만남을 제공하는 공간들은 성을 파는 공간으로 점차 전락하고 있다. 이런 분위기 속에서 우리 사회에서 일반적으로 쓰고 있는 윤락이니, 매춘이니, 매음 등은 '성을 파는 행위' 만을 규정하는 용어들이고, '성을 사는 행의' 는 제외되어 있다. 이러한 용어들은 성을 파는 행위에 문제의 초점을 맞추고 도덕적인 비난을 돌린다는 점에서 문제를 안고 있다. 예를 들어 법적인 용어로 사용되는 '윤락' 이란 '스스로 타락하여 몸을 버린다' 는 의미를 갖는데, 이런 무시무시한 낙인은 성을 파는 사람에게만 찍힌다. 우리 사회에서 법이 정하는 윤락 행위자, 즉 스스로 타락하여 몸을 버리는 자는 성을 파는 사람이며, 손님은 윤락 행위자가 아닌 그저 '상대방' 일 뿐이다(원미혜, 1999).

대부분의 매춘부가 여성임을 감안할 때 윤락이란 결국 여성에게 부과되는 용어이며 상대가 되는 자는 도덕적 면죄부를 받는 셈이다. 이는 성을 사는 사람이 대부분 남성임을 헤아려 볼 때 이중규범을 반영하고 있는 것이다.

이렇듯 윤락, 매춘, 매음 등의 용어는 성매매 문제의 초점을 '파는 자'에만 맞추고 성을 파는 행위자에 대한 도덕적 비난을 함축하고 있는데, 실제 성매매는 성을 파는 사람이 아니라 성을 사는 사람들의 필요에 따라 이루어지고 있다는 점에서 문제의 핵심을 놓치고 있다(원미혜, 1999).

그러나 최근에는 성을 파는 여성에게만 한정 짓지 않고 이를 구매하는 남성이 공존하고 있음을 나타낸다는 의미에서 '매매춘' 혹은 '성매매'로 사용한다(조홍식 외, 2008).

2 성매매 유형

성매매의 유형은 대체로 전통형, 산업형, 사이버 등 세 가지로 분류된다.

1) 전통형 성매매

전통형 성매매는 특정지역을 중심으로 매매춘만을 하는 형태로 1960~1970년대에 가장 성행했고, 지금도 특정 지역에 집촌화되어 있는 소위 '윤락가'로 불리는 용산, 청량리 588, 미아리 텍사스, 천호동 등에서 이루어지고 있는 매매춘 형태를 의미한다(변화순 · 황정임, 1998). 여성정책연구원(2008) 자료에 의하면 전통형 성매매를 전업형 성매매로 분류하고, 유리방, 주점식 전업형, 여관/여인숙형, 기지촌형의 4가지로 구분하기도 한다. 현재 전통형 매매춘 여성의 수는 점차 줄어드는 추세에 있는데, 이러한 현상은 1970년대 들어 성매매 지역이 강남으로 옮겨 가면서부터 시작되었다(조홍식 외, 2008). 최근 들어서는 일정지역을 점위하면서 저렴한 가격으로 성매매와 함께 주류를 판매하고 유흥을 제공하는 업소가 생겨나고 있다. 이는 업소의 주목적 이외에 2차 형태의 성매매로 이루어지는 산업형 성매매와 달리, 전통형 성매매처럼 성매매를 주목적으로 하면서 주류와 유흥 등이 제공된다. 2000년도에 발생한 군산의 대명동, 개복동 화재사건 등이 이에 해당한다고 하겠다(변화순 외, 2002).

2) 산업형 성매매

산업형 성매매는 1970년대 말부터 나타나기 시작하여 1980년대 말, 1990년대 초를 정점으로 성행했던 매매춘 형태이다. 전통형 성매매와는 달리 음성적으로 성매매를 하는 형태를 말하는데, 이는 두 가지로 구분할 수 있다. 하나는 단란주점, 유흥주점 등 식품접객업소, 호텔, 여관 등의 숙박업소, 사우나, 이발소 등의 위생접객업소, 또는 안마시술소 등에서 서비스를 매개로 업소 내에서 혹은 밖에 나가 성매매를 하는 경우이다. 두 번째 형태는 연결을 통해서 성매매를 하는 것으로, 다양한 매체를 통해 업무를 위한 광고를 내는 것처럼 하고, 그 광고를 보고 연락한 여성들을 성매매를 원하는 남성과 연결해 주는 것(변화순 · 황정임, 1998)으로 주로 직업상담소, 결혼상담소, 이벤트사 등을 통해 이루어진다. 여성정책연구원(2008) 자료에 의하면, 산업형 성매매를 겸업형 성매매로 분류하였는데, 이는 유흥업의 음주가무 등의 서비스가 주로 제공되는 여러 영업형태 중에서 성매매 가능성이나 성매매 알선 기능성이 존재하는 하는 업종을 말한다.

여기에 최근 급증하고 있는 각종 전화방, 화상방 등을 통한 성매매도 포함될 수 있다. 이는 남성과 여성이 직 · 간접적으로 독립된 공간에서 1 대 1 개별적인 접촉이 가능하기 때문에 성매매에 대한 의도성이 강하다고 볼 수 있다. 상대방을 선택할 수 있고 성매매에 대한 가격을 흥정하고 나면, 직접적인 성매매 행위는 다른 장소에서 만나서 이루어진다(변화순 외, 2002).

3) 사이버 성매매

인터넷 환경에서는 장소에 구애받지 않고 누구나 마음만 먹으면 쉽게 성매매를 접할 수 있다. 사이버 성매매는 pc통신, 폰팅 혹은 인터넷을 매개체로 급속하게 증가하고 있는데, 이는 인터넷을 통해 직접 상대를 찾아 성관계를 갖는 것을 말하는 것으로 일명 '원조교제' 라 알려져 있다. 이러한 사이버 성매매의 급증은 10대 소녀들을 대상으로 한 성매매를 조장할 수 있으며 심각한 사회적 문제로 부각된다. 청소녀들이 용돈을 벌기 위해 자발적으로 성매매를 하고 있다는 점에서 이에 대한 강력한 대책 마련이 요구되며, 앞으로 청소년 가출을 예방하는 것이 사이버 성매매 근절을 위한 가장 근본적인 대책이 될 것이다.

인터넷을 통한 청소년 성매매

중 · 고교 여학생 33.4% "채팅중 성매매 제의"

최근 잇따라 발생한 청소년 성매매 사건은 모두 인터넷 채팅과 관련돼 있고 성매매를 한 여성이 가출한 10대 청소년이라는 공통점이 있다.

지난 10일 경찰에 청소년의 성보호에 관한 법률 위반 혐의로 구속된 K(18) 군은 가출한 10대 소녀 A(17) 양과의 인터넷 채팅에서 A 양 등 일행 3명이 가출 뒤 생활비가 떨어져 금전적으로 궁핍하다는 점을 이용했다. K 군은 돈이 궁핍한 A 양 일행에게 인터넷 채팅 성매매를 통해 쉽게 큰 돈을 벌 수 있게 해주겠다고 속인 뒤 청주시 모 여관으로 이들을 유인했다.

최근 여성부가 실시한 인터넷 성매매에 대한 실태조사에 따르면 중 · 고등학교에 다니는 여학생 3명 가운데 1명은 '인터넷 채팅 도중 성매매 제의를 받아본 적이 있다' 고 응답한 것으로 나타났다. 조사에 응한 여학생 2012명 가운데 33.4%인 672명은 '실제 채팅을 통해 성매매 제의를 받아본 경험이 있다' 고 답했다. 특히 여학생 10명 중 2명은 '만남에 응해 성매매를 한 경험이 있다' 고 답해 충격을 줬다. 청주 상당경찰서 여성청소년계 한 담당자는 "청소년을 대상으로 하는 인터넷 채팅 성매매는 대부분 가출에서 비롯된다"며 "올바른 가정을 만들어 청소년 가출을 예방하는 것이 인터넷 채팅 성매매 근절을 위한 가장 근본적인 대책이 될 것"이라고 말했다.

자료: 충청투데이, 2008. 12. 17.

이외에도 자영형이라고 불리우는 직접 고객을 찾아가서 성매매를 하는 경우도 있다. 고객이 있는 장소를 찾아가서 직접 고객과 흥정을 하여 성매매를 하는데 호객행위를 하는 방법으로 장소는 다양하다. 산이나 공원에서 관광객이나 등산객 등을 상대로, 밤거리, 고속도로 등에서 운전수를 상대로 성매매가 이루어진다. 또한 최근에는 광고지를 배포하여 성매매를 하는 경우도 늘어나고 있는데, 이는 점차 포주 등을 끼고 하는 산업화 경향을 보이고 있다.

이상과 같이 성매매 형태는 다양화 · 다각화되어 왔다. 어느 한 시점에 유난히 성행하는 성매매 형태가 있기는 하지만, 그렇다고 그 전에 행해져 오던 성매매 형태가 완전히 없어지는 것은 아니며 새로운 성매매 형태가 늘어나고 있다(변화순 외, 1998). 그러나 성매매가 용인되는 장소가 어디든지, 대가성 유무를 불문하고, 성매매는 여성에 대한 명백한 폭력일 뿐이다.

따라서 이들의 탈성매매를 위한 다각도의 총체적이고 적극적인 개입이 요구된다. 또한 성매매유형이 다양화되고 증가하는 것은 성매매 구조의 열악한 상황에 놓이게 되는 여성 역시 많아지고 있음을 의미하는 것이므로, 무엇보다 성매매 여성들을 위한 탈성매매 개입을 반드시 진행되어야 할 것이다.

제2절 성매매 현황 및 발생원인

1 성매매 현황

어느 때나 성매매 여성의 현황은 신뢰성을 갖기 어렵다. 왜냐하면 특정지역에 밀집하여 성매매행위를 할 뿐만 아니라 개별적으로 때로는 주택가에서까지 성매매행위를 하는 등으로 그 양태가 매우 다양해지고 있기 때문이다.

보건복지부 자료(2000)에 의하면 1999년 말 성매매 밀집지역은 48개소이고, 여기에 5,567명의 성매매 여성이 있으며, 성병검진자 13만 명을 포함한 51만5천 명의 성매매 여성 및 우려여성이 있는 것으로 추정되고 있다. 이러한 추정치는 성매매의 심각성을 보여주고 있다(김태진, 2007 재인용). 실제 보건복지부 조사(2000)에 의하면 특정지역 내의 성매매 여성의 수는 꾸준히 감소되고 있는 것으로 나타났으나, 퇴폐향락업소를 매개로 한 다양하고도 새로운 성매매의 형태가 증가되고 있어서 현실적으로는 점점 증가하고 있다는 주장도 있다.

100명의 성매매 피해여성들에 대한 조사(김현선, 2002)에 의하면 성매매 피해여성들의 평균 성매매 유입연령이 18.9세로서 73%가 13세에서 19세 사이에 유입되었다. 성매매가 대부분 미성년 시기나 성년 초기부터 경험된다는 것을 의미한다. 이렇게 성매매의 위험이 미성년후기나 성년초기에 집중되어 있다는 것은, 심리적으로 가장 취약한 시기에 가장 많이 외상적 사건에 노출되어 있는 여성들의 현실을 반영한다. 그리고 성매매 피해여성들의 대부분이 사기광고나 인신매매에 의해 성매매에 유입되었고, 성매매업소 중 가장 많은 유형은 유흥주점(71%)과 티켓다방(62%), 사창가(59%)였다. 성매매 피해여성들에 대한 신체적 · 성적 폭력은 매우 심각하여 응답자들의 96%가 신체적인 위협이나 무기를 사용한 위협, 신체적 폭력, 강간의 피해를 경험하였다. 90%의 응답자들이 신체적 위협을 당했고, 49%가 방망이나 병, 칼 등의 무기로 위협을 당했다. 76%는 얻어맞고, 차이고, 몽둥이로 맞는 신체적인 폭행을 당했다. 특히 도망을 시도했다가 붙잡혔을 때, 감금되고 심하게 구타를 당했다고 진술했다(〈표 10-1〉).

〈표 10-1〉 성매매업소에서 일하는 동안 경험한 폭력

폭 력 유 형	합 계
신체적 위협	90%
무기를 사용한 위협	49%
신체적인 폭행	76%
강간	80%
5번 이상의 강간	55%
성구매자에 의한 강간	66%
성구매자가 아닌 사람에 의한 강간	69%
포르노그라피 비디오나 책에 있는 것을 하도록 시킴	60%
포르노그라피에 이용당함	22%
폭력의 경험(신체적 위협, 무기를 사용한 위협, 신체적 폭행, 강간)	96%

출처: 김현선(2002), 성매매 피해여성의 전국적인 실태에 관한 연구

또한 응답자들의 80%가 성매매업소에 유입된 후 강간을 당했고, 55%는 5회 이상의 강간을 당했으며, 66%의 응답자들은 성구매자에게 강간을 당했고, 69%는 성구매자 외의 포주나 소개업자, 감시인, 폭력배 등에 의해 강간을 당했다. 60%의 응답자들이 포르노비디오나 책에 나와 있는 것을 하도록 강요당하였으며, 22%의 응답자들은 포르노비디오나 책을 제작하는 데 이용당하였다. 이러한 결과는 성매매 피해여성들이 어떠한 동기로 성매매에 유입되었든지 간에 성매매의 과정에서 여성들은 심각한 폭력의 피해를 입고 있다는 것을 보여준다. 따라서 이 여성들은 보호하고 지원해야 할 대상이지, 결코 처벌할 대상은 아니라는 것을 입증한다.

성매매 피해여성들의 96%가 성매매에서 벗어나는 것을 원하고 있었고, 그러기 위해 포주로부터의 보호(87%) 및 안전한 장소(85%), 개인상담(84%), 건강보호(82%) 법률적 지원(76%) 등의 사회적 지원을 필요로 하고 있었다. 또한 90%의 성매매 피

해여성들이 공창제도에 반대한다고 응답하였는데, 이는 공창제도가 성매매의 인권 침해를 줄이는 효과적인 방안이 아님을 증명한다.

여성부(2008)가 성매매방지법 시행 4년(9. 23.)을 맞아 실시한 조사 결과를 살펴보면, '성매매가 사회적 범죄행위' 라는 주장에 공감하는 국민 지지도가 79.6%로 2005년 53.8%에 비해 25.8% 높아진 것으로 나타났다. 남성의 지지도는 75.0%로 2005년 48.2%보다 26.8% 증가한 반면, 여성은 73.5%에서 84.2%로 10.7% 증가했다. 또한 성매매방지법 시행이 우리 사회에 긍정적인 효과가 크다는 의견이 67.2%로 2005년(61.8%)보다 다소 높아졌다. 성매매 엄중처벌대상으로는 성매매 알선/제공 업주(62.8%)를 지적, 성구매자(23.3%)나 성판매자(13.9%)보다 압도적으로 많았다. 이는 법 시행 이후 성매매 악순환의 연결고리 역할을 해온 알선업자에 대한 처벌을 강화하고 있는 정부 정책방향과 국민 인식이 일맥 상통하고 있음을 알 수 있다. 다만, 여성의 경우는 성구매자에 대한 처벌강화(남성 18.2%, 여성 28.4%)에 대한 의견이 상대적으로 높은 반면, 남성은 알선/제공 업주에 대한 처벌 강화(남성 68.6%, 여성 57.0%)가 상대적으로 높게 나타났다. 성매매 방지를 위한 정부의 중점 대책으로 '단속 및 처벌 (37.7%)' > '올바른 성문화를 만들기 위한 사회 캠페인 (32.8%)' > '성매매 여성의 자활/자립지원(16.5%)' 등을 요구하고 있다.

이상에서 성매매 현황에 대하여 살펴보았다. 자료를 통하여 본 우리 사회의 성매매는 또 다른 형태의 인권침해이며, 사회적 범죄임을 알 수 있다. 성매매는 여성에 대한 심각한 폭력이기 때문에 결코 합법화될 수 없다. 따라서 성매매 피해여성을 위하여 다각적인 입장에서의 예방과 대책이 시행되어야 할 것이다.

2 성매매 발생원인

성매매는 여성을 성적 대상으로 보는 가부장제와 여성에게 열악한 노동시장의 구조적 문제, 빈곤과 같은 여러 문제가 결합되어 구조화된 여성억압의 총체적 문제이다. 이처럼 성매매의 발생원인은 다양하기 때문에 어느 한 가지만을 논할 수 없지만, 여기서는 가부장적 성문화, 개인적 원인, 성의 상품화를 통하여 살펴보고자 한다.

1) 가부장적 성문화

우리 사회에 뿌리박혀 있는 가부장적 성문화는 남성의 여성에 대한 성적 통제를 통해 나타나는데, 전통적으로 남성은 성적으로 강한 것이 중요하기 때문에 남자가 매매춘을 한다고 해서 사회적 혹은 도덕적으로 크게 문제 삼고 있지 않다. 가부장적 성문화는 남성의 성적 욕구를 해소하기 위해 여성을 성적 대상화하고, 매매춘을 자연스럽게 받아들이게 한다(변화순, 황정임, 1998). 즉 남성의 성본능을 충족시키기 위해 성매매를 '필요악' 으로 보거나 성폭력은 남성의 강한 성충동이 발동한 불상사로 치부한다. '성욕을 해소하는 방법이 없으면 성폭행이 늘어난다' 는 주장도 성본능론에서 유래된 것이다. 조사에 따르면 응답자의 46.8%가 성매매가 없어지면 강간이 증가할 것' 이라고 생각하는 것으로 나타났다(여성부, 2003). 따라서 가부장사회의 역사만큼이나 오랫동안 사회제도로 지속되어 온 성매매의 관습은 바로 남성으로 하여금 성본능을 강하게 표출하도록 조장해 온 것으로써, 주체적인 성문화를 추구할 가능성을 배제한다.

2) 개인적 원인

여성이 성매매 시장으로 유입되는 가장 일차적인 동기는 '돈을 벌기 위한' 목적 때문이다. 그러나 성매매 세계를 자세히 들여다보면 돈을 벌기는커녕 오히려 빚만 산더미처럼 지고 있는 여성들의 모습을 볼 수 있다. 업주들은 여성을 자발적으로 성매매 공간에 묶어두기 위해서 쉽게 목돈을 빌려주기 때문에 돈이 궁한 여성들은 그 유혹에 쉽게 빠지게 되고, 따라서 업주들은 여성들을 보다 용이하게 통제할 수 있게 된다(홍성우 외, 2001).

> 이혼하고 엄마와 아들과 동생과 살고 있었는데, 제 월급이 유일한 수입이었어요. IMF가 되면서 갑자기 직장을 잃었을 때 동생이 쓰러졌어요. 수술을 위해 목돈이 필요했는데, 가난한 이혼녀가 갑자기 돈을 빌릴 수 있는 곳은 어디에도 없었어요. 그래서 지역신문 광고를 보고 찾아갔어요. 술집이었는데 선불금으로 300만 원을 주었어요. 그 돈으로 동생은 수술을 받을 수 있었어요. … 어떻게 해서라도 빚을 갚고 가족들에게 갈 생각이었는데, 이 빚은 갚아도 갚아도 줄어들질 않아요. 이자 제하고, 방 값 제하고, 몸이 아파서 일을 못 하는 날엔 벌금을 내야 하고, 그러다 보면 월급은 거의 없고, 식구들 생활비 보내려면 업주에

게 또 돈을 꾸고. 정말 하라는 대로 다했는데, 언제 빚을 갚을 수 있을지 모르겠어요(새움터, 2001. 12에서 발췌).

또한 최근 원조교제를 하는 청소년 성매매의 동기도 대부분이 용돈을 벌기 위한 것으로 나타나고 있어서 개인적인 이유로는 경제적인 동기가 가장 강하다(김영화 외, 2004). 특히 10대 소녀들은 가출을 통해 숙식이 해결되고 자신이 사고 싶은 것들을 살 수 있는 고액의 돈을 벌게 된다는 생각에 잠시 하는 아르바이트 정도로 여기고 성매매를 시작하게 된다. 유입 초기에는 돈을 벌기 시작하면서 이들은 과소비적인 성향을 보이게 된다. 이로 인해 자신들이 버는 돈보다 더 많은 지출을 하게 되고 빚을 지게 되면서 성매매 구조에 빠져들게 된다.

사례: 내 오 만원은 어디 갔을까?

성매매 집결지 여성은 '숏타임' 성매매 1회에 평균 6만 원을 받는다. 하룻밤에 약 6명의 성구매자를 상대한다는 통계에 따라, 한 여성의 한 달 수입은 약 900만 원, 이 900만 원은 다 어디로 가는 걸까?

(성매매 여성 수입의 40% 지출내역)

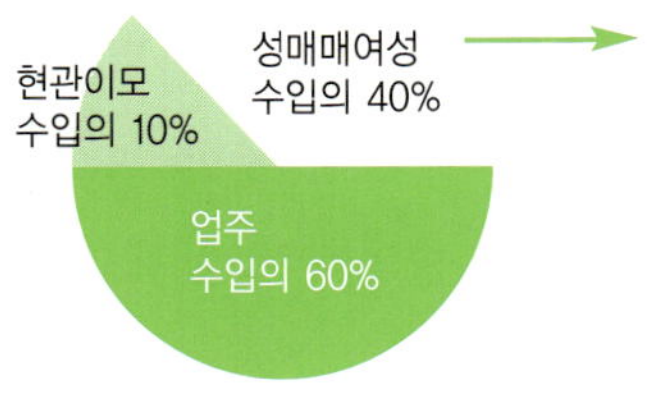

방세 100만 원, 결근비(1일) 30만 원, 지각비(1시간) 5만 원,
전기세, 물세, 공공화장지 등 보일러 기름값 20만 원,
청소이모 15만 원, 세탁소 삼촌 10만 원,
미용실 이모 달머리 15만 원, 홀복집디자이너 한 벌 15만 원,
슈퍼마켓 아저씨(맥주, 음료수, 칫솔, 양말, 목욕용품) 30만 원,
복국집 등 식당 사장님(손님해장용),
화장품 이모(영업용 30만 원, 화장을 위한 화장품) 20만 원,
휴대폰(손님판촉) 30만 원, 병원의사(검진비와 치료비),
약국약사(콘돔, 질정, 러브젤, 항생제 등) 10만 원,
택시비 10만 원(손님알선료)

이 여성은 40만 원의 순이익을 남긴다. 하지만, 1회 이상의 지각과 결근을 하게 된다면, 40만원은 온데간데없고 빚만 지게 된다.

출처: (사) 성매매피해여성 지원센터 '살림'

3) 성의 상품화

자본주의 사회에서 성은 하나의 상품으로서 일상생활에 침투하고 사람들의 성생활은 이러한 상품적 성격의 영향을 받는다. 성의 상품화는 인간의 성을 물상화하고 여성의 성을 대상화한다. 즉 여성의 성을 남성 성욕의 대상으로 취급해 온 가부장제의 전통이 성의 상품화현상에 의해 심화되기 때문이다. 각종 소비상품과 광고는 주로 여성의 성적 매력과 에로티시즘을 부각시키는 것에 초점을 맞추어 여성의 성과 육체를 소비하게 만든다. 또 소비사회는 여성의 성에 관한 교환과 유통을 다양한 형태와 방식으로 확대하고, 여성의 성을 상품화하는 각종 성산업이 발달하여 여성의 성매매를 급증시킨다(변화순 외, 1998). 따라서 정보산업의 성장과 함께 다양한 형태의 성매매가 급증하고 전화방, 휴게방, 화상 대화방, 비디오방, 게임방 등이 성매매를 알선 매개하는 보도방의 기능을 대체하기도 하며 이성 간의 만남을 주선하는 폰팅 서비스와 성인 사이트가 등장하면서, 익명성이 보장되는 음성적 성매매를 더욱 조장하는 결과를 초래한다(성매매방지기획단, 2004. 10.).

이처럼 성매매를 통해 남성들은 상품화된 여성의 몸에 쉽게 접근하는 경험을 갖게 된다. 자신의 쾌락과 이익을 위해 여성을 대상화하는 성매매의 경험은 인간을 대상화, 사물화하는 성폭력의 경험과 일치한다. 그러므로 성매매가 만연되어 있는 사회에서는 성폭력이 많을 수밖에 없다.

제3절 성매매에 대한 잘못된 통념

성매매에 대한 잘못된 인식에서 벗어나기 위해 성매매의 허구성을 짚어 보기로 한다. 성매매를 당연시하는 근거가 무엇인지 알아보기 위해 성매매에 대한 잘못된 통념을 살펴보고자 한다(동덕여자대학교 한국여성연구소, 2004).

1) 성매매는 여성들의 자발적 선택이다

성매매에서 여성의 자발성은 바로 사회구조적인 문제로 환원되기 때문이다. 즉 가난한 여성은 성매매 그물망에 보다 쉽게 걸려들 수 있다. 그러나 가난한 남성은 성매매의 늪으로 빠지지 않는데, 거기에는 남녀가 직면한 사회가 다르다는 구조적인 문제가 있다. 여성의 몸이 쉽게 팔릴 수 있는 상품이 되고 있는 엄연한 현실이 존재하고 있기 때문이다.

많은 성매매 여성이 개인적으로는 가정폭력, 가난, 강간 등으로 돌아갈 가족이 없거나 가출할 수밖에 없는 상황에서 유입된다. 자신이 감당해야 할 사회적 낙인이나 경제적 착취에 대한 정확한 정보를 찾지 못한 상태에서 성매매로 흘러 들어오는 것이다. 이런 점에서 여성들이 성매매를 자발적으로 선택했다는 논의는 한계가 있다. 또한 성매매 여성은 대안이 있다면 성매매에서 벗어나길 원한다. 그러나 한 번 성매매 현장에 유입되고 나면 포주에게 지게 되는 채무와 감시, 감금 등으로 인해 여간해서는 그 고리를 끊어 낼 수 없다는 것은 이미 주지의 사실이다. 비록, 성 산업으로의 유입이 생계, 기타의 목적으로 인한 자발적인 것이었다 하더라도, 성 산업의 이윤추구 메커니즘에 일단 끼게 되면 여성은 더 이상 '자발적' 상태로 존재하는 것이 아니며, 마치 슈퍼마켓의 상품과도 같이 성매매 알선업자의 이윤추구의 수단으로 존재하게 된다. 따라서 모든 가난한 여성이 성매매 여성이 되는 게 아니고, 일부만 성매매 현장으로 빠져 들어간다고 해서 그 일부 여성들이 '자발적'으로 성매매를 하고 있다고 말할 수는 없다.

2) 성은 매매될 수 있다

'성매매'라는 용어 자체는 성의 매매와 거래를 의미한다. 이러한 거래는 판매 가능한 상품으로서 성을 사고파는 것이 가능하다는 조건이 전제된다. 그렇다면 성은 매매될 수 있는 것인가? 결론부터 말하자면 성의 판매는 노동력의 판매와 동일한 연장선상에서 논의될 수 없다는 것이다. 성매매 행위는 성을 파는 성매매 피해 여성의 자기 몸에 대한 통제권 상실을 전제로 이루어진다. 남성 구매자는 화대를 지불하고 여성의 신체에 대한 직접적인 성적 사용과 모든 권리를 획득한다. 남성 구매자는 여성의 몸을 자신이 원하는 모든 욕망에 맞게 직접적으로 이용할 수 있다. 이렇게 남성 구매자와 매춘 여성 사이에 성립된 권력관계는 성매매 피해 여성을 자기 통제권과 인권침해까지 감수해야 하는 현실로 몰고 가게 된다. 직접적인 사례로 성매매 피해 여성은 콘돔 사용을 거부하는 남성 구매자로 인하여 성병이나 에이즈에 무방비 상태로 노출될 수밖에 없는 현실을 들 수 있다. 즉 남성 구매자가 여성의 몸에 임의대로 폭력을 가하고도 정당함을 인정받는 것은 바로 '화대 지불'이다. 이러한 화대 지불은 남성 구매자와 성매매 피해 여성과의 관계를 철저한 권력관계로 구조화하며, 이런 구조 안에서 성매매 피해 여성이 자신의 몸을 보호할 수 있는 가능성은 매우 희박하다고 보아야 한다.

죽어서도 상속된 선급금 "사람으로 태어난 내가 싫다"

성매매 여성이었던 이아무개(27)씨는 사채업자한테서 받은 선불금을 갚기 위해 2004년 오스트레일리아까지 가서 성매매를 해야 했다. 그 뒤에도 계속 빚 독촉에 시달리자, 이씨는 2006년 채권부존재 확인소송을 냈다.

"오스트레일리아로 가면 성접대는 절대 없을 거라고 했습니다. 오스트레일리아로 가는 비행기표 값과 선불금 2천만 원에 대한 공증을 법원 앞 변호사 사무실에서 하고, 11시간이 걸려 오스트레일리아에 도착했습니다. 그러나 오는 손님들마다 성접대를 요구하고… 저는 견딜 수 없어 보름 만에 다시 한국으로 돌아왔습니다. 우선 저는 2천만 원 중 800만 원을 다른 곳에서 빌려 갚았습니다만, 몇 달 뒤 나타난 사채업자는 저에게 2천만 원이 넘는 장부를 보여줬습니다. 그리고 일본에서는 성매매를 할 수 있기 때문에 더 많은 돈을 벌 수 있다며 압력을 넣기 시작했습니다."(2006년 이씨가 재판부에 낸 자료)

하지만 재판부는 2006년 10월 이씨에게 800만 원을 사채업자에게 주라는 조정 결정을 내렸다. 이씨는 지난 5월 초 전북 군산의 한 여관에서 목을 매 숨진 채 발견됐다. 이씨가 벗어나지 못했던 빚은 부모에게 상속됐고, 그때서야 부모는 딸이 성매매 여성이었다는 사실을 알았다. 부모가 확인한 이씨의 일기에는 그의 절망이 그대로 묻어 있었다. "2007년 5월 2일, 언젠가는 해 뜰 날 올 거라 믿으면서 지금까지 죽어라 일하면 뭐하냐구! 오지 않는다. 지친다 몸두 마음두 … 지난날을 되돌아본다. 정말 드럽다. 노력이라는 이 두 단어에 왜 이렇게 난 허무하기만 할까? 집에 가고 싶다. … 정말 사람으로 태어난 내가 정말 싫다. 누가 날 좀 도와 주세여…. 이번 한 번만여 … 제발 부탁입니다."

자료: 한겨레 , 2007. 9. 17

3) 성매매 합법화가 성매매 피해 여성의 인권을 보호할 수 있다

'성매매는 직업' 이라고 규정하며 공창제를 주장하는 사람들의 이유는 다양하다. 즉 '아내가 없거나 밀입국한 외국 노동자들 중 성욕을 못 참는 남자들 때문에 윤락가는 필요하다' 고 말하면서 사회적 필요악으로서의 공창지역의 필요성을 주장하기도 하고, 공창제의 제일 큰 목적을 '미성년자 윤락을 근절하고 성인 노예매춘을 없애 윤락녀들을 보호해주며, 공창이 아닌 지역에서는 모든 여대생, 주부, 학생들의 매춘을 확실하게 없애자는 것' 이라고 설명하기도 한다. 또한 일부에서는 공창제는 성매매를 직업으로 인정하게 함으로써 성매매 피해여성들의 인권을 보호할 수 있다고 주장한다. 이러한 주장은 규제형태로 성매매를 비범죄화하자는 것으로서 일부 유럽 국가의 체계를 받아들여 도시의 특정지역으로 성매매를 제한하는 구획화를 실시하고, 성매매 여성들의 호객행위를 처벌하는 대신 특정지역으로 제한하여 허용하자는 의견이다(Gruen & Panichas, 1997). 그러나 최근의 조사결과에 의하면 성매매피해 여성들은 오히려 공창제도에 반대하고 있는 것으로 나타나고 있다(김애란 외, 2001). 응답자들의 96.7%가 공창제를 반대하고 있었고, 성매매가 허용되는 지역에서 포주의 인권착취가 줄어들기는커녕 여성들은 더 심각한 성매매와 폭력, 착취에 시달릴 것이라고 했고, 국가가 직접 특정지역을 만들고 관리함으로써 성매매를 효과적으로 규제하겠다는 것은 믿을 수 없는 이야기라고 말했다. 성매매 피해여성들의 이러한 주장은 성매매는 직업이 아니며, 특정지역이라고 하더라도 허용되거나 직업화할 수 있는 사회현상이 아님을 제시한다.

위와 같이 성매매에 대한 잘못된 통념을 살펴보면서, 성매매 근절을 위해 우리가 무엇을 인식하고, 노력해야 할지 깨달음이 바로 문제 해결의 출발일 것이다.

제4절 성매매 여성을 위한 복지대책

성매매 피해여성들의 인권보호 및 자활 기능을 효과적으로 수행하기 위한 역량을 강화시키고 성매매 피해여성들이 안고 있는 복합적인 문제를 해결할 수 있는 다양한 서비스를 통합적으로 제공하는 시스템이 구축되어야 한다. 이를 위해 상담소와 쉼터 그룹홈 자활지원센터가 확대되어야 한다. 뿐만 아니라 현실적인 생계비 지원과 일자리 정책도 확대 강화되어야 한다. 성매매 여성들이 전업을 생각하면서도 가장 두려운 것은 사회적 낙인이다. 성매매 여성들을 성차별 구조와 성산업 구조에 의한 피해자로 인식하고 그녀들이 우리 사회에 자연스럽게 통합될 수 있도록 지원하는 인식전환이 시급하다.

따라서 다음에서는 성매매 여성의 근본적 대책인 '탈성매매' 에 초점을 맞추어 여성들이 성매매의 길로 빠져들게 하는 동기나 원인을 제거하는 제도적 노력이 요구되며, 나아가 새로운 여성이 성매매의 길로 진입하는 것을 막을 수 있는 예방적 조치도 함께 이루어져야 할 것이다. 성매매 여성을 위한 복지대책 수립의 전제조건과 탈성매매를 위한 대책에 대하여 살펴보고자 한다.

1) 성매매 여성을 위한 복지대책 수립의 전제

성매매 여성의 복지대책을 강구하기 위해서는 다음과 같은 전제를 염두에 두어야 함이 강조되고 있다(김태진, 2007).

첫째, 성매매 여성의 발생을 예방하기 위해서는 먼저 가출을 예방해야 하므로 가출의 원인에 입각하여 가출을 예방할 수 있는 사회적인 대책이 강구되어야 한다.

둘째, 성매매 여성의 단속, 상담, 선도보호에 있어서 그들을 일탈자로 다룰 것이 아니라 자립 · 자활이 가능한 생활환경의 부적응자로 보아 정확한 문제진단과 그에 따른 구체적인 목표설정이 이루어져야 한다. 이를 위해 성매매 피해상담소의 기능을 강화시켜 전문적이고 효과적인 상담이 이루어지도록 전문인력이 보강되고, 동시에 서비스 프로그램이 개발되어야 한다.

셋째, 성매매 여성의 현실에 비추어 볼 때 성매매 여성의 사회복귀가 어려운 과제임을 알 수 있다. 따라서 성매매 문제에 대한 대책은 성매매로 유입되는 경로를 차단하는 것이 급선무가 된다. 즉 가정 내에서의 불화나 성폭력 등 학대를 제거하고 모·부자가정, 여성세대주에 대한 경제적 지원을 통해 가출을 방지하는 가정복지정책이 수립되어야 할 것이다.

2) 탈성매매를 위한 사회복귀 대책

자발적이든 강제적이든 간에 일단 유해업소를 벗어나게 된 성매매 여성들을 위하여 탈성매매의 의지를 가질 수 있도록 다양한 사회복지 서비스를 지원해야 한다(조홍식 외, 2008).

(1) 일시보호 서비스

성매매 여성을 위하여 다양한 형태의 일시보호소 서비스를 제공하는데, 3일 정도의 긴급 위기보호시설, 15일~2개월 정도까지 실시되는 단기 일시보호시설, 6개월 정도까지 보호하는 중기 일시보호시설, 6개월 이상 장기적으로 실시하는 장기 일시보호시설 등 네 가지 유형의 시설을 각각 지역 문제와 사정에 따라 전국적으로 다양하게 설치하여야 할 것이다.

- 긴급 위기보호시설인 경우 일시보호 프로그램에서 숙식, 의복, 의료적인 처치 등의 제공은 기본적이다. 이외에 피보호자들이 처한 급박한 위기상황을 객관적으로 인식하여 향후의 생활설계를 하도록 지원한다.
- 단기 일시보호 시설인 경우 구조화된 프로그램에 따라 진행한다. 약물을 사용하는지, 자살 가능성이 있는지, 정서적으로 불안한 상태에 있는지 등 피보호자의 현재 상태를 전문적으로 사정, 진단하여 적합한 서비스를 제공한다.
- 중기 일시보호시설은 피보호자에 대해 상담을 강화하고 독립생활능력을 제고시키는 서비스를 제공함으로써 피보호자의 생활을 안정시키고 근본적으로 생애를 전환할 수 있도록 지원하는 것을 주목적으로 삼는다.
- 장기 일시보호시설은 사례에 따라 보호여성의 생애전환 동기가 강하고 프로그램에 적응을 잘 할 경우 중간의 집 프로그램을 연계하여 제공한다.

그러나 기본적으로 지역에서 자유롭게 생활하던 여성들이 이와 같은 일정한 규율과 목표와 최소한의 임금을 받는 직업에 적응한다는 것 자체가 어려워 중도 탈락하는 경우가 많다. 때문에 프로그램에 따라서는 중도포기자의 발생을 예방하기 위해 프로그램에 융통성을 두어 자의에 따라 잠시 퇴소하였다가 다시 재입소가 가능하도록 가퇴소 조치를 취하도록 한다.

(2) 사회적응훈련 프로그램

현재 성매매 여성을 위한 전문프로그램은 거의 전무한 상태이므로, 상담소의 일시보호기능을 활용하여 공동작업장 형태의 직업재활프로그램, 각종 심리·정서적 치료프로그램, 사회적응 및 사회기술훈련 증진 프로그램, 약물 및 마약치료 프로그램 등과 관련해서 관련기관들과의 연계, 협력을 통해 성매매 여성을 위한 시범 프로그램을 실시하여야 한다(변화순, 2002).

특히 성매매 여성들이 건강한 삶으로의 복귀를 위하여 실시하는 사회적응훈련 프로그램은 성매매 여성의 자립갱생과 같은 생애전환을 위한 프로그램으로 역량강화 방법을 활용하여 성매매 여성이 독립적으로 살아갈 수 있는 기술을 가르치고, 자원을 제공하며, 일상생활로의 복귀가 가능하도록 지원하는 것이다. 역량강화 방법은 문제에 빠진 자들에게 자신의 삶에 대한 집단적 통제력을 획득하는 방법을 알게 하는 것으로, 사회복지사들이 이들의 결여된 역량을 증대시키기 위해 추구하는 방법인데 자조(self-help)와 연계시킨다(NASW, 1995, 조흥식 외, 2008).

이러한 사회적응훈련 프로그램은 ① 고용의 안정을 위한 직업훈련, 직업보도 및 알선 ② 고등교육의 기회제공 ③ 가정관리기술 ④ 성병, 임신, 약물중독, AIDS 등을 포함한 개인 보건교육 ⑤ 부모 역할교육 등으로 구성된다.

성매매 여성의 자활 프로그램

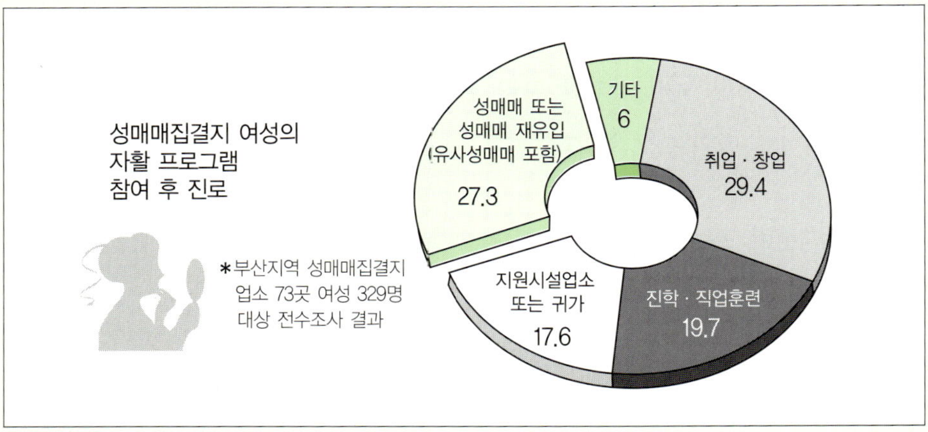

자활 프로그램 참여 성매매 여성 10명 중 7명 '굴레' 벗었다?

부산지역 329명 전수조사 결과, 성매매 집결지 여성이 자활 프로그램에 참여하면 10명 중 7명 가까이가 성매매의 굴레에서 벗어날 수 있는 것으로 나타났다. 1일 부산시청에서 열린 성매매방지정책 대안찾기 집담회에서 신라대 최희경 교수는 '집결지 성매매 여성 자활지원사업의 탈(脫)성매매 효과에 관한 실증적 연구' 결과를 발표했다.

최 교수는 "부산 성매매 업소 73곳의 여성 가운데 2004년 11월부터 지난해 12월까지 3년여간 자활지원 프로그램에 참여한 329명을 상대로 전수조사를 한 결과 자활 프로그램이 끝난 뒤 전체의 66.8%인 220명이 탈성매매에 성공했다"고 밝혔다.

또한 전체의 29.4%는 취업이나 창업을 했고, 19.7%는 진학 · 직업훈련 등 자활을 위한 준비에 나섰다. 17.6%는 성매매 여성을 위한 지원시설에 들어가거나 집으로 돌아갔다. 나머지는 계속 성매매를 하고 있거나 소재가 파악되지 않았다.

자활치료 프로그램에서 여성들이 받은 바람직한 지원형태를 복수로 물었을 때 '생계비 지원' 이 98.2%로 가장 높은 비율을 차지했다. 이어 의료비(87.9%), 직업훈련(67.1%), 심리치료(35.9%), 법률상담(21.8%) 등의 순이었다.

최 교수는 "생계비 및 의료비 지원은 필수적이고, 직업훈련 등 자활 프로그램에 참여한 기간이 길수록 탈성매매 가능성이 높다"며 "개인의 경험과 삶을 존중하는 맞춤형 지원을 할 때 성과가 커진다"고 말했다.

자료: 경향신문, 2008. 12. 1.

샌프란시스코의 탈성매매 프로젝트 SAGE

엔젤 카시디(Angel Cassidy)는 14살에 성매매를 시작했다. 모델 에이전시를 가지고 있다던 남자는 펌프(포주)였고, 폭력과 학대가 이어졌다. 지옥 같은 생활이었다. 고통을 잊기 위해, 그녀는 술과 마약에 중독되기 시작했다.
"나는 아무것도 느끼고 싶지 않았어요. 팔에는 온통 주사바늘 투성이었지요. 나는, 나를 증오했어요." 카시디는 재활 프로그램을 마친 후 대학에서 사회복지 학위를 받았다. 그녀는 세이지에서 현재 다른 여성들이 힘과 자신감을 가지고 폭력과 마약 중독에서 벗어날 수 있도록 상담활동을 하고 있다.

기적이 일어나는 공간 세이지(SAGE)

세이지를 찾는 여성들은 건강진료와 에이즈 · 성병 검사, 침술 치료, 마사지, 상담, 직업 훈련, 직업소개 등 다양한 서비스를 받는다. 성매매 현장에 있는 사람과 벗어나려 하는 사람 누구에게나 적합한 서비스가 제공된다. 그 중 가장 중요한 것은 동료 상담 프로그램(peer counseling program)이다. 그 곳에서 여성들은 자신과 똑같은 상황에 있었던 사람들을 만나 서로 이야기를 나누고, 그 곳에서 벗어날 수 있는 가능성을 찾게 된다.

성구매 남성 교육프로그램 존 스쿨(John School)

또한 세이지는 관할 검찰청과 경찰과 함께 '존 스쿨 John School' 이라는 이름으로 불리는 성매매 남성 초범자 프로그램(FOPP)을 운영한다. 샌프란시스코 검찰청 검사인 테렌스 할리난은 "성매매 문제의 근본 원인은 성을 사는 남성들"이라고 지적한다.
성을 구매하다 처음 적발된 남성들은 감옥에 가는 대신 벌금을 내고 교육과정을 이수할 단 한 번의 기회를 제공받게 된다. 그 벌금은 성매매 된 여성들의 치료와 재활사업에 쓰이게 된다. '존 스쿨' 의 교육을 받은 남성들의 재범률은 극히 낮아, 그 효과를 인정받고 있으며 전 세계적으로 확산되고 있다.

자료: 여성주의 저널 일다, 2009. 1. 10., '사회, 노동'

● 토론거리 ●

성매매를 해결하기 위해 공창제도가 대안이 될 수 있는지에 대해 토론해 보시오.

볼거리

성매매 특별법 시행 2년, 무엇이 달라졌나? EBS 똘레랑스, 2006. 11. 22.
성매매의 종말은 오는가? EBS 똘레랑스, 2004. 11. 23.

참고문헌 REFERENCES

김애란 · 김현선 · 정신묵(2001), 성매매방지특별법 제정을 위한 국제심포지엄 자료집, 새움터, p.80.
김영화 · 조희금(2004), 현대사회와 여성복지, 양서원.
김태진(2007), 현대사회의 여성복지론, 대구대학교.
김현선(2002), 성매매피해여성의 전국적인 실태에 관한 연구, 새움터.
동덕여자대학교 한국여성연구소(2004), 성과 사랑의 시대, 학지사.
변화순 · 황정임(1998), 산업형 매매춘에 관한 연구, 한국여성개발원.
변화순 외(2002), 탈성매매를 위한 사회복귀 지원 프로그램 연구, 여성부.
성매매방지기획단(2004), [성매매방지종합대책].
새움터(2001), 경기도 지역 성매매 실태조사 및 정책대안 연구.
여성부(2003), 외국여성 성매매 실태조사.
여성부(2008), 성문화 · 성의식 국민의식 조사(성매매방지법 시행 4주년).
원미혜(1999), 우리는 왜 성매매여성을 반대해야 하는가, 섹슈얼리티 강의, 동녘.
조홍식 외(2008), 여성복지학, 학지사.
한국여성정책연구원(2008), 성매매실태와 향후 정책방향 모색, 제48차 여성정책 포럼.
홍성우 · 이지혜(2001), 매춘여성에 대한 복지 정책, 이화여자대학교 사회과학대학 이화행정, 10호.
Gruen, L. & Panichas, G. E.(1997), *Sex morality and the law*, Routledge, p.110.

참고자료

경향신문, 2008. 12. 1.
성매매피해여성자원센터 홈페이지.
일다(여성주의 저널), '사회 · 노동', 2009. 1. 10.
충청투데이, 2008. 12. 17.
한겨레, 2007. 9. 17.

Chapter 11

이 혼

제1절 이혼의 의미와 실태

제2절 이혼의 증가 원인

제3절 이혼의 사유 및 사회적 통념

제4절 이혼 예방 및 대책

> 이혼은 현재 결혼 제도가 지니고 있는 문제와 모순이 노출되는 한 형태이지 특별한 개인의 결함이나 문제만에 의해 일어나는 개인적 사건이 아니다.
>
> - 김혜련의 「남자의 결혼, 여자의 이혼」 중에서 -

현대사회에서 이혼으로 인해 가족이 파괴되는 것은 아니며 새로운 형태로 재구성되는 것이라는 관점으로 바뀌고 있다. 따라서 이혼은 단순히 부정적인 측면만이 아닌 긍정적인 측면도 함께 고려해 봐야 할 것이다. 따라서 본 장에서는 최근 이혼의 의미와 이혼율의 증가 원인, 이혼에 따른 다양한 변화를 살펴보고, 이혼 전 · 후의 예방과 대책에 대하여 살펴보도록 한다.

제1절 이혼의 의미와 실태

1 이혼의 의미

이혼이란 법률상으로, 완전 유효하게 성립한 혼인을 당사자인 부와 처가 살아 있는 동안에 그 결합관계를 해소시킴으로써 혼인으로 인하여 발생했던 일체의 효과를 소멸시키는 것을 말한다(도미향 외, 2008).

현재 이혼을 무조건 부정적으로 보려는 의식이 약화되고 있으며, 상황에 따라 인정하려는 경향이 있다. 전통적으로 한국 사회에서 부부는 '백년해로' 해야 하는 것으로 여자는 어떠한 어려움이 있더라도 참고 사는 것이 미덕인 양 생각되었으나 최근 이혼에 대한 이러한 인식은 많이 달라지고 있다. 아직도 대다수의 사람들이 되도록 이혼을 해서는 안 되는 것으로 생각하고는 있지만 '불행한 상태에서는 결혼생활을 지속하기보다는 새로운 삶을 찾는 것이 낫다' 는 생각을 갖는 사람들이 점차 많아지고 있다.

따라서 이혼에 대한 의미는 결혼에 대한 해체가 아닌, '또 다른 선택'으로 보는 입장으로 바뀌고 있으며, 불행한 삶의 연장이 아니라, 행복한 삶을 살아나가기 위한 또 다른 변화의 계기가 될 수도 있다고 본다.

일반적으로 부부들은 완전히 이혼을 선택하기 전에 많은 고민과 반복되는 결정을 경험하게 된다. 따라서 이혼은 다음과 같은 여러 가지 복합적인 과정을 거치게 된다(김용미 외, 2004).

- 정서적 이혼: 법적 이혼이 있기 전에 부부는 정서적으로 이혼하는 단계를 거치는 것이 일반적이다. 정서적 이혼이란 이혼이 시작되는 단계로, 결혼생활에 대한 회의로 부부 사이에 심적 거리감이 생기기 시작하는 단계를 말한다. 구체적으로는 상대방으로부터 마음을 거두어들이기, 상대방과 무관하게 살아도 상처받지 않는 보호 장벽 만들기, '우리'로부터 '나'로의 점진적 이동, 잠자리를 같이 안 하기, 결혼관계 밖에서 보다 더 많은 시간을 지내기 등으로 나타난다. 정서적 분리의 양태는 개인에 따라 다르게 일어날 수 있으나, 정서적 이혼 단계에 들어간 부부들은 공통적으로 상대방의 강점보다는 약점, 단점, 실패에 치중하는 경향이 있다.
- 법적 이혼: 법정에서 이혼을 판정받아 이혼신고가 된 상태이다.
- 경제적 이혼: 부부가 결혼생활을 통해 갖게 된 재산을 나누는 단계를 말한다.
- 부모역할 이혼: 부모역할에 대해 합의를 보는 이혼단계이다. 법적 선고로 부부관계는 끝나지만 이혼하는 부부 사이에 자녀가 있으면 부모역할을 끝나지 않을 수 있다.
- 사회적 관계망의 이혼: 친구들, 배우자 가족들, 결혼을 통해 알게 된 동료들처럼 주위 사람들과의 관계를 청산하거나 재정비하는 단계이다.
- 심리적 이혼: 이혼이 완결되는 단계이다. 전 배우자를 마음속에서 완전히 잊어버리고 독자적인 새로운 인생을 구축해 가는 단계이다. 법적 이혼이 되었어도 심리적 이혼이 안 되는 경우가 있을 수 있으며, 그러한 경우는 이혼이 완결되었다고 말하기 어렵다.

2 이혼의 실태

도시화, 산업화, 핵가족화, 여성의 사회진출, 개인주의의 확산 등으로 인해 이혼이 빠르게 증가하고 있으며, 2007년 OECD 국가 중 미국 51%, 스웨덴 48%에 이어 한국의 이혼율은 47.4%로 세계 3위를 차지하고 있다(통계청, 2008).

인구 천 명당 이혼건수를 나타내는 조이혼율 〈표 11-1〉은 1980년 0.6건에서 2002년에는 3.0건, 2003년 3.5건으로 급등하였으며, 2007에는 2.5건으로 다소 낮아지는 추세를 보이고 있다(통계청, 2007).

〈표 11-1〉 한국의 조혼인율 및 조이혼율

단위: 건, %

연도	결혼수	이혼수	조혼인율	조이혼율	결혼에 대한 이혼율
1970	295,137	11,615	9.2	0.4	3.9
1975	283,226	16,453	8.0	0.5	5.8
1980	403,301	23,662	10.6	0.6	5.9
1985	376,847	38,838	9.2	1.0	10.3
1990	399,312	45,694	9.3	1.1	11.4
1995	398,484	68,279	8.7	1.5	17.1
2000	334,030	119,982	7.0	2.5	35.9
2001	320,063	135,014	6.7	2.8	42.2
2002	306,573	145,324	6.4	3.0	47.4
2003	304,932	167,096	6.3	3.5	54.8
2004	310,944	139,365	6.4	2.9	44.8
2005	316,375	128,468	6.5	2.6	40.6
2006	332,752	125,032	6.8	2.6	37.6
2007	345,592	124,590	7.0	2.5	36.1

출처: 통계청(2007), 인구동태통계연보

한편 이혼형태별로 살펴볼 때, 전체 이혼건수 중 협의이혼의 비율이 1996년 80.6%에서 2006년에는 86.7%로 지난 10년 동안 지속적인 증가 추세를 보이고 있다(통계청, 2007). 협의이혼이 차지하는 비율이 86%를 웃돌고 있으며, 이혼사유 중 '부부불화'가 61.8%로 압도적으로 높은 비중을 차지할 뿐만 아니라, 그 외에 사유가 불분명한 '기타'가 약 14.0%(통계청, 2007)라는 현실은 더 이상 배우자의 유책행위로 인해서가 아니라, 다양한 사유에 의해 이혼이 결정되고 있음을 시사하고 있다.

이혼가정의 평균 동거기간을 살펴볼 때, 2006년 동거기간이 10년 미만인 가정의 이혼율은 48.4%로 나타나, 결혼초기에 부부의 갈등을 극복하지 못하고 이혼하는 비율이 많다는 것을 알 수 있다. 또한 동거기간이 10~20년 미만인 가정의 이혼율은 32.5%, 20년 이상인 가정의 이혼율은 19.2%로 나타났다(통계청, 2007). 따라서 동거기간이 20년 미만인 가정의 비율이 약 80%라는 사실은 이혼가정에서 자라는 미성년 자녀의 수가 많다는 사실을 시사하고 있으며, 이는 이혼 시 자녀에 대한 복지를 어떻게 다루어야 할지를 생각해 볼 수 있는 상황이다.

연령별 이혼건수를 살펴보면, 남성 72.0%, 여성 72.1%가 30~40대로 나타났고, 평균 이혼연령은 남성이 43.2세, 여성이 39.5세로 10년 전(97년)보다는 남성 4.1세, 여성 4.2세가 높아졌다. 이는 초혼연령의 상승과 20년 이상 동거한 부부의 이혼 비중이 증가한데 기인한다고 볼 수 있다. 한국가정법률상담소의 상담통계(2007)를 보면, 40대의 이혼상담 비율도 2006년보다 크게 증가하였다(남성 29.5%→37.1%, 여성 32.0%→33.3%). 즉 혼인 초부터 갈등이 존재하였으나 이혼 후 자녀들의 진학 문제, 생활대책의 문제, 주변의 시선 등을 우려해 이혼 결정을 내리지 못하다 자녀들이 대학에 진학한 직후 비로소 이혼을 결심한 후 상담소를 찾아오는 경우가 많았다.

이혼사유(〈표 11-2〉)를 보면, 성격차이로 인하여 이혼한 부부가 46.8%로 가장 높게 나타났다. 한국가족학연구회의 공동조사(1993)에서 보면 순위에 관계 없이 지적한 이혼의 원인은 남성의 경우에는 성격적 문제, 부부상호 간의 불일치 등이며, 여성의 경우에는 성격적 문제, 이성관계 등으로 나타났다. 또한 옥선화 · 성미애(2004)의 10년 후의 연구에서도 이혼사유가 성격차이(53%), 애정상실(21.7%) 등의 순으로 나타나 대다수 부부 간의 성격차이가 이혼의 주된 요인임을 알 수 있다. 다음으로 나타난 이혼사유는 경제문제 13.6%로 나타났다. 2001년 17.6%를 차지하며 두 번째로 높은 이혼사유에 속했던 가족 불화는 점차 감소해 2007년에 8%로 낮아졌다. 대신에 IMF를 기점으로 급증한 경제문제가 이혼 사유로 많이 꼽힌다. 2001년 11.6%의 부부가 경제문제로 이혼했으며 2003년 16.4%를 차지하면서 정점을 찍었고 이후 개인 회생이나 경기 완화와 더불어 감소세를 보였지만 2007년 13.6%로 이혼 사유 두 번째를 차지하고 있다.

이상의 연구결과를 요약해 보면 대다수의 부부들은 협의 이혼을 선택하며, 결혼한 지 10년 안에 성격차이로 이혼함을 알 수 있다.

〈표 11-2〉 이혼사유별 이혼

단위: 천 건, %

연도	2001		2003		2005		2007	
항목	천건	구성비	천건	구성비	천건	구성비	천건	구성비
배우자 부정	11.8	8.7	12.3	7.4	9.7	7.6	9.7	7.8
정신, 육체적 학대	6.3	4.7	7.2	4.3	5.7	4.4	6.0	4.8
가족간 불화	23.8	17.6	21.7	13.0	12.2	9.5	10.0	8.0
경제 문제	15.6	11.6	27.4	16.4	19.1	14.9	17.0	13.6
성격 차이	58.1	43.0	75.7	45.3	63.2	49.2	58.4	46.8
건강상	1.0	0.7	1.0	0.6	0.8	0.6	0.9	0.7
기타	17.1	12.7	19.9	11.9	15.5	12.1	18.9	15.2
미상	1.3	1.0	1.9	1.1	2.2	1.7	3.8	3.1

출처: 통계청(2007), 인구동태통계연보

제2절 이혼의 증가 원인

하나의 원인만이 아닌 다양한 원인에 의해 이혼이 증가하고 있다. 다음에서 이혼이 증가하는 다양한 변화에 대하여 알아보고자 한다(유영주, 2008; 옥선화, 2006; 최선화, 2007; 김태현 외, 2007).

1 이혼에 대한 태도 변화

이혼 태도는 이혼에 관하여 개인이 지향한 가치관 및 신념 등을 의미하는 것으로 이혼에 대한 개인 행위 방향의 지침이라고 할 수 있으며, 이혼 태도의 변화에 따라 이혼의 증감을 예측할 수 있다. 남녀평등사상과 자유 및 개인주의적 가치관의 형성으로 최근에 이혼을 자신의 삶을 위한 선택으로 받아들이고 자신의 선택에 대한 책임을 지려는 형태로 달라졌을 뿐 아니라 이혼에 대해 긍정적 시각으로 이혼에 대한 태도가 많이 달라지면서 이혼 증가의 한 원인이 되었다. 예전에 비해 사회 전반적으로 이혼을 수용하는 태도가 증가하고 있다(한경혜 · 이정화, 2002).

2 결혼의 의미 변화

전통적으로 한국 사회에서는 부부로 한번 결혼관계를 맺으면 어떠한 어려움이 있더라도 참고 살아야 한다는 것을 당연하게 여겼다. 그러나 가족관계의 중심이 혈연관계에서 부부관계로 바뀜에 따라 부부 자신의 정서적 만족을 중요시하게 됨에 따라 결혼생활에서 기대했던 욕구 충족이 이루어지지 않을 경우 불행한 결혼생활을 지속시키는 것보다 '다른 대안으로서의 삶' 인 이혼도 가능하다고 여기게 되었다.

3 여성의 사회 · 경제적 지위 향상

여성의 교육수준이 높아지면서 사회경제적 지위가 향상되고 이에 따라 여성의 의식수준이 높아짐으로써 남성에 대한 종속, 굴레에서 벗어나 대등한 하나의 인격적 주체로서 지위를 요구하게 되었다. 실제 대다수의 여성들이 이혼을 하고 싶어도 경제적 자립이 가능하지 않아 이혼을 선택하지 못하였으나, 여성의 취업증가로 인해 경제적 자립이 가능해지면서, 이러한 능력은 이혼을 선택하는 데 많은 영향을 미치게 되었다.

4 자녀수의 감소 및 자녀관의 변화

자녀가 많아서 이혼에 커다란 부담이 되었던 과거와는 달리 출산율 감소로 인해 근래는 보통 1~2명으로 자녀수가 감소하면서, 자녀 때문에 자신을 희생하거나 삶을 구속당하는 사고는 점차 감소되고 있다. 이러한 자녀에 대한 태도의 변화로 인해 불행한 가정 속에서 자라는 것보다 이혼가정이라도 행복한 환경 속에서 자라는 것이 훨씬 긍정적이라고 생각하는 경향이 두드러지면서, 이혼을 선택하는 경향이 두드러지고 있다.

5 이혼의 법적 요인 변화

과거의 가족과 관련된 법은 개인의 행복보다 가족유지를 목적으로 이혼을 금지하려는 의도가 강력하게 작용했으며, 특히 가부장적 사회를 유지하기 위한 기본제도로 여성에게 불리하여 여성이 이혼을 제기할 수 없도록 하였다.

그러나 최근 우리나라 민법은 유책주의를 지향함과 더불어 이혼 시의 재산분할 청구권으로 여성의 가사노동 가치를 인정하고, 자녀의 면접교섭권 신설, 자녀양육권의 선택 및 조정을 가능케 하는 등, 그 동안 문제시되었던 이혼 관련 불평등 법 조항들이 많이 개정되어 과거보다 이혼을 쉽게 선택할 수 있는 제도가 마련되었다.

이상에서 살펴본 바와 같이 오늘날 많은 부부들은 더 이상 경제적 안정을 위하여, 자녀를 위하여, 사회적 태도를 위하여 정서적 타협을 하거나 불행한 결혼생활을 지속하려고 하지 않는다. 이러한 변화에서 보듯이 결혼이 하나의 사회적 제도로서 인정을 받고 있는 만큼 이혼도 사회적 제도로 간주되어야 한다고 주장한다(Goldenberg & Goldenberg, 1998; 이원숙, 2007 재인용).

제3절 이혼의 사유 및 사회적 통념

1 이혼의 사유

사회의 변화에 따라 이혼의 사유도 변화한다. 이혼 사유에 대해 민법에 규정된 협의 이혼과 재판에 의한 이혼으로 나누어 구체적으로 살펴보도록 한다.

1) 협의 이혼의 사유

협의 이혼은 당사자 간에 이혼할 것을 합의하여 부부가 함께 가정법원에 가서 판사로부터 이혼의사의 확인을 받아 신고하는 방법으로 호적법에 따라 이혼확인서를 제출함으로써 그 효력이 발생하는 이혼형태이다(민법 제834조, 제837조, 호적법 제79조). 협의 이혼의 경우에는 이혼 사유는 전혀 문제시되지 않고 부부가 서로 이혼에 합의하는 것으로 법원에서 이혼 의사 확인을 받아 신고를 하면 된다. 따라서 성격차이, 애정상실, 성적 불만, 건강 문제, 권태감 등 어떤 사유라 할지라도 부부 간에 이혼 의사가 있음을 합의하기만 하면 이혼이 가능하다.

그러나 현행법에서는 2008년 6월부터 협의 이혼이라 할지라도 상담을 받아야 하는 '이혼숙려제'를 도입하여 시행하고 있다.

알아두기: 이혼숙려제도 도입. 2008. 6. 23. 시행

2007년 12월 민법 개정(민법 제836조의2) 시 도입된 이혼 숙려기간 제도가 2008년 6월 23일부터 시행되었습니다. 현 가정법원에서는 이혼 숙려기간을 두어서 부부 간의 갈등뿐 아니라 자녀가 있는경우에 자녀들이 받는 상처도 생각하라는 의미로 이 기간을 두었습니다.

1. 미성년인 자녀(임신 중인 자를 포함)가 있는 경우에는 3개월,
2. 성년 도달 전 1개월에서 3개월 이내 사이의 미성년인 자녀가 있는 경우에는 성년이 된 날
3. 성년 도달 전 1개월 이내의 미성년인 자녀가 있는 경우에는 1개월
4. 자녀가 없거나 성년인 자녀만 있는 경우에는 1개월

단, 가정폭력 등 급박한 사정이 있어 위 기간의 단축 또는 면제가 필요한 사유가 있는 경우 이를 소명하여 사유서를 제출할 수 있습니다. 이 경우 특히 상담위원과의 상담을 통하여 사유서를 제출할 수 있습니다.

2) 재판상 이혼의 사유

재판상 이혼은 벌률이 정한 일정한 민법상의 이혼 사유가 있을 때에 한하여 법원으로부터 판결에 의해서 이혼이 가능하다. 해당사항은 다음과 같다(민법 제840조 명시).

1호: 배우자의 부정한 행위
2호: 배우자가 악의로 다른 일방을 유기한 때
3호: 배우자 또는 그 직계존속으로부터 심히 부당한 대우를 받았을 때
4호: 자기의 직계존속이 배우자로부터 심히 부당한 대우를 받았을 때
5호: 배우자의 생사가 3년 이상 불명인 때
6호: 기타 혼인을 계속하기 어려운 중대한 사유가 있을 때

이상의 재판이혼 사유 중에서 6호인 기타 혼인을 계속하기 어려운 중대한 사유로 이혼하는 비율이 점점 증가하고 있는 실정이다. 한국가정법률상담소(2007)가 2007년 한 해 동안 '동거 1년 미만 부부 상담 통계' 자료에 따르면 배우자와 동거한 지 1년이 되지 않아 상담소를 찾은 이들이 호소하는 혼인관계 해소 사유는 민법 제840조 6호에서 규정하는 성격 차이 등 '기타 혼인을 계속할 수 없는 중대한 사유'가 전체의 51.3%로 가장 높게 나타났다.

협의 이혼이든 재판 이혼이든 결과는 이혼이지만 그 이혼 과정에서 겪는 상황은 각각 다르다. 재판이혼의 경우 이혼 과정에서 협의 이혼보다 더 많은 상처를 갖게 되는 경우가 많고, 경우에 따라 자녀 역시 그 재판과정에서 자녀 양육에 대한 것이 법으로 야기될 수 있기에 더 많은 아픔을 겪게 되는 상황도 발생하게 된다.

2 이혼에 대한 사회적 통념

이혼에 대한 편견은 이혼자들이 이혼 이전에 자신이 갖고 있던 편견에 기초하여 스스로 세상이 자신을 비난할 것이라는 생각과 피해의식을 갖는 경향이 있으며, 이것은 실제적인 대인관계나 사회적 인식을 통해 더 명백해지는 경향이 있다. 따라서 이러한 이혼에 관한 사회적 통념을 살펴봄으로써(Hetherington & Kelly, 2002), 이혼자는 물론 사회적으로 잘못 인식하고 있는 이혼에 대해 생각해 보기로 한다(이원숙, 2007 재인용).

1) 이혼은 단지 승리와 실패라는 두 가지 결과만이 있을 뿐이다

이혼은 승자와 패자만을 생성하기에는 너무 복잡한 과정이다. 사람들은 여러 다른 방식으로 적응하며 이 적응패턴은 시간이 지남에 따라 변화한다.

2) 이혼 후에 아동은 항상 손해를 보게 된다

이는 대중적인 통념이며 부인하기 어려운 진실을 내포하기는 한다. 단기적으로, 이혼은 대체로 아동에게 고통스러운 경험이다. 그러나 장기적인 부정적 효과는 상당히 과장된 측면이 없지 않다. 물론 이혼하지 않은 가족보다 이혼한 가족에 심각한 사회적 · 정서적 · 심리적 문제를 가진 청소년이 많기는 하지만, 대다수 이혼가족 자녀들은 이혼하지 않은 가정의 아동들과 별반 다를 바 없다.

3) 이혼 후 삶의 경로는 고정되어 있고 변화하지 않는다

이혼은 회복 불가능한 것이 아니며, 이혼 후 특정 적응패턴에 고착되지도 않는다. 이혼으로 인한 부정적 경험은 생애 다른 시점에서의 긍정적 경험으로 상쇄될 수 있다.

4) 남성은 이혼의 승리자이다

미디어에서는 흔히 이혼한 남자가 젊고 예쁜, 소위 말해서 트로피 부인(trophy wives)에게 가는 것으로 조명되고 있다. 물론 사회에 따라 차이가 있겠으나, 현재 미국에서는 대체적으로 여성들이 남성을 떠나는 추세이며, 정서적으로도 이혼 후 여성이 남성보다 잘 적응한다. 즉 이혼 후의 여러 어려움에도 불구하고, 일반적으로 이혼 여성은 이혼 남성보다 정서적, 심리적으로 더 잘 적응하며, 자존감의 향상을 경험하는 경향이 높다고 한다(Baruch, Barnett, & River, 1983; Wallerstein, 1986; 김혜경 외, 2006 재인용).

5) 이혼 후 아버지의 부재 및 이에 수반된 빈곤은 아동에게 있어서 가장 커다란 어려움이다

양육모가 비교적 잘 적응하고 이혼 후 부모역할을 잘 수행한다면, 한부모가족은 아동에게, 특히 딸에게 장기적인 부정적 영향을 거의 미치지 않는 것으로 나타났다. 다시 말해서 양육모가 자녀에게 관심을 보이고 지지적이고 확고하다면 아버지의 부재와 빈곤에 의한 부정적 효과는 상쇄될 수 있을 것이다.

3 이혼에 따른 변화

1) 이혼당사자의 변화

이혼을 준비하거나, 결정하려는 부부들은 다양한 모습과 형태를 지니게 되는데, 코헨(Cohen)과 동료들(1999)은 이혼하려는 부부의 현재 관계의 특성에 중점을 두어 이혼부부의 유형을 제시하였다. 이 유형을 통해 실제 부부들에게 어떠한 변화가 일어나는지 살펴보고자 한다(이명신, 2007 재인용).

(1) 이혼 부부의 유형

① 이미 반쯤 헤어진 부부

부부 모두 이혼을 결정하고 결혼을 끝내는 데 합의한 부부로 사실상 이미 별거가 시작된 상태이다. 때로는 한 사람이 이미 떠났거나 아니면 감정적 별거가 이루어진 상태로 볼 수 있다. 배우자 간 감정적 유대감이 매우 약하고 자신을 부부로서가 아니라 분리된 개인으로 본다. 두 사람 모두 새로운 인생을 설계 중이다.

② 감정적으로 철회된, 서로 의사소통할 수 없는 부부

이 부부유형은 한 배우자는 이혼에 대해 보다 강력한 태도를 취하고 이를 제안하는 반면, 다른 배우자는 이에 따르는 상태에 있다. 어쩌면 다른 배우자는 느닷없이 이혼문제에 봉착하게 될 수 있다. 두 사람은 서로 관계맺기를 그만두어 버린 지 오래이며, 모두 상처받고 취약하다. 이들 부부는 삶의 조각들을 모으는 데 몰입하며 각자 자신의 내면으로 침잠한다.

③ 권력다툼에 사로잡힌 부부

이 유형의 부부는 서로에게서 물러나 있는 유형의 부부와 마찬가지로 서로를 의심하고 신뢰하지 못한다. 그러나 이들의 두려움은 상대방이 자신에게 감정적으로 상처를 줄까봐 두려워해서가 아니라, 만일 자신이 약점을 보이면 상대방이 자신을 착취 또는 이용할까봐 두려워하는 마음에서 나온다. 의사소통은 공격적이며 비난으로 가득하다. 이혼합의 과정에서 각자 극단적 입장을 취하며, 모든 세부사항에 대해서 전술적 싸움을 일삼는다.

④ 떠나는 자와 남겨진 자

이 유형은 한 사람은 이혼하기로 결심하였고 다른 사람은 거부당했다고 느끼며, 갈등이 고조에 달하는 대가를 치르더라도 온 힘을 다하여 이를 막고자 한다. 부부 중 떠나는 한 사람은 이혼서류를 접수하였을지도 모른다. 이런 부부의 의사소통은 한쪽으로 기우는 경향이 있다. 남겨진 배우자는 모든 주제에 대해 가능한 방식으로 의사사통을 시도하려 하지만 떠나는 배우자는 마음의 변화나 주저함으로 해석될 수 있는 어떠한 접촉도 피하려고 한다.

⑤ 전투 중인 부부

부부 모두 이제 남은 해결책은 이혼이라는 것을 속으로 인정하면서도 혼자 남는 것이 두려워서 또는 위자료나 보다 나은 재산분할 등의 전략적 이유에서 나오는 무의식적인 양가감정 때문에 이혼하자는 말을 입 밖으로 내지 않는다. 이 유형은 서로에 대해 매우 화가 나 있고 아주 구체적이고 사소한 일에 대해서도 서로 의사소통을 할 수 없다. 서로 비난하며, 언어적 학대가 주를 이룬다.

⑥ 서로 엉켜 있는 부부

자신들의 결혼생활이 이미 수습하기 곤란할 정도로 파괴되어 있다고 느끼며 헤어져야 한다는 것을 인식하면서도 서로 너무 감정적으로 엉켜 있어서 그렇게 할 수가 없다. 부부 모두 자신이 지닌 개인적 문제에 대해서는 알지 못하며, 악화되는 상황에 대한 비난을 상대방에게 투사한다. 두 사람은 아주 중립적이고 실제적 문제에 대해서도 의사사통을 할 수 없으며, 논쟁은 구분이 어려울 정도로 서로 엉켜 있어서 혼란에 빠지게 된다.

⑦ 폭력적인 부부

이 부부들은 여러 해 동안 함께 불행했다. 이혼절차는 한 배우자가 경계선을 넘었을 때(즉, 배우자의 부정, 신체적 폭력, 무관심, 다른 사람이 더 이상 견딜 수 없는 어떤 일이 발생했을 때) 비로소 시작된다. 각자는 깊이 상처받았으며, 자신의 체면을 세우기 위해 상대방에게 상처 줄 수 있는 가능한 모든 방법을 동원한다. 만일 의사소통이 존재한다면, 서로에 대한 비난과 모욕이 계속되며 통제력을 완전히 잃을 때까지 고함지르고 모욕하는 일이 지속된다. 말이 충분하지 않을 때 부부들은 신체적 폭력으로 치닫는 악순환에 사로잡힌다.

코헨과 동료들(1999)은 자신들이 제안한 이혼부부의 7가지 유형은 일반적인 모델이라고 보았으며, 이혼갈등에 내포된 복잡성을 고려할 때 이 중 한 유형에만 속하는 부부는 드물며, 아마도 모든 유형에 속하는 경우도 있을 것이라고 보았다(이명신, 2007 재인용).

(2) 부부의 정서적 변화

일단 부부로서 맺어진 관계를 해소시킬 때는 인생에 대한 절망과 방황을 느끼지 않을 수 없다. 이혼 직후 부부들은 자기연민, 복수심, 우울, 상처받은 자존심, 분노, 죄의식, 외로움, 두려움, 안도, 심리적 안정감의 상실 등 부정적 감정에 휘말린다(Cox, 1999, 김용미 외, 2002 재인용). 특히 이혼 후 1~2년 동안 대체적으로 정서적인 어려움이 따르는데, 이혼자들은 우울하고, 불안하며, 분노하고 흔히 정서적으로 불안정하다. 이혼 초기에 이혼여성들의 지배적인 감정은 분노와 상실감이다. 분노는 결혼생활을 유지하기 위해 참고 지냈다는 사실과 자신에 대한 분노, 그리고 이혼으로 인해 상실된 현실적 조건에 대한 것이다. 상실감은 자신을 보호하고 위안해 줄 대상이 사라졌다는 것, 사랑하는 사람이 없어졌다는 것, 일상의 기쁨과 슬픔을 공유할 대상을 잃었다는 것 등으로부터 연유하는 감정이다. 그리고 전 배우자에 대한 애착을 떨쳐 버리지 못한 여성들도 있는데, 이혼 후 자녀와 떨어져 사는 여성들은 자녀에 대한 죄의식을 경험하는 것으로 나타났다. 또한 이혼 후 시간이 경과되면서 이혼 여성들은 외로움을 경험한다(성정현, 1998).

반면 남성들의 경우, 자녀양육이나 가사로 인한 어려움과 불편이 정서적으로나 심리적인 불안정을 일으키는 요인이 되며, 시간이 지남에 따라 고질적인 영향을 미치는 경향이 크다(Williams, 1993, 변화순, 1996 재인용). 또한 자신의 개인적 일상사나 감정을 표현하고 정서적 관계를 맺는 데 익숙하지 못한 남성들은, 이혼 후 가정생활을 누리던 정서적 관계망이 상실되면서, 여성들보다 더 크고 오랫동안 내면적인 상실감을 경험하고 그 고통도 더 심각할 수 있다(류현수 외, 2007).

2) 자녀양육의 변화

이혼의 결과로 가장 치명적인 상처를 입는 것은 자녀일 것이다. 이혼을 하지 않는 이유 중에서 '자녀 때문에' 참는 경우가 일반적으로 나타나는 경우이지만 실제 이혼이 이루어질 때는 자녀의 존재와 상관없이 이루어지고 있는 실정이다.

이혼 이후 부모들의 자녀양육방식이 변화되고 관계가 나빠지는 것은 대부분 양육자가 이혼 이후 새로 담당하게 된 한부모로서의 역할에 적응하는 데 따른 어려움, 경제적 압력, 가사 이외의 경제적 활동에 대한 부담, 자녀양육 및 의사소통과 훈육의 문제 그리고 이혼에 대한 사회적 편견으로 인한 스트레스, 전 배우자에 대한 갈등 등을 해결하지 못하고 그것을 자녀에게 분노로 대처하기 때문이다(Fine et al., 1983).

대부분의 자녀에게 있어 부모의 이혼은 시간 경과에 따라 다르게 영향을 미치는데 처음 반응으로는 공포, 슬픔, 상실감, 이혼에 대한 거부감, 부모에 대한 분노, 원망, 무력감, 강한 외로움, 자신 때문에 부모가 이혼하게 되었다는 강한 죄책감 등이다. 이러한 반응은 자녀의 발달 단계에 따라 다르게 나타나는데, 즉 부모의 이혼이 임박할 때쯤엔 부모가 자신을 버릴지도 모른다는 생각에 극심함 불안이나 우울증, 자포자기, 비행 등에 빠지기 쉽고, 그 이후에는 심리적 고통으로 파괴적 성격을 보이기도 하며 좌절감, 상실감에서 벗어나지 못하다가 10년이 지나면서 점차 기억이 흐려지면서 충격이 완화되어 안정을 찾기 시작한다(Wallerstein, 1984, 정현숙 외, 2001 재인용).

이처럼 이혼으로 인해 자녀에게 상처를 남기거나, 자녀를 이혼의 최대 피해자로 볼 수도 있지만, 지나치게 자녀를 피해자로 보는 시선이 아이들을 위축시킬 수 있기에, 이혼을 바라보는 우리들의 인식과 태도에 변화가 있어야 할 것이다.

"부모님 이혼해서 불행하지?" "아니요!"

이혼가정 자녀들이 "우리는 불쌍하지 않다"고 외치기 시작했다. '이혼 가정의 자녀는 불행하며 따라서 뭔가 문제가 있을 것' 이라는 고정관념에 이의를 제기한 것이다. 한국여성의전화연합은 이런 편견을 허물고자 지난 16일 '이혼, 자녀는 이렇게 생각한다' 를 주제로 토론회를 열었다.

"이혼을 대하는 주변의 반응 때문에 상처 입었던 것들이 커요. 교무실에서 '너네 어머니 이혼하셨구나' 같은 말을 듣거나, 친척들이 볼 때마다 '저런 불쌍한 아이', '애엄마 때문에 애만 불쌍하다' 등의 말들은 내가 당연히 절망해야 한다고 생각하게 만들었어요. 그런 걸 보면 이혼가정 자녀들이 부정적인 모습을 나타내기만을 사회가 기대하는 건 아닌가라는 생각이 들 정도예요." (여 · 29살, 초등학교 때 부모 이혼)

"이혼 뒤에 우리 가정은 더욱 행복해졌습니다. 이혼 전 어머니는 술에 취해 때리는 아버지를 피해 도망쳤다가 우리들 때문에 다시 들어오고 하는 일을 반복했습니다. 주변에선 이혼가정 아이들은 방황하느라 대학도 못 가고, 전과자처럼 취직도 어렵다고들 하면서 자식을 생각해서 참고 살라고 했지요. 하지만 과연 그런 가정에서 우리가 행복했을까요?" (남 · 31살, 19살 때 부모 이혼)

이런 흐름은 지난해 6~8월 한국여성정책연구원에서 이혼부모 387명을 대상으로 실시한 '이혼 후 자녀양육실태조사' 결과에서도 뒷받침된다. 이 조사에서 이혼가정 자녀의 '생활태도가 나아졌다', '친구와의 관계가 나아졌다' 는 응답이 각각 69.8%와 75.6%로 나타났다. 이혼 후 부모와 자녀 사이 관계가 오히려 좋아졌다는 응답도 80.6%였다.

자료: 한겨레신문, 2007. 11. 21.

3) 경제적 변화

이혼한 사람이 가장 직접적으로 당면한 문제는 경제적 문제라고 할 수 있을 만큼 이혼자에게 경제적인 어려움은 자녀양육과도 직결되어 있다.

일반적으로 이혼으로 인한 경제적 어려움이 남녀 간 차이를 보이는데, 여성의 경우 주거 및 생계의 어려움이 가장 심각한 문제로 대두된다. 일부 이혼여성들은 경제적 형편의 악화 내지 빈곤계층으로 전락할 가능성이 높아진다(Arendell, 1987, 한국가족학연구회, 1993 재인용). 한국여성민우회(1997)에서 실시한 설문자료 '한부모가족의 양육비실태조사' 중 이혼한 여성 한부모 총 207명 가운데 '받지 않기로 했다' 와 '합의되지 않았다' 가 각각 22.2%(46명)와 44.5%(92명)로서 총 66.6%가 양육비를 받지 않고 이혼하였다. 이것은 이혼한 여성이 빈곤하게 되는 원인의 하나로 작용하며, 특히 전업주부가 이혼 이후 경제적 어려움에 더 직면할 수 있다. 상황에 따라 자녀를 보살피고 가사일만 하던 여성이 새로 직장에 나가게 되면서, 대부분 저임금 및 미숙련된 일에 종사해야 하는 등 취업기회의 제한으로 경제적 여건이 훨씬 어렵게 된다(Collins & Coltrane, 1991). 반면에 남성의 경우에는 사업상의 어려움 또는 이혼 시 재산분할로 인한 재산 감소의 문제, 불규칙한 생활로 인해 수반되는 지출 과다로 경제적 어려움을 느끼게 된다. 따라서 이혼 남성들이 이혼 후 겪는 경제적 어려움은 절대적 빈곤보다는 경제수준이 과거보다 떨어졌다는 상대적 빈곤감을 의미한다(정현숙 외, 2001).

이상에서 본 바와 같이, 경제적 어려움은 남성보다는 여성에게 훨씬 심각한 생존의 문제라고 할 수 있다.

4) 사회적 관계의 변화

사회적 관계망은 이혼 후 급격하게 변화한다. 이혼여성은 친구, 이웃으로부터 심리적으로 위안을 받으며, 친정 형제들은 고민을 함께 나누거나 생활비 혹은 자녀양육에 커다란 도움을 주고 있다. 반면 남성들은 친구들의 도움은 위로에 지나지 않는다는 판단으로 쉽사리 고민을 이야기하려 들지 않고, 자신과의 싸움에서 이겨 내야 한다고 믿는 경향이 있다(변화순, 1996). 한편 이혼여성들은 어떤 형태든 대인관계의 변화를 경험한다고 한다. 남편과 시집으로 인해 확대되었던 가족관계는 축소되고 부모와 자식 혹은 혼자 있는 시간이 많기 때문에 관계가 단선적인 형태로 변화된 반면, 가족 이외의 대인관계는 이혼 후 직업을 갖게 되는 경우 확대되고 새롭게 형성되는 경향이 있다. 그러나 대다수 이혼여성들은 이혼으로 인해 주류에서 비주류에 속하게 되었다고 인식을 하고, 이런 인식은 대인관계를 위축시키거나 이혼 사실을 선별적으로 알림으로써 상황에 적응하고자 하는 양상을 보인다(성정현, 1998). 또한 이혼 후 많은 이혼 남녀가 거주지를 이동하는데 경제적 빈곤, 사회의 편견으로 인해 이사를 하는 경우(옥선화 외, 2004)도 있는데, 이사 후 사회적 관계를 맺는 이웃으로부터 편견을 경험하기도 한다.

제4절 이혼 예방 및 대책

이혼 자체를 단순히 낙인화시키기보다는 '삶의 또 다른 선택이나 대안'으로 보기 위해서는 이혼 전·후의 예방과 지원이 절실히 필요할 것이다. 따라서 하나의 예방 차원에서 결혼 전 교육이나 부부강화 프로그램을 통하여 건강한 부부관계를 유지할 수 있도록 지원을 해야 하고, 만약 이혼을 선택하였다면 이혼 후 적응과 대책에 대해서도 논의가 필요할 것이다.

1 이혼 전 예방 프로그램

1) 결혼 전 적응 프로그램

결혼 초기의 부부이혼은 결혼에 대한 충분한 준비와 인식이 부족한 상태에서 결혼을 서둘렀다가 이혼으로 이어지는 경향이 있으므로, 문제가 발생한 다음에 해결하는 것보다는 사전에 문제를 예방하는 것이 비용도 적게 들고 큰 효과를 볼 수 있을 것이다.

따라서 이혼을 예방하기 위해서는 결혼 전부터 가정의 건강성을 유지하고 지원하는 교육 프로그램이 필요하다. 예를 들어 성역할과 이성 교제, 배우자 선택과 결혼, 혼인 적령기 성인과 결혼 예비부부를 대상으로 결혼준비교육 프로그램과 같은 가족생활 프로그램을 통하여 급변하는 사회에 알맞은 결혼관과 새로운 부부의 역할 및 윤리관 등 결혼 전 교육이 필요하다 하겠다(김혜경 외, 2006).

현재 두란노 예비부부학교에서 실시하는 결혼예비교육을 통하여 실제로 결혼생활을 지탱해주는 힘이 되고 있는지를 알아보기 위해 2000년부터 2006년까지 결혼한 결혼 예비학교 수료자 979쌍을 추적하여, 그들의 이혼율과 통계청에서 발표한 대한민국 이혼율 통계를 비교, 분석해 보았다. 그 결과 결혼에 대해 미리 공부를 해둔 부부는 그렇지 않은 부부보다 무려 7배나 이혼을 적게 하는 것으로 나타났다(MBC 스페셜, 2007. 6. 16). 이를 통하여 결혼 전 준비교육이 실제 결혼생활에 많은 도움이 되고, 이혼을 예방하는 데 효과적임을 알 수 있다.

특히 미국 플로리다 주의 수도인 탈라하쉬 시에서는 결혼 전 커플들을 대상으로 한 결혼예비교육이 실시되고 있다. 플로리다 주립대학과 교회의 협력을 받아 고교과정에서부터 시작되는 이 교육은 최근 7년 동안 이 지역의 이혼율을 무려 25%나 감소시켰다. 플로리다정부는 결혼 교육 활성화를 위해 이 교육을 받은 커플에게 결혼등록비 중 1/3을 감면해주고 있다. 결혼예비교육은 최근 7년 동안 그 지역의 이혼율을 무려 25%나 감소시켰다고 하는데, 흥미로운 점은 결혼예비교육을 받는 도중 약 10%가 파혼에 이른다고 한다(MBC 스페셜, 2007. 6. 16.). 결혼한 다음에 자녀를 낳고 나서 결혼생활을 하다가 이혼하는 것보다는 결혼 전에 서로 맞지 않는 부분을 파악하여 헤어지는 것이 오히려 다행스러운 일이라고 할 수 있다.

이처럼 미국과 독일 등 선진국에서는 이미 고교과정부터 결혼예비교육을 의무화시키고 있다. 결혼 초기의 이혼을 예방하고 부부의 갈등과 불화를 줄이며 서로 만족스러운 결혼생활을 유지하도록 하기 위해서는 결혼의 현실에 대한 노하우가 없는 예비부부들에게 결혼준비교육, 부부관계교육, 부모됨교육과 같은 가족생활교육이 절실하게 필요하다.

2) 부부관계회복 프로그램

이혼을 예방하기 위해서는 근본적으로 부부관계나 가족생활을 원만하게 유지하고 있는 부부를 대상으로 부부관계의 질적 향상을 위한 프로그램을 실시해야 한다. 즉 결혼생활의 불만요인을 약화시키고 나아가 부부관계를 더욱 강화시키고 향상시킬 수 있는 부부 간의 효율적 의사소통 방법, 갈등 해결 방법 등 다양한 내용을 포함한 프로그램의 실시가 요구된다(김혜경 외, 2006).

또한 갈등이나 위기 상태로 문제가 있는 부부를 대상으로 위기의 원인이나 상태에 따라 이혼 예방과 이혼 위기극복을 위한 부부상담, 가족상담 및 치료 등이 실시되어야 한다. 즉 부부가 이혼을 실행에 옮기기 전에 이혼에 대해 다시 한 번 고려하거나 부부관계 회복을 위해 노력해 보고자 하는 의향이 있다고 판단되면, 부부관계 회복을 위한 상담을 제공하는 것이 바람직하다.

다음의 이혼위기 체크리스트를 통하여 어느 정도 부부관계가 악화되었는지 점검할 수 있다. 이러한 점검을 통하여 실제 서로의 입장에서 이해하는 것을 배우고 노력하는 것이 중요하다.

점검하기 : 이혼위기 체크리스트

1. 결혼생활을 하면서 행복감을 느끼고 있지 않다.
2. 배우자와 함께 있는 것보다 혼자 있는 것이 훨씬 편하다.
3. 말하거나 간섭하고 싶은 마음이 없다.
4. 이해받거나 사랑받는다는 느낌이 없다.
5. 나의 성격을 비난하고 공격하는 것이 괴롭다.
6. 자기 식대로만 끌고 가는 것을 참기 어렵다.
7. 우리 부모에게 하는 행동을 마음속으로는 용납할 수 없다.
8. 배우자는 자기 문제를 모르거나 안다 해도 고치지 않거나 결국은 고칠 수 없을 것이다.
9. 나처럼 억울한 대접을 받고 사는 사람도 드물 것이다.
10. 아이들 때문에 할 수 없이 참고 산다.
11. 성관계를 할 때 존경받거나 사랑받는 느낌이 없다.
12. 자기와 관련된 가치에 비해 나와 관련된 가치를 너무 무시하는 느낌이 든다.

* 체크하는 개수가 3~4개이면 이혼가능한 상태
5개 이상이면 이혼위험에 직면한 상태

출처: 김병후(2003), 우리부부 정말 괜찮을까?

2 이혼 후 적응을 위한 방안

1) 부부를 위한 방안

이혼 후의 적응에 필요한 시간이나 에너지는 개인마다 차이가 있지만, 이 기간 동안 이혼한 부부들은 어떻게 시작을 하고, 어떻게 적응을 해야 할까?

중요한 것은 자신에 대해 알 수 있는 시간을 가져야 하며, 스스로 무엇을 좋아하고, 무엇을 싫어하는지, 무엇이 자신에게 평화를 가져다 주는지, 기쁨을 주는 것은 무엇인지, 자신 스스로가 어떤 사람인지, 다른 사람의 경험에서 멀어져서 자기 스스로 경험하기를 시작해야 한다(성정현, 2001).

다음에서는 이혼자들에게 이혼의 어려움을 딛고 일어날 수 있는 보호요인이 무엇인지 알아봄으로써 이혼자들이 가지고 있는 자신들의 자원을 스스로 점검해 보고자 한다(Hetherington & Kelly, 2002, 이원숙, 2007 재인용).

(1) 사회적 성숙

사회적 성숙은 이혼 후 커다란 자산이 된다. 성숙은 미래에 대한 계획성, 자기 통제력, 문제 대처에 있어서의 융통성과 적응력 그리고 사회적 책임성을 의미한다.

① 계획성

많은 이혼자들이 보다 나은 삶을 위한 구체적 단계를 밟아야 함을 알고 있지만 소수만이 이를 실천에 옮긴다.

② 자기 통제

이혼 첫해에는 스트레스와 불안, 우울 그리고 분노가 보편적이지만, 일부 이혼자들은 이를 통제하는 방식을 발견한다. 이들은 이런 정서가 판단을 흐리지 않게, 부모역할에 영향을 주지 않게 그리고 충동적이거나 자기패배적 방식으로 행동하지 않도록 한다.

③ 적응성

경직성은 결혼생활을 파괴하는 만큼 이혼 후 적응에도 부정적 영향을 미친다. 성숙한 개인은 적응성과 융통성을 가지며, 이들은 해결 가능한 문제를 해결 불가능한 문제로 만드는 실수를 하지 않는다.

④ 사회적 책임성

다른 사람들의 욕구에 민감하고 반응적이며 다른 사람을 도울 수 있는 능력은 다음과 같은 측면에서 결혼의 실패를 극복하는 데 기여한다. 첫째, 사회적 책임감의 본질이라고 할 수 있는 친구, 동료들에게 많은 것을 베푸는 사람들은 그들 자신이 도움을 필요로 할 때 많은 것을 돌려받을 수 있다. 둘째, 이혼 후 감정적인 어려움을 겪는 사람들은 동료나 친구의 문제를 돕는 과정에서 그들 자신에 대해 긍정적으로 느끼기 시작한다.

(2) 자율성

이혼 후 스트레스로부터 그 어느 것도 완전한 보호를 제공해 줄 수 없지만, 자율적인 사람들, 다시 말해서 혼자 있는 것과 혼자 결정 내리는 것에 익숙한 사람들은 이혼 후 '홀로 됨(singleness)' 에 적응하기 쉽다.

(3) 내적 통제성

내적 통제성 혹은 자기 효율성을 가진 사람들은 스스로의 노력으로 문제를 해결할 수 있다는 신념을 가지고 있으며, 이는 흔히 이혼 후 행동지향적이 되도록 돕는다. 이들은 공부를 다시 시작하거나, 사업을 새로 시작하거나, 아동보호기관을 찾거나, 사회적 망을 구축하는 등 문제해결을 시도한다.

(4) 종교성

종교 자체가 사람을 보호하지는 않으나, 종교적인 생활양식이 지지망에 대한 접근을 가능케 한다는 점에서 종교성은 사회적 고립감, 외로움, 지지의 결핍 등에 대한 완충역할을 수행한다.

(5) 직장

많은 이혼남성들은 가족을 상실하고 나서 직장의 친숙함과 일상성에서 지속성과 안정성을 되찾는다. 여성들은 전문적인 일이 아닌 단순 고용직일지라도 보호적 기능을 수행할 수 있기에 생계자로서의 역할은 여성의 자아존중감을 회복시키며 가정에서 벗어나도록 한다.

(6) 사회적 지지

이혼 결정 시기와 이혼 초기단계에 있어서, 전형적인 사회적 지지의 출처는 부모, 자매 혹은 친구들이다. 이들은 부분적으로 상담역할과 위로의 역할을 하면서 이혼을 결정할 동안 그리고 이혼 후 생활에 대한 지지와 조언을 제공한다.

(7) 새로운 친밀한 관계

이혼 후 스트레스에 대한 가장 강력한 완충은 새로운 친밀한 관계의 형성이다. 이는 우울증을 감소시키고 건강문제를 향상시키며 자존감을 증대시킨다. 누군가 자신을 사랑하고 가치를 인정한다고 느끼면 스스로를 가치 있는 사람으로 생각하게 된다.

이러한 점검을 통해 자신에 대해 알아가는 연습을 한다면 비로소 다시 시작할 수 있는 모습도 발견할 수 있을 것이다. 중요한 것은 이혼의 경험이 아니라 자신이 가지고 있는 자원을 극대화시켜 자신만의 강점으로 작용시키는 것이며, 이것이 이혼으로 인한 변화에 적응하는 방법이다.

2) 자녀를 위한 방안

이혼은 좋은 것도, 나쁜 것도 아니지만 자녀들이 새롭게 변화하는 환경에 적응할 수 있도록 이혼 부부는 자녀를 위해 협력해야 할 것이다.

이혼하는 부모가 직면하는 어려운 일 중 하나는 임박한 별거와 이혼에 대해 자녀에게 어떻게 접근해야 할지에 대한 난감함이다. 그렇다면 구체적으로 이혼에 대해 자녀와 어떤 방식으로 대화를 시도해야 할지 살펴본다(성정현 외, 2006; 이원숙, 2007).

(1) 이혼을 언제 설명할까

부모의 이혼사실은 자녀에게 충격을 주므로 이런 충격을 최소화할 수 있는 방법으로 이혼사실을 알릴 필요가 있다. 그렇다면 부모가 이사하기 일주일 혹은 그 전에 자녀에게 얘기하는 것은 중요하다. 자녀가 준비되기 전에 한쪽 부모가 이사한다면, 예고되지 않은 떠남은 심각한 스트레스 상황이 될 것이고 자신의 신용이나 자녀의 신뢰를 다시 얻기 쉽지 않을 것이다.

(2) 무엇을 말할까

① 예상되는 일을 자녀에게 말하기

부모는 어머니와 아버지가 이혼하게 되고 더 이상 함께 살지 않을 것이라고 자녀에게 말해야 한다. 자녀는 떠나가는 부모가 언제 이사 갈 것인지 그리고 언제 아버지나 어머니를 만날 수 있는지 들을 수 있다. 자녀에게 또한 양쪽 부모와의 지속적인 만남에 대해 확신을 제공해야 한다.

② 이혼에 대해 설명하기

부모는 자녀에게 예상되는 일을 알게 하는 것뿐 아니라 왜 이혼이 발생하게 되었는지 설명해야 한다. 즉 부모가 왜 헤어지는지 이해하도록, 이혼은 어른들의 결정이라는 것과 아이들이 이혼에 대해 책임지거나 비난받을 이유는 없다는 것을 전하고, 분리 불안을 경감시키고 한쪽 부모로부터의 소외를 예방하도록 도울 수 있다. 또한 한쪽 부모가 모든 이야기를 하는 것보다는 부모가 나누어서 설명해 준다면 이혼이 부부의 공동결정임을 보여주는 데 도움이 될 것이다.

③ 자녀에게 양쪽 부모와의 지속적인 관계에 대한 확신을 주기

엄마와 아빠는 항상 그들과 함께 있기 원하고 떠나지 않을 것임을 반복적으로 확신시키면서 자녀의 분리 불안을 경감시킬 수 있다. 즉 자녀들은 자신 때문에 부모가 이혼을 한다고 생각하는 경우도 많으므로, 자녀 때문에 부모가 이혼하는 것이 아니라는 사실을 이해시키는 것이 매우 중요하다.

쉬운 이혼은 없다

여성의 전화 '새로운 이혼담론 만들기' 토론회

우리 엄마도 가정폭력 피해자로 몇십 년을 살면서도 사별로 끝났는데 그게 죽어야 끝이 나는 것이더군요. 저는 본인을 위해서, 이혼하기 전에 노력을 많이 한다면 이혼하고 나서 후회도 덜할 것 같고 나머지 삶을 잘 살 수 있을 거 같아요."

지난 28일 한국여성의전화연합은 "쉬운 이혼은 없다!"는 제목으로 '새로운 이혼담론 만들기' 토론회를 개최했다. 이 자리에선 이혼 당사자 3명의 사례 발표에 이어 발제와 논의가 진행됐다. 변화순 연구위원에 따르면 여성이 이혼을 청구하는 경우, 남편 다수는 '아내에게 남자가 있다' 고 생각하는 경향이 많고 강제로 성관계를 요구하는 등 폭력을 행사한다고 한다. 또한 주위 사람들의 시선이나, 한부모 가정에 대한 편견, 경제적 어려움 등 이혼을 망설이게 만드는 요인이 다양하다고 한다.

-온 세상과 싸워야 하는 현실-

자신의 이혼 경험을 발표한 여성들은 이혼 전후, 주변 사람들로부터 편견이 담긴 시선을 받았다고 증언했다. 43세의 A씨는 "이혼을 결심한 것은 10년 전이지만, 법적인 이혼은 3년 전에야 했다"고 밝히면서, 이혼을 하기까지 7년은 '이혼의 명분' 을 찾아야 하는 시간이었다고 말했다. 주변 사람들이 "이혼을 왜 하냐?"고 물어왔기 때문이다. A씨가 이혼을 결심하게 된 직접적인 계기는 전 남편의 폭력이었는데, 사람들은 "단 한 번의 폭력이었잖아. 남편이 반성하고 있다며?"라고 말하며 A씨를 설득했다. 때로 "네가 (맞을 만한) 원인제공을 했겠지"라는 말까지 들어야 했다. 이혼을 한 이후에 겪는 차별도 만만치 않다. 49세의 B씨는 "원래 직설적인 내 성격을 두고, '저러니까 이혼했지' 라고 말하더라"면서, "이혼을 하려면 타인의 시선으로부터 용감해야 한다"고 전했다.

한편 C씨는 "아들이 여자 친구를 사귀는데, 여자 친구의 부모님이 아들이 한부모 가정의 자녀라는 이유로 싫어했다. 그리고 아들이 다니는 학교에 권리를 요구하니 '성격이 드세니 이혼했지' 라는 말을 듣고, 담임 선생님한테 아들이 '찍히더라' "는 경험을 이야기했다.

-재판 지연으로 인한 피해 만들어선 안 돼-

아이들을 양육하는 문제도 쉽지 않다. 특히 경제적인 어려움이 크다. 하지만 B씨는 "매스컴이 한부모 가정의 아이들은 탈선한다는 인식을 조장하고 있다"고 꼬집으며, "한부모 가정은 대개 경제적으로 힘들고 아이들이 혼자 있는 시간이 많아 탈선의 우려가 크지만, 중요한 것은 대화"라고 이야기했다.

B씨는 자신의 경험을 예로 들며, "만약 이혼을 하지 않았다면 아이들도 더 힘들었을 것"이라고 말했다. 아버지의 폭력으로 인해 큰 아이는 말을 더듬었고, 작은 아이는 아빠 발자국 소리만 들어도 숨고 늘 주눅이 들어 있었던 것이다. 한편 "현재 이혼한 지 13년째인데, 내가 이혼할 당시에는 가정폭력방지법이 없어 무척 힘들었다. 경찰에 신고해도, 전 남편은 바로 풀려났다"고 법적인 장치의 중요성을 이야기하기도 했다.

이처럼 '쉬운 이혼은 없다.' 하지만 힘든 경험에도 불구하고, 자신의 경험을 발표한 3인 모두, 이혼을 후회하고 있지는 않았다. A씨는 "이혼을 준비하는 동안 성공적인 이혼의 사례를 듣기 힘들었다. 그래서 이혼이 더 어려웠던 것 같다"면서, "내 사례가 이혼을 했거나 이혼을 하고자 하는 분들께 성공적인 사례가 될 수 있었으면 좋겠다"는 바람을 말했다.

B씨는 "이혼하는 나를 보고 '정신이 이상하다' 고 말하던 친구가, 3년 뒤에 자기도 이혼하더라"고 말하면서 "이혼을 하지 않았다면 나는 자살했을 것이다. 지금은 너무 행복하다"라고 이혼 후의 마음을 전했다. C씨는 "이혼은 더 이상 죄가 아니다는 말은 너무 약하다. 이혼은 내게 축복이었다"고 이야기했다.

자료: 여성주의 저널, 일다, 2007. 3. 29.

● 토론거리 ●

만약 이혼을 선택한다면 이혼 전 무엇을 고려해야 할지 토론해 보세요.

볼거리

행복한 부부, 이혼하는 부부 1부 신혼으로 돌아가는 법. MBC 스페셜, 2006. 02. 26.
행복한 부부, 이혼하는 부부 2부 행복한 부부의 비밀, MBC 스페셜, 2006. 03. 05.
이혼가정의 아이들, 무엇이 필요한가? EBS 똘레랑스, 2006. 09. 13.
신궁합/결혼체크리스트, MBC, 2007. 06. 16.

참고문헌 REFERENCES

김병후(2003), 우리부부 정말 괜찮을까, 중앙 M&B.
김용미 외(2004), 결혼과 가족의 의미, 양서원.
김태현 외(2007), 여성복지론, 교문사.
김혜경 외(2006), 가족복지론, 공동체.
도미향 · 채경선(2008), 여성학의 이해, 양서원.
류현수 외(2007), 가족관계와 복지, 동문사.
변화순(1996), 이혼가족을 위한 대책 연구, 한국여성개발원.
성정현(1998), 이혼여성들이 경험하는 심리사회적 문제와 대처전략. 사회복지연구, 제11호.
성정현(2001), 이혼, 언제라도 너는 행복해야 한다, 함께 읽는 책.
성정현 외(2006), 이혼가정 자녀 어떻게 돌볼 것인가, 청목.
이명신(2007), 이혼해도 좋은 부모로 남기, 서현사.
이원숙(2007), 가족복지론, 학지사.
유영주 외(2008), 가족관계, 교문사.
옥선화(2006), 결혼과 가족, 하우.
옥선화 · 성미애(2004), 20, 30대 이혼 남녀의 이혼과 이혼 후 적응 실태에 관한 조사 연구. 대한가정학회지, 42(12).
정현숙 · 유계숙(2001), 가족관계, 신정.
최선화(2007), 여성복지론, 학현사.
한경혜 · 이정화(2002), "도시 및 농촌 거주자의 이혼에 대한 태도". 대한가정학회지, 40(9).
한국가정법률상담소(2007), '동거 1년 미만 부부 상담 통계' 자료.

한국가족학연구회 편(1993), 이혼과 가족문제, 하우.

한국여성민우회(1997), 새로짓는 우리집.

황은숙(2007), 이혼가정부 부모교육 프로그램개발, 한국학술 정보.

Arendell, T. J.(1987) *"Women and the economics of divorce in the contemporary United States,"* *13*, pp.121-135.

Collins, R., & Coltrane, S.(1991), *Sociology of Marriage and the Family.*

Cox, Frank D.(1999), *Human intimacy.* New York : Wadsworth Pub. Co.

Fine, M., Moreland. J., & Schwebei. A.(1983), Long-Term Effects of Divorce on parent-Child Relationships, *Developmental Psychology*, 19-5.

Hetherington, E. M., & Kelly, J.(2002), *For Better or For Worse: Divorce Reconsidered.* New York: W.W. Norton & Company.

참고자료

일다(여성주의 저널), 2007. 3. 29.

통계청(2007), 인구동태통계연보.

통계청(2008), 2007년 이혼통계 결과.

한겨레신문, 2007. 11. 21.

MBC(2007. 06. 16), 신궁합/결혼체크리스트.

PART

IV

여성과 가족에 관한 전망

두려움이 없는 것은 용기가 아니다.

두려움을 모르는 것은 일종의 뇌상이다.

용기란 두려움에도 불구하고 혹은

고통을 무릅쓰고 앞으로 전진하는 능력이다.

- 스캇펙의 「끝나지 않은 여행」 중에서 -

가족이란 일생에 걸쳐 개인의 삶의 기반이 되는 중요한 사회적 단위이다. 사회는 양성 간의 관계를 기초로 형성되는 것이 보편적이며, 가족 또한 이 양성 간의 관계를 토대로(비록 동성 간의 결합에 대한 논의가 증가되긴 하지만) 이루어진다.

따라서 가족을 논함에 있어서 여성과 남성 간 관계의 특성에 대한 논의는 필수적이며 건강한 결혼과 가족생활을 위한 기술들의 습득 또한 중요하다. 또한 이는 현대사회에서의 특성들에 대한 이해와 변화들에 대한 감수성과 병행되어진다면 나의 삶뿐만 아니라 타인의 삶에 대한 이해를 높여 보다 질 높은 인간생활을 이룰 수 있을 것으로 보여진다.

이러한 커다란 틀을 가지고 본 서의 제1부에서는 여성의 기초적 이해를 위한 여성과 남성의 문제를 다루었고, 제2부에서는 보다 질적인 측면에서의 결혼과 가족에 대한 구체적인 탐구를 하였으며, 제3부에서는 여성과 가족이라는 측면에 있어서 쟁점이 될 수 있는 여러 가지 사안들을 다루었다. 마지막 본 제4부에서는 미래에 대한 전망을 해보며 이를 위한 지원들에 대한 제언을 해보고자 하였다.

Chapter 12

미래의 여성과 가족의 방향

제1절 여성과 남성-양성평등문화 형성을 위한 제언

제2절 결혼과 가족의 전망 및 지원

지금 우리에게 필요한 것은 유명한 지도자에 의한 조직의 통합이 아니라
여성 자신이 삶을 변혁하는 것이다.

- 시몬느 드 보봐르 -

제1절 여성과 남성-양성평등문화 형성을 위한 제언

본 절에서는 먼저, 여성운동의 흐름을 통한 젠더의식의 성장을 파악해 보고, 한국 여성정책의 현황과 평가를 통해 여성정책의 현주소를 찾아보며, 제언으로서 양성평등한 문화형성을 위한 실천적 노력들을 제안해 보고자 한다.

1 여성운동의 흐름: 젠더 의식의 성장

우리 사회에서의 젠더 의식이 어떻게 성장되었는지에 대한 파악을 위하여 여성운동의 흐름을 살펴보는 방법이 있다. 한국 사회에서의 여성운동의 흐름의 개략을 이남희(2007)의 자료를 참조로 정리해 보기로 한다.

1960년대 말 서구에서는 대안적인 세상을 만드는 혁명을 실현해 보자는 신좌파운동이 일어났으며, 기성사회의 권위에 저항하는 반문화운동이 전개되고, 법과 같은 제도뿐만 아니라 일상에 스며든 의식과 관습에서 성적 불평등을 개선하려는 우먼리브(Woman' s Liberation Movement의 준말)의 물결이 1970년대 들어와 진행되었다. 1975년 유엔이 세계여성의 해를 제정하고 멕시코에서 각국 여성의 지위를 점검, 개선하기 위한 국제회의가 개최되고, 1995년 북경대회에서 열린 세계여성대회에는 185개국 대표가 모여 연대의 가능성과 차이를 확인하였다.

우리나라 여성들의 권리운동은 19세기 말, 최초로 여권을 주장한 '찬양회' 라는 단체를 꼽을 수 있으며, 최초의 사립여학교 '순성여학교' 를 개교시키기도 하였다. 20

세기 초반에는 우리나라 최초의 전국적인 여성운동조직인 '근우회'가 결성되고, 해방 이후에는 주로 가족법 개정이 여성운동의 초점이 되었다. 오랫동안의 가족법 개정운동을 통한 2005년 호주제 위헌 판결을 이끌어 내는 시발점이 된다. 이후 1977년 이화여자대학교에 여성학 강좌가 신설되어 성차별에 대한 인식이 학문대상으로 관심을 가지기 시작하였으며, 1980년대는 우리 사회에서 전반적으로 여성들의 목소리와 참여가 늘어나기 시작한 시기로 보고 있다. 여성신문, 또 하나의 문화, 여성, 여성과 사회 같은 페미니스트 언론 및 학술공동체가 출범하기도 하였으며, 1987년에는 전국적인 연대기구로 한국여성단체연합이 결성된다.

1990년대에는 젠더의식과 일상 속의 실천문제를 중요한 화두로 삼으며 민족, 사회구조 등 거대담론보다는 구체적인 일상 속에서 여성의 삶에 대한 변혁에 관심을 가지기 시작한다. 예로써 1993년 조교에 대한 교수의 성희롱 사건을 계기로 여론화된 후 2000년에 성희롱 관련법이 제정된 사건을 꼽는다. 이는 일상 속에서 익숙하게 저지르거나 견뎌왔던 말투나 행동이 법적인 제재의 대상이 된다는 것을 일깨워 줌으로써 일상의 성찰을 통하여 사회변화에 기여할 수 있음을 보여진 페미니즘의 성과로 평가되고 있다.

그러나 여성의 목소리가 점차적으로 드러나고 여성의 지위를 개선하려는 각종 제도가 본격적으로 시행되면서 그에 대한 반발이 상대적으로 높아진 것도 1990년 이후의 변화로 보고 있다. 1987년 남녀고용평등법 및 1995년 여성발전기본법 제정, 공무원 채용에서 여성채용목표제 규정의 한시적 도입, 2000년 여성공천할당제 도입 등을 시작으로 성적 불평등을 완화하려는 법령과 직제가 마련되어 소수자로서의 여성의 권리를 보전하려는 움직임이 있었다. 위의 정책은 우리나라의 경제적인 발전 정도에 비해 현저하게 떨어진 여성의 지위(자료 참조)에 대한 최소한의 조치였지만 남성들의 상대적 박탈감도 컸다. 특히 1999년 군필자에게 가산점을 주는 제도가 위헌이라는 판결이 난 후에 벌어진 논란은 남성 대 여성의 대립구도가 핵심인 것처럼 전개되기도 하였다. 그러나 이의 문제는 남성과 여성의 문제가 아닌 그 사회의 민주적이고 평등의식과 관련되어 있는 문제로 성차별은 곧 모든 차별현상과 연결되어 있음을 인식할 필요가 있겠다. 모든 여성이 소수자의 위치에 있지 않듯이 반대로 남성도 계급, 나이, 지역, 국적, 학벌, 장애여부, 성적 취향 등 자신이 가진 조건에 따라 소수자의 위치에 설 수 있는 것이다. 즉 젠더의식의 향상은 차별에 대한 감수성을 높임으로써 성적 소수자에 대한 차별, 인종에 대한 차별, 장애에 대한 차별, 지역에 대한 차별 등의 현상에 대한 변화에 동참할 수 있게 해 줄 것이다.

참고자료: 한국의 성별격차지수 92위

노동부가 지난해 7월 상근 근로자 1000명 이상의 기업과 정부투자기관, 정부산하기관 등 613개 사업장을 대상으로 조사한 결과에 따르면, 2006년 12월 현재 여성 임원 비율은 4.4%에 불과하다. 특히 국내 주요 그룹 대부분은 여성 임원 비율이 1%도 안 된다. 2006년 말 HR 전문 포털 인크루트가 578개 상장사를 대상으로 분석한 결과에 따르면 전체 채용 인원의 약 30%가 여성이다. 경제활동에 뛰어든 여성 비율에 비해 고위직에 오른 여성 수가 얼마나 적은지 알 수 있다. 또 중앙부처 4급 이상 중 의사결정직에 있는 여성 비율은 5.4%, 의회 여성점유율 13.4%(OECD 평균 24.2%), 초·중·고 교장과 교감 12.8%(교원의 59.5%가 여성)이다. 2007년 여성권한척도(Gender Empowerment Measure)에서 93개국 중 한국은 64위, 2006년 성별격차지수에서 115개국 중 한국은 92위로 나타났다.

자료: 경향닷컴, 2008. 1. 22.

2 한국의 여성정책의 현황과 평가

1) 여성정책 변화 과정

지난 한 세기 동안 여성들은 국내외적으로 여성운동을 통하여 불평등한 여성지위를 해결하기 위하여 노력해 왔으며, 정부 차원에서는 다양한 여성정책을 실시해 왔다.

여성정책은 과거에서부터 누적되어 온 여성들의 차별적인 상황을 극복하고 불평등을 해소하기 위한 목적으로 실시되는 제반정책을 의미한다. 우리나라에서의 여성정책 기원은 부녀행정에서 출발하였으며, 1983년 정부의 여성정책심의위원회가 설립되면서 여성문제를 정책담론으로 삼기 시작하였다(한국여성민우회, 2003). 1983년 국무총리 산하 여성정책심의위원회에서 출발한 여성정책추진 기구는 정무장관 제2실(1988년), 대통령 직속 여성특별위원회(1998년)를 거쳐 여성부(2001년)의 설립으로 기능이 전문화·강화되었고, 2005년 여성가족부로 확대되었으나, 2008년 여성가족부는 가족관련업무가 보건복지가족부로 이양되면서 여성부로 축소 개편된 상태이다. 이와 더불어 여성의 권익 향상을 위한 입법 활동도 전개되어, 성차별 금지와 여성의 사회참여 확대를 위한 다양한 법률과 정책들이 도입 · 시행되면서 한국의 여성정책은 적어도 기구와 법제의 측면에서는 선진국 못지않은 면모를 갖추었다고 평가되고 있다(김원홍 외, 2008).

이러한 여성정책은 90년대 중반 이후부터 양성평등의 목적을 실현하기 위한 전략으로 성주류화 정책을 채택하면서 성인지적 관점을 갖는 것을 강조하다가, 최근에는 남녀가 동등한 조건을 가지도록 하는 것을 목적으로 하는 성평등정책이란 용어로 대체되기도 한다(김재인 외, 2007). 성평등정책은 단순히 '여성을 대상으로 한 정책'으로 이해하는 경우도 있으나 여성문제를 개인적 차원의 문제로 인식하는 것이 아니라, 사회적 · 국가적 문제로 인식하고 이 문제를 해결하기 위한 선택과 행동계획이라 할 수 있다. 이를 좀 더 구체화한다면, 성평등정책이란 한 사회를 구성하고 있는 남녀가 평등해야 한다는 기본 인식하에 국가가 평등을 저해하는 사회제도적 요소들을 제거하고 개선하는 노력을 제도적으로 마련하고 불평등한 상황하에서 여성들이 감수하고 있는 불이익에 대해 국가가 일차적 책임을 짐으로써 여성문제를 해결하고자 하는 행동계획이라 할 수 있다(권영자, 1995). 따라서 성평등정책은 여성들에게 인간으로서 누려야 할 보편타당한 권리를 회복시키고, 불평등한 처우를 유발하는 제도 및 환경, 그리고 인식을 개선하여 궁극적으로 양성평등 사회를 지향하려는 취지에서 출발한다(김재인 외, 2000).

우리나라 여성정책의 패러다임의 변화는 곧 여성정책의 변화를 반영하는 것으로써 여성정책의 흐름을 살펴볼 수 있는 좋은 도구라 하겠다. 각각의 단계가 가지는 효과와 평가에 대한 세밀한 분석은 본 장의 논의대상이 아니므로, 한국여성정책연구원(2008)의 연구결과를 그대로 제시해 보면서 우리나라 여성정책의 흐름을 살펴보는 자료로 참고하고자 한다.

첫 번째 단계로는 요보호여성의 복지의 패러다임이다. 해방 후부터 50년대까지 주로 동별 강연좌담, 강습을 통해서 생활의 합리화, 문맹퇴치 등이 전개되었고, 그 후 6.25 전쟁으로 전쟁피해여성에 대한 보호사업과 그 자녀를 보호하는 여성복지에 중점을 두었다. 1961년 11월 윤락여성에 대한 최소한의 복지차원의 보호가 이루어졌으며, 이러한 보호여성에 대한 최소한의 복지차원에서의 여성정책은 1970년대까지 지속되었다.

두 번째 단계로서 일반여성의 복지 · 인권의 패러다임으로 확대되었다. 1980년대부터 경제개발과 더불어 무작정 상경하는 가출여성을 대상으로 하는 직업보도 프로그램이 활발해졌으며, 미혼모의 증가와 국가의 모자시설에 대한 지원이 이루어졌다. 또한 일반여성들의 능력개발과 능동적인 사회참여 유도 및 건전가정 육성을 또 하나의 목표로 삼게 됨에 따라 모든 여성의 문제를 다루는 것으로 확대되었다.

세 번째 단계로서 남녀의 삶의 질을 고려한 정책의 패러다임의 전환이다. 1990년대 이후 우리나라 여성정책의 초점은 그 내용과 범위가 확대되었는데, 특히 1995년 베이징 세계여성대회 이후 '성주류화'에 대한 본격적인 논의와 함께 UN 등 국제사회에서 여성지위의 계량화와 여성지수의 개발이 이루어짐에 따라 여성정책의 내용과 범위가 내실화되었다. 실제로 1995년 말 〈여성발전기본법〉이 제정되면서 1997년 제 1차 여성정책기본계획(1998-2002)이 마련되어 시행되었는데, 이 기본계획에는 남성과의 관계, 즉 양성평등을 달성하기 위한 구체적인 시책들이 제시되고 시행되었다. 성주류의 중요성이 강조되고, 새로운 여성발전을 위한 전략으로 성(gender) 중심의 접근을 기본방향으로 하는 성주류화 지침이 마련됨에 따라서 여성정책의 내용에도 많은 변화가 이루어졌다.

네 번째 단계로서 성주류화 확산의 패러다임의 단계이다. 2002년 2월 신정부가 출범하면서 기존 여성가족부(2005. 6~2008. 2)는 가족과 보육업무를 보건복지가족부로 이관하고 여성부로 축소 개편되었다. 현재 여성부는 여성정책을 여성인력 개발 및 활용, 여성인권보호 및 종합지원, 양성평등 및 여성의 지위향상이라는 세 범주로 나누고, 각각 여성의 생애주기별 맞춤형 인력개발, 여성친화적인 기업문화 조성과 여성이 안전한 사회 만들기, 취약계층 여성에 대한 종합지원 서비스 강화를 추진하고 있다.

2) 여성정책계획 및 추진과제

현재 여성부가 추진하는 정책을 좁은 의미의 여성정책이라고 하면, 여성정책은 우리 사회 모든 분야에서 진정한 양성평등을 달성하는 성주류화 정책이라고 할 수 있다. 정부차원의 여성정책의 기본계획을 살펴봄으로써 향후 우리 사회의 여성정책의 방향을 살펴볼 수 있겠다. 1차, 2차, 3차 여성정책 기본계획들은 〈표 12-1〉에 제시되어 있는데, 1차가 남녀평등사회의 여건조성이었다면, 2차에는 좀 더 실질적인 남녀평등사회의 실현에 초점을 맞추고 있고, 3차에는 다양성이 공존하는 평등문화 형성을 강조한다.

〈표 12-1〉 1차, 2차, 3차 여성정책기본계획의 비교

	1차(1998~2002년)	2차(2003~2007년)	3차(2008~2012년)
비전	건강한 가정의 구원과 국가 및 사회발전에 남녀가 공동으로 참여하고 책임을 분담하는 사회 시스템 구축	실질적 남녀 평등사회의 실현	함께 참여하고 나누는 성평등 사회
목표	1. 남녀평등의 촉진 2. 여성의 사회참여의 확대 3. 여성의 복지증진	1. 남녀의 조화로운 동반자관계 형성 2. 지식기반사회에서 여성의 경쟁력 강화 3. 사회 각 분야 여성의 대표성 제고 4. 여성의 복지증진 및 인권보호 강화	1. 여성의 자립과 대표성 강화 2. 돌봄의 분담과 여성의 사회권 보장 3. 다양성이 공존하는 평등문화 정착
전략	6대 기본전략	–성주류화 –협력체계 구축	–성평등 관점의 주류화 –여성정책의 역동적 대응성 확보
정책과제 및 정책영역	1. 사회전반의 성차별적 · 제도 및 의식의 개선 2. 정책 결정과정에 여성참여 확대 3. 고용기회 균등기반의 확립 4. 여성고용의 촉진 5. 직장 · 가정 양립지원체제확립 6. 여성근로자의 근로여건개선 7. 남녀평등을 위한 여건조성 8. 여성전문인력의 적극적 양성 9. 여성의 평생교육지원 10. 여성의 건강증진 및 성비 불균형 해소 11. 보육사업의 확충 및 내실화 12. 요보호여성의 복지증진 13. 고령화시대의 여성복지 증진 14. 여성에 대한 폭력 근절 15. 여성의 문화활동 활성화 16. 여성단체 활동지원 17. 여성의 국제협력강화 18. 통일에의 기여 및 내실화	1. 정책에 양성평등관점 통합 2. 정책결정과정에 여성의 대표성 제고 3. 여성인적자원의 개발과 활용 4. 남녀고용평등과 여성의 경제 활동 참여 제고 5. 사회 · 문화분야 여성참여확대 6. 평화 · 통일 · 국제협력에서의 여성의 기여확대 7. 여성의 건강과 복지향상 8. 여성에 대한 폭력예방 및 인권보호 강화 9. 양성평등한 가족정책 기반조성 10. 평등문화 및 의식의 확산	1. 여성의 경제적 자립보장 2. 지식사회를 견인하는 여성 인력육성 3. 사회 각 분야의 여성대표성 강화 4. 여성과 남성의 일 · 가족 양립 지원 5. 여성의 복지권 및 건강권 보장 강화 6. 여성에 대한 폭력방지 및 인권보호 체계강화 7. 평등문화의 확산과 실천 8. 여성정책 추진역량강화

자료: 한국여성정책연구원(2006. 12. 6.), 제3차 여성정책기본계획안 공청회

위와 같은 여성정책은 현 정부가 들어서면서 '제8차 여성정책조정회의(2008. 12. 18)' 에서 '제3차 여성정책기본계획 수정안' 을 심의, 확정하였다(올댓뉴스, 2008. 12. 19). 이번 기본계획 수정은 정부기능개편 등으로 인한 여성정책의 환경변화와 주요 국정과제를 반영하고 국민이 체감할 수 있는 생활공감형 · 실용적 정책을 강화하여 추진하겠다는 정부의 입장과 함께 제시되었다. 현 정부가 역점을 두고 추진하고자 하는 핵심과제는 다음과 같다.

첫째, 여성인력활용분야로써 경력단절 여성경제활동 촉진법 제정 · 시행, 경력단절 여성 ONE-STOP 취업지원 시스템 구축, 지방자치단체와 위원회 등 여성관리직 비율이 낮은 분야에 여성비율 확대, 여성구직자 특성에 적합한 취업지원 서비스 강화, '여성새로일하기지원센터' 설치, 여성 창업지원, 양육비 지원, 종일제 유치원 및 반일제 보육 서비스 확대, 보육 · 교육 서비스 다양화, 태아검진시간제 실시 및 다태아 근로자에 대한 산전후 휴가, 육아휴직기간 연장방안마련 등 모성보호의 사회적 책임 강화이다.

둘째, 여성권익보호분야로써 '아동여성보호지역연대' 를 전국으로 확대, 아동안전지킴이집 운영 및 유괴실종경보 매체 확대 추진, 성폭력피해아동 조사 시 전문가 참여제 시행 추진, 아동성폭력범죄의 공소시효 제도개선, 청소년대상 성범죄자 신상정보 인터넷 열람제도 도입, '해바라기아동센터' 확대, 이주여성긴급지원 지역센터 설치, '이주여성자활 공간터' 설치 등 피해자 보호 · 지원 서비스 강화, '다문화가족지원센터' 를 통한 통 · 번역요원 파견 서비스 제공이다.

셋째, 성평등정책 추진 기반 강화 분야로서는 성평등지표 작성을 통한 정책추진체계 강화, 여대생 자원봉사활동 활성화, 여성장애인지원활동 추진 등 여성자원활동 특화이다.

따라서 현 정부가 추진하고 있는 여성정책의 기본 방향은 여성일자리 창출 및 확대, 권익사업의 확대로 아동폭력예방과 보호의 강조와 다문화가족에 대한 지원과 함께 여성자원활동의 활성화 등으로 요약해 볼 수 있다.

현 정부의 여성정책, 어떻게 평가할 것인가?

지난해 초 여성부는 정부조직개편의 격랑 속에서 가까스로 살아남았다. 주요 기능을 타 부처에 떼어주고 조직은 축소되면서 "간신히 목숨만 붙여놓은 것"이라는 우려를 자아냈다. 일반회계 예산규모는 2007년 1조 1994억 원에서 2008년 539억 원으로 1년 만에 95.5%가 줄어들었다. 여성정책을 총괄하는 한 부처의 예산 규모라고 하기엔 너무나 초라한 수준이다. 이같은 상황에서 여성 관계 전문가들은 "여성부는 살아남았지만 지난 1년간 여성정책은 죽었다."고 서슴없이 비판한다.

여성부 역할축소는 여성정책 후퇴와 밀접한 연관관계에 있다. 여성부는 2005년 가족 · 보육업무를 맡으면서 남녀차별 개선업무를 국가인권위원회로 넘겼다. 하지만 지난해 가족 · 보육 기능은 보건복지부로 넘어갔다. 현재 여성부는 집행부처가 아니라 '정책협력부처' 일 뿐이다. 이 같은 환경에서 여성관련 정책을 성평등 관점에서 주도적으로 끌어가기엔 힘이 부친다.

여성부 측은 이의를 제기한다. 정봉협 여성부 여성정책국장은 "그동안 성과를 거둔 인권이나 소수자 중심 정책이란 바탕 위에서 피부로 느낄 수 있는 여성인력개발로 정책중심이 옮아간 것"이라면서 "정책전환 초기 과정에서 나타나는 과도기현상으로 이해해 달라."고 밝혔다. 그는 "사회변화라는게 급격하게 올라가다가 어느 시점에서 정체되는 시기가 있다."면서 "장기적 관점에서 보면 다른 평가가 나올 것이라고 본다."고 덧붙였다.

여성부 스스로 새로운 비전을 만들어내지 못하고 있다는 점에서 여성정책 후퇴를 외부요인이 아니라 내부요인에서 찾아야 한다는 지적도 많다. 여성부는 지난해 대통령 업무보고에서 "여성정책의 패러다임을 바꾸겠다."며 여러 정책목표를 내놓았다. 하지만 구체성이 떨어지고 새로운 정책수단도 부족했다. 가령 여성인력개발을 내세웠지만 여성 경제활동인구 660만 명 가운데 441만 명에 이르는 비정규직 대책은 아예 없었다. 목표로 했던 성평등기본법 제정도 결국 이루지 못했다. 올해 예산을 살펴보면 성평등정책 관련 예산의 증가폭은 미미하다. 지난해 9500만 원 규모였던 외국인성매매피해여성보호 사업은 올해 전액 삭감됐다. 일본군위안부피해자기념사업도 6억 원에서 1억 원으로 83%나 깎였다. 집결지 성매매여성 자활지원사업도 54억 원에서 21억 원으로 줄었다.

김경희 중앙대 사회학과 교수는 "여성부 업무는 여성부 단독으로 할 수 있는 게 아니라 정부차원의 협력이 필수"라면서 정부차원의 의지를 강조했다. 이어 "지난해부터 시행중인 3차 여성정책기본계획은 보육서비스, 공공성 확보를 강조한게 특징이다."면서 "3차 계획이 충실히 이행되기 위해서는 국무회의나 여성정책조정회의 등 부처 간 정책조정이 내실있게 이뤄져야 한다."고 지적했다.

오관영 함께하는 시민행동 사무처장은 "여성부의 영문명칭에서 명확히 드러나듯 여성부의 존재이유는 '성평등' 이다." 면서 "초심으로 들아가야 길이 있다." 고 주장했다. 그는 "성평등보다 여성인력개발 · 여성일자리창출 등 여성을 '대상' 으로 한 사업에 편중되면 '중복업무' 논란에서 빠져나갈 수가 없다." 고 꼬집었다. 권미혁 여성민우회 공동대표는 "성평등을 위한 의제설정과 정책개발에 더 많이 주력해야 한다." 면서 "정부차원의 여성정책 후퇴에 대해 여성부가 적극적으로 자기 목소리를 내야 한다." 고 주문했다.

출처: 다음뉴스, 2009. 1. 20.

3 양성 평등한 문화형성을 위한 제언-남성과 여성이 함께 살기

세상의 절반은 여성이다. 여성과 남성은 헌법이 보장하는 평등한 권리를 가지고 태어난 존엄한 인간이다. 그러나 여성과 남성은 인간이기에 앞서 여성으로서, 또는 남성으로서의 역할을 수행하기를 기대하는 한편 이를 가치판단의 준거로 삼는다. 남성중심의 가부장적 사회 속에서 여성은 남성에 비해 크고 작은 차별을 받으며 살고 있다. 특히 우리나라는 유교적 가부장제의 전통이 자리하고 있기 때문에 여성은 여성대로 남성은 남성대로 사회적으로 규정된 성정체성(gender identity)에 따라 성역할에 대한 기대에 구속되어 있다고 할 수 있다. 사회에 존재하는 차별은 성과 계층, 인종 등 그 요인이 다양하지만 사회구성원의 절반에 해당되는 다수에 대한 차별이라는 점에서 시급한 해결을 요하는 사항이라 할 수 있다. 인간으로서의 권리확보라는 차원에서 양성평등실현은 현재 우리가 당면한 당위의 과제인 것이다(한국양성평등교육진흥원 홈페이지). 즉 양성평등은 성에 의해 차별받지 않는 것을 의미하는 것으로 여성, 남성이라는 성별에 따른 고정관념에 구속됨이 없이 자유롭게 자신의 능력을 개발하고 선택할 수 있는 권리를 가지는 것을 의미한다. 양성평등은 남성, 여성의 구별이 인간으로서의 기본권리를 제한하게 되는 모든 조건들이 극복될 때 실현될 수 있는 것이다. 즉 완전한 인권의 실현을 위하여 남녀가 동등한 조건을 가지도록 하는 것이다.

이러한 양성평등의 실현은 남성과 여성이 성역할 고정관념에서 자유로워지면서 성(gender)에 의한 구분 이전에 한 인간으로서의 정체성을 확립하는 기회가 될 것이며 또한 한 인간으로서 타고난 핵심역량을 개발하고 자아를 실현하는 중요한 계기가 될 것이다. 또한 남녀 양성이 권리, 책임, 의무를 공유하며 서로를 존중하고 개방적인 교류를 통하여 동반자적 관계를 유지하는 것은 사회적 삶의 질과 생산성 향상에 기여할 것이다. 이러한 점에서 법과 제도, 사회, 조직, 가족, 그리고 우리의 의식 등 모든 면에서 양성평등실현을 위한 노력은 새로운 문화 창출을 위한 출발이라 할 수 있으며 바람직한 미래사회를 위한 주춧돌이라 할 수 있다.

남녀를 대결의 상대로서가 아니라 해방되고 총체적인 인간이 되도록 돕는 파트너로 인식하기 위해서는 남녀관계를 서로 보완하고 돕는 관계로 인식하는 자세가 필요하다. 이를 위해서 필요한 작업으로 여성정책기본계획(2003~2007)에서 명시하고 있는 '젠더 파트너십'을 제안해 볼 수 있겠다. 젠더 파트너십이란 성별에 의한 편견과 차별을 없애고 여성과 남성을 고유한 인격으로 대우하면서 서로의 욕구를 원할히 채워주는 교류관계로 볼 수 있는 것으로 젠더 파트너십은 성평등에 도달하기 위한 새로운 전략이자 방법론으로 주목받고 있다. 이를 위해서 가장 먼저 필요한 작업이 상대방의 성에 대한 편견을 제거하는 일이라 하겠다. 먼저, 남성이 자신의 성에 대해 가지고 있는 우월성이 어디에서 기인하고 있는지를 점검해야 할 것이다. 남성이 가지고 있는 기득권으로 인하여 누리고 있는 혜택에 대한 사회적 맥락에서의 고찰이 필요하다. 또한 기존의 남성다움이 남성의 삶을 왜곡시킬 수 있다는 사실을 정직하게 받아들이면서, 남성다움은 가변적이며 어떠한 남성다움도 만능이 아님을 정확히 인식하고 자신의 진짜 목소리로 이야기를 시작할 용기를 가져야 할 것이다. 우리 여성들도 남성들이 성 유형화의 피해자라는 사실을 인정하면서 그들이 삶 속에서 어떤 어려움과 사회적 압력을 견디면서 살아가고 있는지에 대한 따뜻한 시선이 필요할 것이다.

다음은 남성으로 삶을 살아가면서 느끼는 어려움에 대한 간단한 진술이다. 40대 기혼남성은 강한 아버지로서의 모습과 실제의 약한 모습에서 경험하는 갈등을 묘사하고 있고, 30대 미혼남성은 여전히 남성이 경제적 부양자로 자리매김되는 현실에서 결혼도 아이도 포기해야 하는 가난한 남성의 처지를 고백하고 있다.

47세 남자로 세상을 살아가기(기혼남성, 직장인)
아이들은 항상 아버지란 존재는 강하고 모든 것을 해결할 수 있는 존재로 안다.
하지만 나이가 먹어감에 따라 아이들에겐 더 이상 강하지도 못하고 그들의 문제를 모두 해

> 결하기란 더욱 버거워진다.
> 세월이 흘러감에 남성들은 세상을 살아가면서 피로감, 공허감, 상실감, 불안감, 박탈감, 패배감, 무기력함을 경험하게 되며, 이러한 모든 것을 겪게 되는 순간, 자신감과 자존감으로 살아왔던 내가 무너져가는 것을 느낀다.
>
> 30대 남성의 선택(미혼남성, 예술가)
> 자본주의 안에서 비생산적인 직업으로서의 생활고는 많은 걸림돌을 만들어 낸다. 유교적 분위기 집안에서 결혼은 부모에 대한 효의 근본이며, 2세를 잇는 일은 인간으로의 의무로까지 여겨진다. 하지만 맞벌이나 커리어 우먼이라는 단어들이 보여주듯이 가장이 생계를 책임지는 과거 가부장적인 사회 전반의 분위기는 옛이야기가 되어버렸다. 그런데 문제는 사회 구성원들의 의식구조로 남성은 여전히 가장으로서 책임의 척도가 경제력이며, 여성들 역시 신데렐라 같은 인생 역전을 꿈꾸며 산다는 것이다. 기혼남성들의 경제력의 부재가 가져오는 파경의 경우도 상당수로 안다. 그래서 나는 그런저런 복잡스런 문제들에서 초연해지고자 혼자의 삶을 선택했노라.

산업화로 인한 피임의 발달이나 고등교육의 확산 등은 여성다움의 정체성에도 변화를 가져왔다. 즉 남성의 세계인 일터에서 경제활동을 시작한 여성들은 그들의 여성역할과 남성역할을 동시에 수행하기 시작했다. 이로 인해 기혼여성들은 다중역할로 인한 역할갈등에 시달리기도 한다. 가정과 직장 일을 다 완벽하게 해내야 하는 '슈퍼우먼' 에 대한 주변의 기대 혹은 자기 자신에 대한 지나친 강박관념들이 기혼여성들을 괴롭히고 있다. 한편 전업주부들은 육체적인 면에서는 취업여성들보다는 가볍지만 심리적인 면에서 자신들이 사회에서 철저하게 소외되었다는 무력감에 시달리기도 한다. 이러한 무력감은 흔히 가사노동의 특성에서 비롯되고 있다. 가사노동이 가지는 반복적이며 단순한, 그러면서도 가시적인 생산성으로 나타나고 있지 않은 점, 가사노동에 주변 가족원들의 폄하된 태도들이 가사노동을 주업으로 맡고 있는 전업주부 여성들에게 권태와 무력감을 갖도록 한다. 이러한 가사노동에 대한 상대적 열등감은 자녀에 대한 지나친 교육열과 과도한 자녀사랑으로 왜곡되기도 한다.

위의 문제에 대한 한 가지 해법은 남성들의 가사노동에의 참여를 제시해 볼 수 있다. 흔히 가사노동 분담이라는 말을 들으면 대부분의 남성들이 부담감을 느끼면서 반발하거나 일부 여성들은 무조건 동등하게 집안일을 반반씩 나누어 하는 것으로 받아들이기도 한다. 가사노동 분담이라는 것은 서로가 서로의 일을 존중하는 태도를 가지면서 각자의 상황과 형편에 따라 '함께하기' 와 '나누어하기' 의 조화와 균형을 찾는 것이라 하겠다(박혜란 외, 1994). 특히 전업주부에 비해 여성들이 바깥일을 하는 경우에는 부부가 함께 집안일을 나누어 하는 것이 필수적이다. 이렇게 나눔으로써 더 큰 하나가 되는 것이 평등한 부부의 바람직한 모습이며 그렇게 함으로써 새로운 시대에 남성들도 온전한 제자리를 찾을 수 있게 된다.

이는 남녀가 함께 일하는 직장문화에서도 찾아볼 수 있다. 여성들이 바깥일을 하는 것이 상당히 일반화되었는데도 직장에서 남성들이 여성들을 대하는 태도는 여전히 미숙하다. 사회변화에 걸맞게 남녀가 같이 사는 법을 배우지 못한 탓으로 다른 성의 존재에 대한 올바른 인식을 갖지 못하고 있다. 여성을 동등한 인간, 같이 사는 동반자, 함께 일하는 동료로서 받아들이는 성숙한 자세가 필요하다.

직장노조의 한 간부인 40대 남성의 호소에 가까운 질문은 참으로 인상적이었다.

"정말로 직장에서 여성들과 잘 지내고 싶은데 어떻게 해야 하는지 모르겠어요. 여성들에게 어떻게 말을 걸며 어떻게 다가가야 하나요? 정말 알고 싶어요."라는 질문에 "글쎄요. 뭐 다른 것 있겠어요. 그들을 별종으로 생각하지 말고 그냥 한 인간으로 대해보세요. 특별히 다르게 대해야 한다는 강박에서 벗어나보세요. 남자나 여자나 그저 평범하게 인간적으로요."라는 것이 나의 대답이었다.

미래 사회는 창의력을 중심으로 재조직되는 사회이다. 권위와 신분으로 구성되고 통제되는 시대가 지나갔음을 의미하는 사회이다. 이제 미래를 슬기롭게 준비하려는 사람이라면 현재의 비합리적인 질서부터 타파해 나가야 한다. 차별이 아닌 능력에 따른 조화와 협력으로 관계의 변화를 선도해 나가야 한다.

미래 사회는 남녀가 서로 차별하지 않는 그렇다고 서로 대결하고 적대하지도 않으면서 함께 더불어 살아가는 사회이다. 서로 간에 평등한 화해와 조화를 바탕으로 새로운 인간관계를 맺으며 각자 스스로를 주체적으로 바로 세워 이 사회를 열린 사회로 만들어 가는 그런 사회이다. 이런 사회를 이룩하려면 무엇보다도 먼저 이 사회를 이끌어 가는 우리들 스스로가 성숙한 인간이 되지 않으면 안 된다. 그 성숙함의 가장 기본적인 바탕이 바로 남녀의 평등한 함께 살기이다. 이를 위한 진정한 변화는 개인의 의식은 물론 사회 전반의 틀 자체가 함께 바뀔 때에만 일어난다. 다시 말하면 우리들의 성숙하기 위한 노력은 성평등한 열린 사회에서만 그 열매를 맺을 수 있다는 의미이다. 이러한 열린 사고와 느낌으로 새로운 평등한 만남과 사귐을 만들게 될 때 우리 사회는 열린 사회로 그리고 보다 살맛 나는 사회로 나아가게 될 것이다(박혜란 외, 1994).

프랑스 '남녀평등 마크제' 실시

프랑스는 직장 내 남녀 평등 촉진에 힘쓴 기업에 '평등마크'를 부여하는 제도를 실시키로 했다.

장 피에르 라파랭 총리는 28일 직장 내 남녀 차별 철폐에 애쓴 기업들에 '평등 마크'를 부여하고 해당 기업은 자사 제품에 이 마크를 부착할 수 있는 '남녀평등 마크제도'를 실시키로 했다고 밝혔다. '평등 마크'는 독립된 공익기구인 프랑스평등보장협회(AFAQ)가 부여하며 이 마크를 획득한 기업은 3년 동안 그 자격을 보유할 수 있다.

AFAQ는 18개월에 한 번씩 기업들의 남녀평등 상황을 점검해 마크 부여, 연장, 박탈 등의 결정을 하게 된다. AFAQ는 간부직과 직장 내 재교육에 관한 여성들의 접근 정도, 남녀 직원들에 대한 육아 배려, 남녀평등을 위한 직장 내 논의 정도 등 18개 기준을 설정해 기업들의 남녀평등 구현 정도를 평가한다.

니콜 아믈린 남녀-직업평등 담당 장관은 "남녀평등 마크는 환경 마크처럼 대단한 마케팅 기회를 부여하고 직장인들이 기업주에게 남녀평등 촉진을 요구케 하는 계기로 작용할 것"이라고 내다봤다.

방위산업 그룹인 탈레스의 데니스 랑크 사장은 이 제도에 대해 "여성들의 독특한 시각은 기업 발전에 새로운 기회를 부여할 것"이라고 강조했다.

자료 : FOCUS, 2004. 6. 30.

● 토론거리 ●

1. 남성과 여성이 함께 양성평등문화를 만들어가기 위하여 '일상 속'에서 어떠한 노력이 필요한지에 대하여 토론해 보시오.
2. 남성과 여성의 연대를 위해서 필요한 문화활동의 예시를 적어 보시오.

제2절 결혼과 가족의 전망 및 지원

가족은 사회의 축소판이며 기본단위로서 끊임없이 사회환경의 영향을 받아왔다. 특히 현대사회의 급격한 변화 속에서 가족은 그 구조와 기능의 수정이 불가피해 왔으며, 미래의 가족이 어떤 모습으로 변화하여 갈 것인가는 역시 급격한 사회변화의 속도만큼이나 예측이 어렵다. 이러한 시점에서 가족의 미래에 대한 뚜렷한 지표를 수립할 필요가 있겠다. 가족이 어떻게 얼마나 변화할 것이며, 이들 변화가 얼마나 중요한가, 얼마나 유익한가, 이들에 대한 지원들이 어떤 방식으로 이루어질 것인가가 논의되어져야 한다. 분명한 것은 이러한 불확실성에서도 가족이 인간의 생활양식으로 존재하는 한, 가족은 끊임없이 자기성찰과 교정의 과정을 거치며 적응적으로 변화할 것이라는 것이다. 이러한 의미에서 가족의 바람직한 미래지향적 대안을 검토하고 제시하는 것이 필요하다(유영주 외, 2008).

또한 현대사회에서의 다양한 가족생활의 변화 및 예상하지 못했던 비규범적인 변화, 그리고 사회변화에 따라 가족이 변화하도록 요구하는 사회적 요구 등으로 현대사회의 가족은 이전의 가족보다 더 많은 능력과 자원을 가지고 변화에 적절히 대응하여야 하는 실정이다. 그러나 개별가족이 지니고 있는 자원은 미약하며 가족마다 이러한 모든 문제를 다룰 수 있는 능력도 부족한 편이다(옥선화 외, 2000). 따라서 이러한 문제에 대응하기 위한 제도적 차원에서의 정책적, 그리고 교육과 상담을 통한 실천적 지원들이 필요하다.

본 장에서는 미래의 변화될 결혼과 가족의 방향을 제시해 보고, 이에 대한 접근방법으로서 가족복지정책, 가족생활교육, 가족상담치료를 소개하고자 한다.

1 결혼과 가족의 전망

우리에게 가족은 어떤 의미일까? 오늘날 가족은 결혼의 누적된 실패의 경험과 성역할관계의 변화, 직업 및 교육가치의 상승, 생물학적 기술의 발달 등으로 가족에 관한 전통적인 틀이 무너지고 있다. 즉 가족의 개념이 달라지면서 가족을 형성하는 요건, 가족의 목표 등이 변화한다. 그렇다면 가족이 가지는 가치는 어떠할까?

강학중 한국가정경영연구소 소장은 "메마른 가슴을 채우고 지친 몸을 달랠 수 있는 것은 가족이 유일하다"면서 "세상이 각박해지면서 가족의 중요성과 가치는 더욱 빛을 발한다"고 말했다. 물질적으로 풍요하고 개인주의가 발달한 서구일수록 가족의 가치는 더욱 높게 평가되는 것도 같은 맥락이다. 세라 페일린 미국 공화당 부통령 후보는 가족 사랑을 앞세운 전략으로 최고 인기를 누렸고, 2008 베이징올림픽에서 금메달을 휩쓴 미국의 마이클 펠프스도 가족들의 헌신적인 노력으로 장애를 딛고 8관왕을 이뤘다. 심지어 1인 가족이 급속도로 늘고 있지만 흥미로운 점은 이들도 조사해 보면 가족지향성이 매우 높게 나온다는 점이다(한국여성정책연구원, 2007). 즉 인간은 기본적으로 가족을 그리워하고 동경하는 속성이 있는 것이다. 즉 가정이라는 시스템이 무너져도 가족은 영원하다고 볼 수 있다.

그렇다면 미래가족은 어떻게 변화할 것인가? 다양한 결혼 및 가족생활형태가 도입되리라는 기본 전제하에 가장 두드러지게 예상되는 현상을 옥선화 외(2000)는 다음과 같이 제시하고 있다.

첫째, 다양한 결혼형태의 시도로 새로운 부부관계, 부모자녀 관계의 문제들이 도출될 것이다. 둘째, 부부취업가족이 일반화됨으로써 자녀양육과 집안관리 등의 지원으로 인한 부모세대 및 친족과의 유대가 연결된 변형된 확대가족의 출현이 있을 것이다. 셋째, 직장과 가정의 경계가 약화되는 전자주택의 시대로 인해 가족생활과 여가에 대한 요구가 높아지면서 부부관계의 친밀성이 강조됨으로써 오히려 가족의 기능이 더 강화될 것이다. 넷째, 가족이 다른 어떠한 대안적 제도보다 유용한 제도로 남겨질 것으로 보인다.

일찍이 토플러는 360여 가지의 가족형태가 등장할 것이라고 예언한 바도 있다. 그러나 가족생활 양식은 변함없이 자녀출산과 양육, 가치와 문화의 세대 간 전이, 감정적 유대관계, 갈등과정들에서 유사성을 가지면서 어떠한 형태에서든 가족영역이 지속되리라고 보고 있다.

이로 미루어 볼 때 가족의 형태는 달라지더라도 가족이라는 제도는 지속되어지며 때론 이전보다도 더 가족의 기능이 강화될 것이라는 전망의 요지이다. 다만 우리가 변화하는 가족의 개념에 어떠한 틀을 부여할 것인가가 과제라 하겠다. 현재 다양한 가족을 나름대로의 기능성을 가진 새로운 가족으로 인식하여야 한다는 주장은 이미 오랜 전부터 제기된 시각이지만 아직도 이들에 대한 수용적인 태도는 부족하다고 볼 수 있다. 이를 위해서는 결혼과 가족의 기준을 가족의 구성보다는 구성원의 상호작용을 기준으로 삼아야 하며, 부부라는 개념도 커플이라는 개념으로 바뀌어야 한다는 주장(정현숙, 2006)이 제기되어진다. 즉 결혼과 가족은 누구와 사느냐보다는 구성원들의 '상호보호와 만족'에 대한 차원과 어떠한 기능을 수행할 것인가가 강조된다. 따라서 부부란 "결혼한 부부와 합의에 의해 함께 사는 부부 모두를 포함하는 것으로, 두 사람이 결혼하지 않았더라도 서로 결혼생활과 같은 관계를 가지며 같은 집에서 살 때 합의에 의한 결합 파트너로 이해되어야 한다"는 UN/ECE(1998)의 개념을 채택할 수 있겠다.

한편, 유영주 외(2008)는 미래사회를 예견하기는 매우 어렵지만 가족의 미래를 연구할 때 몇 가지의 예측을 토대로 해야 함을 제시하고 있다. 첫째, 성행위나 결혼의 경험이 합법적으로 다양화되는 추세, 둘째 이들과 관련된 부정적 감정의 감소, 셋째 인간관계의 종류, 내용, 기간에 있어서 개인적 선택의 가능성 증가, 넷째 전체적으로 새로운 형태의 공동체나 공공생활 제도의 확대, 다섯째 변화하는 생활주기와 다단계 결혼 등이 그것이라고 하였다.

이와 같이 대다수 학자들의 공통적 의견은 가족의 미래는 불확실하지만 인간존재의 궁극적인 의미를 부여해 줄 수 있는 기능을 하는 한, 가족은 존속되어질 것으로 보고 있다. 다만 변화하는 시대 속에서 가족의 의미와 기능을 재발견하려는 노력, 그리고 가족 속에서 남녀 간의 평등주의적 가치의 실현에 대한 노력들이 병행되어져야 함을 과제라 하겠다.

결혼과 가족제도라는 것은 그 사회의 원형으로서 사회의 변화에 매우 민감하게 반응하기도 하고 때로는 사회의 변화추세에 저항하기도 한다. 우리 사회는 일반적으로 농경사회에서 산업사회로 넘어오면서 가족의 기능, 개념에서 상당한 변화를 경험한 것이 사실이다. 전통적 가족제도가 현재에 와서 역기능적으로 나타난다고 하더라도 그 속에 담긴 생활의 신념 체계까지 거부하는 것은 너무 단순한 논리일 것이다. 우리가 가진 역사적 맥락 속에서 과거의 전통 결혼 및 가족생활이 가진 신념체계의 가치를 인정하면서, 그 위에서 구체적인 역기능들을 해결할 수 있는 방법들이 모색하는 것도 한 가지 방법이 될 수 있다. 이러한 바탕 위에서 전통적 가족제도가 가지고 있는 모순과 한계를 극복할 수 있는 다양한 생활양식까지 수용할 수 있어야 한다. 그리하여 앞으로 어떠한 변화로 혹은 어떤 충격으로 우리에게 다가올지 모르는 미래의 가족제도에 대하여 우리의 문화 · 기능 · 가치 및 규범 등은 수정과 협상, 때론 개혁 과정을 거치면서 반영되어 이어질 것이라 기대할 수 있겠다.

2 가족지원을 위한 접근방법

가족을 강화하고 지원하기 위한 접근방법은 크게 두 가지로 볼 수 있다. 먼저 제도적인 방법으로써 정책적 지원이 있으며, 두 번째 실천적 개입방법으로 교육과 상담치료가 있을 수 있다. 여기에서는 가족복지정책, 가족생활교육, 가족상담치료의 세 가지의 내용으로 구분하여 개략적으로 소개해 보고자 한다.

1) 가족복지정책

2005년 건강가정기본법이 시행되면서 가족단위의 가족정책에 대한 관심이 집중되고 있다. 가족구조의 다양성, 결혼연령 상승, 혼인율 감소, 재혼율, 동거 커플, 동성애 커플 등은 21세기 주요한 가족변화이다. 이러한 변화에 부응한 가족행위에 국가가 어느 정도로 관여해야 하는가에 대해서는 여전히 많은 논란이 있으나 가족기능강화를 위한 정책은 전 세계적인 추세이다. 대만, 미국, 영국, 독일, 캐나다 등 많은 나라에서 가족관련정책을 중요 국정과제로 설정하여 가족의 삶의 질 향상을 목표로 지원하고 있다(정현숙, 2006).

가족복지의 향상을 위해 정책적으로 접근하기 위해서는 우리 사회에서 나타나는 다양한 가족문제를 해결하기 위한 두 가지 측면이 고려되어져야 함을 강조한다(김영화 외, 2006).

첫째, 사회적 보호를 필요로 하는 취약한 가족들을 위한 국가사회적 차원에서의 보다 강력한 정책적 보장체계를 마련한다. 둘째, 개인주의와 자유주의적 사고의 확산으로 인한 다양한 가족 형태의 출현과 이에 대한 욕구가 점차 다양해지고 있다는 점을 고려한다.

현재 보건복지가족부(2008)에서 시행하고 있는 가족정책의 기본방향을 살펴보면, 다음과 같다(〈표 12-2〉).

〈표 12-2〉 가족정책의 기본방향(보건복지가족부)

1. 보편적 · 예방적 가족정책 추진 취약계층 가족중심에서 중산층 이하 대부분의 가족으로 정책대상 확대 가족의 돌봄지원, 일과 가정의 양립 지원 등 사전 · 예방적 기능 강화
2. 국가 –가족–지역사회의 파트너십 강화 수요자 관점에서 가족의 다양한 선택을 보장 다양한 주체 및 자원의 협력체계 구축
3. 통합적 접근으로 가족정책의 체감도 향상 아동, 노인 등 개별 복지정책과 통합성 강화 다양한 민관서비스 전달체계와 연계 강화

출처: 보건복지가족부 홈페이지, 2008

이러한 가족정책을 기본으로 하여 추진할 가족정책의 역점 과제를 보면 다음과 같다(보건복지가족부, 2008).

첫째, 가족돌봄 통합 지원망 구축으로는 돌봄서비스의 가족단위 통합 체계 구축, 지역양육 지원망 구축 등이다. 둘째, 다양한 가족의 자립 역량 강화로는 다문화 가족의 생애주기별 맞춤형 서비스 지원, 한부모 · 미혼모 가족 자립촉진 등이다. 셋째, 일과 가정의 양립지원으로는 가족친화적 직장문화조성, 남성의 아동양육활성화이다. 넷째, 예방 중심의 가족복지서비스 지원으로 생애 전환 시기별 시민가족교육 프로그램 운영, 가족충격 완충망 구축 · 운영 등이 포함된다.

이를 기초로 다음과 같이 제언할 수 있다.

첫째, 오늘날 독신가족, 한부모가족, 이혼가족과 재혼가족 등 가족의 형태가 다양해지고 이러한 가족에 대한 지원을 확대해야 하고, 또한 다양한 가족에서 발생하는 욕구를 차별 없이 반영하도록 해야 한다. 현재 많은 복지관련 단체에서 공통적으로 한부모교육, 재혼교육, 부부교육 등을 진행하고 있으나, 증가하는 독신가정, 동성애 가족, 공동체 가족에 대한 다양한 교육은 거의 진행되지 않고 있다. 따라서 이러한 가족의 복잡하고 다양한 변화를 고려하여 가족유형별 정책이 지원되어야 할 것이다.

둘째, 현재 건강가정기본법이 시행되고 있으나, 가족의 형성과 해체 등 변형 과정에 대한 일관된 정책은 부족하다(이인정, 2004). 따라서 결혼과 관련된 교육을 선택적 사항이 아닌 의무적으로 실시하여 제도화시켜야 하며, 또한 이혼과정에서 이혼 후 자녀 양육과 교육에 대한 대책 마련을 의무화하고 자녀를 돌보지 않는 배우자의 소득에서 자녀양육비를 우선 강제 징수할 수 있는 방안을 마련하거나, 현재 미국, 독일, 프랑스 등 선진국에서 시행하고 있는 선급제도를 정책적으로 마련해야 한다.

셋째, 가족복지정책은 가족구성원들이 성과 연령의 경계를 뛰어넘어 상호 간에 평등한 관계를 형성하고 자유로이 의사소통을 할 수 있도록 지원하고, 가족원들이 다양한 형태로 상호협력하고 정서적으로 지지할 수 있는 건전한 삶의 여건 조성이 필요하다(김영화 외, 2006). 그러나 현재 정책은 전 가족성원을 고려하지 못하고 있는 점을 지적해 볼 수 있다. 단적인 예로, 가족복지의 대상으로 남성이 빠져 있음으로 가정문제의 원인 제공자로서의 남성을 고려한 예방책과 재활대책은 거의 없는 상황이다. 이러한 문제점은 가정폭력방지법이 큰 실효를 거두지 못하는 요인이 되기도 한다.

넷째, 여성들의 사회활동으로 인하여 일과 가정의 양립이 힘든 상황에서, 돌봄에 대한 적극적인 개입이 필요할 것이다. 즉 다양한 가족형태에 따른 돌봄 서비스를 위하여 지역공동체 형태 중심의 양육서비스가 지원되어야 하며, 또한 남성들의 자녀양육 개입을 위하여 정책적으로 탄력적인 직장문화를 시행하여야 할 것이다.

다섯째, 현행 가족복지 정책은 명시적으로 가족복지 영역으로 한정하여 제시된 내용도 없고 그 한계도 매우 모호하지만, 일반적으로 가족복지 내용에 포함될 수 있다고 보는 공적부조 제도나 아동 · 부녀자 · 노인복지 제도 등이 사회복지 정책의 일부 분야로 시행되고 있어 결과적으로 가족에게 영향을 미치는 비의도적 정책이라고 할 수 있다. 그러나 가족복지의 기본개념에 들어 맞는, 즉 가족 전체를 지향하고 목적으로 하는 제도적이고 정책적인 대안수립이 이루어지지 않고 있고, 실제적으로도 가족의 기능강화를 꾀할 수 있는 체계적이고 포괄적인 실천적 사업들이 여전히 부족한 실정이다(유영주, 2008). 따라서 전체 가족을 포함할 수 있는 가족생애주기교육과 이를 위한 실천적 대안이 좀 더 활성화되어야 할 것이다.

따라서 앞으로 우리나라에서 가족복지 이념이 충실히 수행되기 위해서는 가족복지 관련전문가의 확충 등을 통해 체계로서의 가족을 다룰 수 있는 조직이 강화되어야 하며, 가족생활교육, 가족상담치료 등을 통해 가족의 변화 양상에 탄력적으로 적용될 수 있는 정책의 예방적 · 치료적 기능이 강화되어야 할 것이다.

2) 가족생활교육

급격한 사회적 변화가 가족에게 미치는 영향을 고려해 볼 때, 건강한 가족을 유지하기 위해서는 가족구성원이 끊임없이 변화에 대응하여야 한다. 따라서 가족의 기능적인 역할을 강화시키는 가족생활교육에 대한 관심이 높아지고 있다. 가족생활교육은 가족 문제가 발생하기 이전에 예방차원에서 이루어지는 성격이 강하다. 가족생활교육의 필요성과 관련 내용 및 가족생활교육의 활성화 방법에 대해 알아보고자 한다.

(1) 가족생활교육의 필요성

가족구성원으로서 개인과 가족 전체가 행복한 삶을 영위할 수 있는 능력을 배양함으로써 변화하는 사회에서 겪을 수 있는 가족문제를 예방하기 위한 차원으로 광범위한 가족구성원을 대상으로 하는 조직적인 가족생활교육이 필요하다.

현대 산업사회의 도래 이후에 물질주의, 인간의 획일화, 인간성 상실이라는 문제에 봉착하게 되어 새로운 가치체계 확립의 필요성이 강력하게 요청되고 있다(최진복, 1988). 이러한 사회의 변동은 가족에 대한 규범과 가치관을 변화시키므로 가족구성원의 역할도 과거의 위치나 자세에서 크게 전환되어야 한다. 우리는 오랫동안 가정이 산업화와 도시화가 초래한 사회 내의 빠른 변화에 대처할 수 있으며 대처하게 될 것이라고 가정해 왔다. 그러나 오늘날 급속하게 변모하는 사회에 대처할 수 없게 된 수많은 가족의 긴장과 불안정의 증거를 무시할 수 없게 되었다(유영주, 2008). 이러한 가정의 여러 가지 문제를 해결하고 현명하게 대처하며 예방하기 위해서는 끊임없이 가정의 재사회화 교육이 시행되어야 하며, 가족생활에 대한 교육도 평생교육의 차원에서 계획적이고 실천적으로 수행되어야 한다.

전문기관 예비교육 활용을

"결혼을 하기 이전에 남편 · 아내 되는 것, 부모 되는 것, 자식 되는 것에 대한 공부가 필요합니다. 결혼에 대한 교육을 받고 결혼을 한다면 가정해체를 막을 수 있습니다."

한국가정법률상담소 곽배희 소장은 이혼율이 2003년 정점을 이루다가 2004년, 2005년에는 점점 감소하다 지난해부터 답보상태를 보이는 것은 이혼의 요인들이 해결되지 않은 상황에서 잠시 주춤거리고 있을 뿐이라고 우려를 표명했다.

곽 소장은 우리나라 이혼은 남성들이 전통적인 부계중심의 사회에 안주하고 있을 때 여성들의 성격과 사고방식, 가치관의 변화로 이혼을 요구하는 사례가 늘어난 것이 특징이라고 진단했다.

"1980년대 초반까지 이혼은 절대 안 되는 것, 이혼하면 삶이 끝나는 것이라는 생각이 지배적이었습니다. 그러나 현재는 이혼을 삶의 새로운 시작으로 봐야 한다는 분위기로까지 바뀌었습니다." 이에 따라 이혼에 대한 부정적 인식이나 편견은 많이 완화됐으나 가정파탄을 막을 수 있는 방안이 시급하다고 강조했다.

"남성, 여성이 모든 면에서 절대로 차별돼서는 안 됩니다. 무엇보다 평등한 상황으로 나아가기 위한 기반이 닦여야 합니다. 또한 전문기관에서 결혼의 의미, 결혼하면서 발생하는 다양한 갈등과 마찰 등에 대한 사전교육을 통해 가정해체를 막을 수 있다고 봅니다."

자료: 국민일보, 2007. 4. 13.

(2) 가족생활교육의 내용

가족생활교육의 영역 및 그 내용은 시대적 흐름에 따라 변화하여 왔는데, 전통적인 주제영역으로는 대인관계 기술, 의사결정 기술, 가족 상호작용, 자녀양육 및 지도, 가족자원 관리, 결혼, 가족구성원의 역할 및 책임 등에 치중하여 왔다. 최근에는 부모됨과 성교육, 가족의 변화양식에 관련된 내용이 중요하게 부각되고 있으며, 가족의 위기와 관련된 내용도 증가하고 있어 전체적으로 성교육, 부모교육, 부부교육, 소비자교육 등이 일반적인 내용으로 중시되고 있다(Harriman, 1986, 유영주 외, 2008 재인용).

전반적으로 가족생활 교육내용에 포함될 수 있는 영역들을 제시하면 다음과 같다.

- 인간발달: 인간발달(태내-노인) 각 단계의 발달과정 및 문제, 사회화 및 재사회화, 복지정책, 인간성에 대한 이해 등
- 가족과 사회: 가족의 중요성과 기능, 가족의 변화와 미래, 가족과 환경, 가족복지 및 정책, 가족과 법, 가족문제, 가족과 직업, 매스컴과 가족, 가족상담 등

- 결혼과 성: 성역할, 성특성 및 성행동, 성문제, 이성교제, 배우자 선택, 결혼의례 등
- 부부관계: 성공적 결혼, 부부갈등, 부부의사소통, 부부역할과 권력, 부부폭력, 이혼과 재혼 등
- 부모됨: 가족계획, 부모의 책임과 의무, 자녀양육 방법, 올바른 교육열, 부모자녀 간의 갈등, 아동학대, 자녀의 독립, 부모자녀 간의 의사소통, 자녀의 사회화, 매스컴과 자녀 등
- 노인과 가족: 노화의 특성, 성인부모자녀 관계, 조부모손자녀 관계, 노인부양, 노인복지, 세대 간 문화전당 등
- 특수가족: 미혼모, 저소득계층, 한부모세대, 장애아 가족, 치매노인가족 등
- 가족자원 관리: 시간과 에너지 관리, 가계관리, 소비행동, 소득증대, 의사결정, 주거관리, 환경문제 등
- 여성문제: 여성의 역할변화, 맞벌이가족 문제, 여성의 사회활동 등

(3) 가족생활교육 활성화 방안

가족생활교육의 취지에 부합하도록 가족생활교육을 활성화시키는 몇 가지 방안을 제시해 보면 다음과 같다.

첫째, 가족생활교육이 예방적 성격을 가지는 만큼 그 내용 구성에 있어서 미래의 가족생활 변화 국면을 수용할 수 있는 폭넓은 내용으로 다양화시켜야 한다(김정옥 외, 2002). 현재 가족생활교육은 주로 이혼가족, 한부모가족, 재혼가족을 중심으로 실시되고 있으나, 점차 증가하고 있는 독신 · 동거 가족 · 공동체 가족 · 동성애 가족을 위한 프로그램 개발이 시급하다. 따라서 프로그램 내용이 포괄적인 성격을 가지기보다는 좀 더 독특하고 개별적인 가족형태에 맞추어 보다 효과적이면서 구체화된 내용으로 구성하려는 노력이 필요하다.

둘째, 교육 방법의 다양성이 요구된다. 지금까지 정보와 지식 전달 위주인 기존의 교육자 주도형 방법에서 가족들과 교육생들의 참여와 경험을 통한 역동적 교육 방법으로 진행되어야 할 것이다. 따라서 좀 더 예방적이고, 치료적인 교육효과를 위하여 집단상담 프로그램 형태로 진행한다면 훨씬 효과적이고, 자조모임을 통하여 그들이 가지고 있는 자원과 강점을 찾게 한다면 가족들의 자립을 촉진할 수 있는 방안이 될 것이다.

셋째, 가족생활교육에 대한 참여 대상의 확대 및 교육 정책의 지원과 대책이 병행되어야 할 것이다. 현재 가족생활교육은 대학교육 내에서 전공 또는 교양 선택과목으로 이수되고 있거나, 사회나 종교 기관을 통해 교양교육의 성격을 띠고 있을 뿐만 아니라 대부분의 경우 소정의 교육 프로그램을 이수한 후 가족발달의 다음 단계나 내용의 심화 단계로 이어지는 경향이 드물고, 일회성으로 그치는 경우도 있다(김정옥 외, 2002). 그러나 가족생활은 인간 누구나 겪는 생애 과정임을 감안할 때 평생교육 차원에서 중 · 고등학교 과정의 의무교과목으로 정하는 등 교육 대상의 범위를 확대시키고, 교육의 연속성을 고려할 필요성이 제기된다.

3) 가족상담치료

가족을 지원하기 위한 실천적 접근 방법으로써 가족상담치료를 소개해 볼 수 있다. 상담 및 치료는 예방적 성격이 강한 교육과는 달리 문제가 발생한 후에 가족의 역동성을 바꾸어 가족 간의 상호작용을 수정하는 접근방법이다.

미국에서는 1940년대 후반에서 1950년대 사이에 가족치료적 접근방법이 시작되었는데, 초기에는 정신분열증 환자와 그 가족에게 관심을 가졌으나 그 이후로는 다양한 정신질환까지 확대하여 적용하였으며, 결혼상담과 아동상담 분야에서도 개인보다는 가족관계를 중시하기 시작하였다. 우리나라에 가족치료의 개념이 도입된 것은 1970년대 초반부터이며, 점차적으로 실무분야와 대학교육 과정에 반영되기 시작하였다. 대학교육 과정에 가족치료가 소개된 것은 1979년부터이나 아직까지 우리나라 실정에 맞는 독특한 가족치료의 기법이 응용되지 못하고 있음(유영주 외, 2008)이 지적되기도 한다.

(1) 가족치료의 개념

여러 가지 심리적 장애, 문제 행동 등의 원인을 환자 개인으로만 보았던 지금까지의 관점에서 가족관계나 가족의 정서적 환경의 영향력이 더 큼을 인식하는 것이 가족치료의 기본관점이다. 즉 가족을 하나의 체계로 보고 그 체계 속의 상호작용 양상에 변화를 줌으로써 개인의 증상이나 행동에 변화를 가져오도록 하는 개입방법으로 전통적인 개인치료와의 차이를 정리해 보면 다음과 같다.

첫째, 문제의 원인을 개인에게 두고 정신내면의 과정에 둔 전통적인 개인치료와는 달리 문제의 초점을 개인을 둘러싼 가족이나 사회체계에 둔다.

둘째, 가족치료자는 환자의 가족체계를 치료대상으로 삼는다. 가족 안에서 증상을 앓고 있는 사람을 지적된 환자(Identified Patient)라고 부른다. 이들은 단지 가족으로부터 문제시되고 있는 사람일 뿐이다. 따라서 가족치료자는 IP와 다른 가족과의 관계변화에 관심을 가지게 된다.

셋째, 문제시되는 개인을 둘러싼 맥락 속에서 구성원들과의 관계를 강조하는 대인관계적 모형을 강조하므로 치료단위로서 가족전체론적인 관점이 중요하다.

넷째, 가족치료자는 개인의 오래된 갈등을 해결하기보다는 개인을 둘러싼 역기능의 상호작용에 의한 위기를 해결하는 것으로써 단기치료를 추구하는 경향이 있다.

(2) 가족치료의 접근방법

가족치료를 위한 접근방법들을 살펴보면 다음과 같다.

첫째, 구조적 접근방법이 있다. 이는 가족의 구조를 결정하기 위한 가족의 상호작용과 활동에 초점을 둔다. 가족구조를 변화시키기 위하여 어떻게, 언제, 누가 현재 문제에 관련되어 있는가를 이해하고, 가족을 지배하고 있는 규칙을 찾아내는 것도 유익하다. 이러한 추상적 수준에서 가족을 이해하기 위한 매개적 개념으로 하위체계, 경계, 동맹, 세력의 문제를 검토한다.

둘째, 정서체계치료-세대적 접근방법이 있다. 3세대 혹은 그 이상 세대가족의 역동관계와 정신역동적 이론을 배경으로 치료에 개입하는 방법으로, 치료의 초점은 원가족과의 관계에서 '나' 의 위치를 유지(자아분화)하는 것이다. 중요개념으로 자아분화, 가족투사과정, 다세대전수과정 등이 있다.

셋째, 경험적 접근방법이 있다. 실존적 인간주의 상담기법에서 전개되어 온 기법으로 가족구성원 개개인에게 더욱 역점을 둔다. 가족구성원 개개인은 서로 간에 개인적인 경험을 나눌 수 있도록 하고 개인성장에 많은 초점을 둔다. 따라서 개별성, 선택의 자유, 개인의 성장이 주요 개념이다. 스트레스 상황에서 가족이 자주 사용하는 역기능적 의사소통을 회유형, 비난형, 초이성형, 산만형으로 유형화하여 이를 경험적 기법과 연결하여 의사소통을 향상시키고자 한다.

넷째, 행동적 접근방법이 있다. 행동적 접근방법은 사회학습이론과 사회적 모델과 더불어 조작적 조건이론을 통합하는 것으로, 가족문제를 비효과적인 강화패턴에서 기인하는 것으로 본다. 가족이 바라는 적응적 행동에 대한 합리적이고 성취 가능한 목표를 선택하여 이를 강화하도록 돕는다. 주된 치료기법으로는 '봉사의 날' 연습,

의사소통기술 증진(적극적 경청, 무슨 요구를 하고 싶을 때 나라는 말로 시작하는 것, 긍정적 피드백, 잘 한 행동에 대한 아낌없는 칭찬 등), 행동계약 등이 있다.

다섯째, 해결 중심적 접근방법이 있다. 내담자의 성공의 경험을 찾아내어 내담자를 지원하고 지지하는 접근방법으로, 상담에 오기 전 변화된 점 질문, 예외질문, 기적질문, 척도질문, 대처질문 등의 기법이 있다.

여섯째, 이야기 치료적 접근방법이 있다. 내담자가 가지고 있는 부정적 주된 삶의 주제를 바꾸는 접근방법으로 증상(문제)의 외현화를 통하여 문제와 내담자의 정체성을 분리하며, 독특한 결과(일종의 예외 찾기)를 찾고, 이를 중심으로 이야기 진술, 재진술, 재진술의 재진술 등을 통하여 내담자의 주된 삶의 이야기를 다시 쓰는 접근방법이다.

이상으로 주요한 가족치료 접근법을 살펴보았다. 가족이 경험하고 있는 문제의 특성과 역사성, 맥락 등에 따라 가족의 역동성을 재구성하기 위한 접근모델이 달라질 수 있다. 한편, 대부분의 가족치료 모델에서 가족의 건강성과 기능성 증진을 위해서는 먼저 부부체계의 강화와 함께 부모역할의 중요성이 선행되어야 함을 일차적으로 강조하기도 한다. 그러나 이러한 접근방식은 다양한 가족형태에 따라서 그 가족의 건강성과 기능성 수준을 파악하는 기준이 달라져야 할 것이다. 따라서 어떤 정형화된 틀이 아니라 개별가족의 상황에 적절한 가족상호작용을 파악할 수 있는 가족치료의 접근법이 필요하다.

우리는 가족의 건강성 증진과 기능성 강화라는 최종 목표를 어떤 가족형태에서도 이룰 수 있음을 기억하면서, 가족을 지원하기 위한 제도적, 실천적 접근방법에 대한 끊임없는 검토와 탐구가 우리의 과제라고 하겠다.

● 토론거리 ●

1. 가족의 미래를 위하여 가장 역점을 두고 해결해야 할 것은 무엇인지에 관하여 토론하시오.
2. 건강한 부부관계의 모습과 개념에 대해 생각해보고 이를 위한 방법론 중 부부교육의 필요성에 대해 설명하시오.
3. 가족지원을 위한 여러 가지 개입방법에 대한 여러분의 생각을 정리해 보시오.

볼거리

딸들의 나라, 핀란드, KBS 수요기획, 2004.

참고문헌 REFERENCES

권영자(1995), 한국의 성평등정책에 관한 연구-평등 · 참여 · 복지를 중심으로, 여성연구, 47.

김영화 외(2006), 성인지적 가족복지론, 양서원.

김원홍 외 2인(2008), 한국 여성정책 의제의 변화와 확대, 여성연구, 2008. Vol. 74, No. 1.

김정옥 외(2002), 새로 보는 결혼과 가족, 신정.

김정인 외(2007), 성평등정책론, 교육과학사.

김재인 · 김성경 · 권미수(2000). 여성정책평가모형개발, 한국여성정책연구원.

김재인 외 12인(2007), 성평등정책론, 교육과학사.

박혜란 외 3인(1994), 남성을 위한 여성학, 한국여성개발원.

옥선화 · 정민자 · 고선주(2000), 결혼과 가족, 도서출판 하우.

유영주 · 김경신 · 김순옥(2008), 가족관계학 개정3판, 교문사.

이남희(2007), 우리나라 페미니즘의 역사와 쟁점, 성 · 사랑 · 사회, 지식의 날개, pp.331-344.

이인정(2004), 한국가족복지의 현황에 관한 연구, 덕성여자대학교 사회과학대학.

이재경 외 5인(2007), 여성학, 미래인.

정재훈(2007), 여성정책 평가, 여성 연구 논총.

정현숙(2006), 혼인율 특성, 변화요인 분석과 가족정책 제언, 한국가정관리학회지, 24권 6호, pp.177-194, 한국가정관리학회.

최진복(1988), 가정생활 내용을 중심으로 한 평생교육에 관한 연구, 이화여자대학교 교육대학원 석사학위논문.

한국여성민우회(2003), 젠더 · 예산 · 여성운동, 2003.

한국여성정책연구원(2006), 제3차 여성정책기본계획안 공청회 자료 .

한국여성정책연구원(2007), 비혼 1인가구의 가족의식 및 생활실태조사, 2007년 연구보고서.

한국여성정책연구원(2008), 주요국의 여성정책추진 체계연구, 2008년 연구보고서.

참고자료

국민일보, 2007. 4. 13.

경향닷컴, 2008. 1. 22.

다음뉴스, 2009. 1. 20.

보건복지가족부 홈페이지.

여성부 홈페이지.

올댓뉴스, 2008. 12. 19.

한국양성평등교육진흥원 홈페이지, 양성평등 왜 필요한가, 강의자료.

UN/ECE(1998), Recommendation for the 2000 census of population and housing in the ECE Region. *Statistical Standards and Studies*(no.49). NY: United Nations.

저자소개

이 성 희

성신여자대학교 대학원 졸업(가족학 박사)

현재 우석대학교 아동복지학과 교수(가족학 전공)

전북가족복지교육원 원장

• 저서 및 논문 •

결혼과 사회(공저, 1999), 성신여자대학교출판부.

가족치료모델(공역, 2001), 하우.

한국의 이산가족에 관한 연구(박사학위논문, 1993) 외 다수

한 희 선

성신여자대학교 대학원 박사과정 수료(가족학 전공)

현재 우석대학교, 대전대학교 외래교수

전북가족복지교육원 교육위원장

• 저서 및 논문 •

가족치료모델(공역, 2001), 하우.

대학생 미혼모의 임신과정과 경험에 대한 사례연구(석사학위논문, 2003) 외 다수

여성과 가족

초판 1쇄 인쇄 2009년 2월 18일
초판 3쇄 발행 2014년 2월 26일

지은이_ 이성희 · 한희선
펴낸이_ 황호철
펴낸곳_ 도서출판 파란마음
주소_ 140-845 서울시 용산구 백범로90라길 47 | 전화_ (02) 3275-2110~1 | 팩스_ (02) 3275-2199
홈페이지_ http://paranmaum.co.kr/
등　록_ 2006년 4월 24일 · 제302-2006-00024호

ISBN 978-89-92546-36-2 93330
값 17,000원